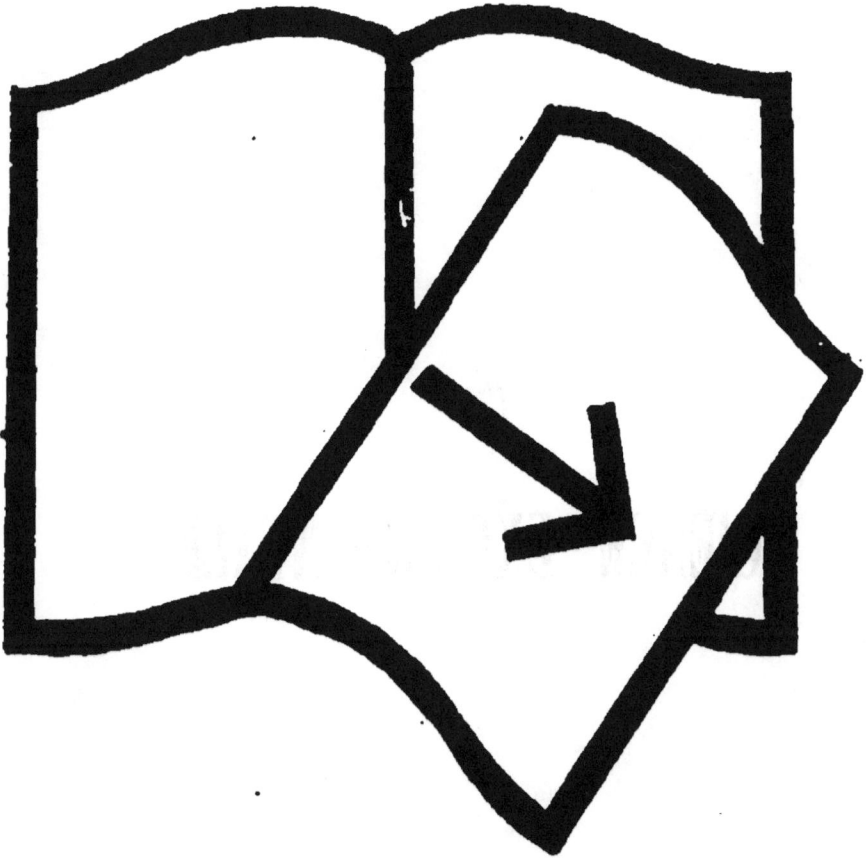

Couvertûres supérieure et inférieure
manquantes

LA

SCIENCE EXPÉRIMENTALE

TRAVAUX DU MÊME AUTEUR

Cours de Médecine du Collége de France

Leçons de physiologie expérimentale appliquée à la médecine. Paris, 1854-1855, 2 vol. in-8 avec figures. 14 fr.

Leçons sur les effets des substances toxiques et médicamenteuses. Paris, 1857, 1 vol. in-8 avec figures. 7 fr.

Leçons sur la physiologie et la pathologie du système nerveux. Paris, 1858, 2 vol. in-8 avec figures. 14 fr.

Leçons sur les propriétés physiologiques et les altérations pathologiques des liquides de l'organisme. Paris, 1859, 2 vol. in-8 avec 22 figures. 14 fr.

Leçons de pathologie expérimentale. Paris, 1871, 1 vol. in-8 de 600 pages. 7 fr.

Leçons sur les anesthésies et sur l'asphyxie. Paris, 1875, 1 vol. in-8 de 600 pages avec figures. 7 fr.

Leçons sur la chaleur animale, sur les effets de la chaleur et sur la fièvre. Paris, 1876, 1 vol. in-8 de 572 pages avec figures. 7 fr.

Leçons sur le diabète et la glycogénèse animale. Paris, 1877, 1 vol. in-8, viii-576 pages avec figures. 7 fr.

Cours de Physiologie générale du Muséum d'Histoire naturelle

Leçons sur les phénomènes de la vie communs aux animaux et aux végétaux. Paris, 1878, 1 vol. in-8 de 450 pages avec une planche coloriée et 44 figures. 7 fr.

— Tome II (*sous presse*).

Introduction à l'étude de la médecine expérimentale. Paris, 1865, 1 vol. in-8 de 400 pages. 7 fr.

Précis iconographique de médecine opératoire et d'anatomie chirurgicale, par Cl. BERNARD et HUETTE. Paris, 1873, 1 vol. in-18 jésus de 495 pages avec 113 pl., figures noires. Cartonné. 24 fr.

— Le même, fig. coloriées. 48 fr.

Fr. Magendie. Paris, 1856. In-8. 1 fr.

Typographie Lahure, rue de Fleurus, 9, à Paris.

LA
SCIENCE EXPÉRIMENTALE

PAR

CLAUDE BERNARD

MEMBRE DE L'INSTITUT
(Académie des Sciences et Académie française)
PROFESSEUR AU MUSÉUM D'HISTOIRE NATURELLE
ET AU COLLÉGE DE FRANCE

Avec figures intercalées dans le texte

Progrès des sciences physiologiques
Problèmes de la physiologie générale
La vie, les théories anciennes
et la science moderne
La chaleur animale, la sensibilité
Le curare, le cœur, le cerveau
Discours de réception à l'Académie
française.

PARIS
LIBRAIRIE J.-B. BAILLIÈRE & FILS
19, RUE HAUTEFEUILLE, PRÈS DU BOULEVARD SAINT-GERMAIN
—
1878

M. Dumas, vice-président du Conseil supérieur de l'Instruction publique, secrétaire perpétuel de l'Académie des Sciences, membre de l'Académie française, a prononcé aux funérailles de M. Claude Bernard, le 16 février 1878, le discours suivant :

Messieurs,

Le Conseil supérieur de l'Instruction publique réclame une large part du deuil qui frappe si douloureusement l'Université, l'Institut et la France; lorsqu'on voit s'éteindre une des grandes lumières du pays, il perd toujours un des siens, et le Ministre éminent qui le préside a voulu que je vienne en son nom déposer sur cette tombe l'expression de nos regrets.

Claude Bernard que nous pleurons, s'était placé par son rare génie et par ses brillantes découvertes à cette hauteur où l'on cesse d'appartenir exclusivement à une compagnie et même à une nation, pour prendre rang dans le concert de la science universelle ; vivant, sa gloire avait franchi l'espace, elle était acclamée par le monde entier ; mort, elle bravera le temps et ses outrages.

Après Lavoisier, Laplace, Bichat, Magendie, qui lui avaient ouvert la route, Claude Bernard a épuisé ses forces à son tour à l'étude du grand mystère de la vie, sans prétendre à pénétrer toutefois son origine et son essence. L'astronome ignore la cause de l'attraction universelle et n'en calcule pas moins avec certitude la marche des astres qu'elle soutient dans l'espace et dont elle dirige le cours. Claude Bernard avait jugé qu'il est permis de même, au physiologiste, d'expliquer les phénomènes de la vie, au moyen de la physique et de la chimie qui exécutent, quoique la vie et la pensée, qui dirigent, demeurent hors de sa portée.

La physique animale n'était-elle pas fondée en effet, dès que Lavoisier et Laplace eurent prouvé que la respiration est une combustion, source de la chaleur qui nous anime? Ce flambeau de la vie qui s'allume, cette flamme de la vie qui s'éteint, expressions poétiques heureuses de l'antiquité, ne devenaient-elles pas des vérités philosophiques, auxquelles il a été donné à Claude Bernard d'ajouter le dernier trait ?

L'anatomie générale n'était-elle pas née le jour où Bichat définissait la vie : « l'ensemble des fonctions qui résistent à la mort? » Sans en révéler la secrète nature, n'apprenait-il pas à préciser les formes que la vie revêt dans chacun des éléments dont se composent nos tissus, à considérer comme l'expression sensible de la vie, ces mouvements de destruction et de rénovation dont ils sont le théâtre; leur arrêt comme le signe certain de la mort?

Magendie n'ouvrait-il pas enfin la route à la physiologie expérimentale, devenue entre les mains de Claude Bernard, son élève, une science nouvelle? Empruntant à la physique et à la chimie ses instruments et ses méthodes, sans oublier que les forces dont elles disposent vont s'exercer sur des êtres doués de vie, n'est-ce pas Claude Bernard qui l'a portée au rang des sciences exactes et qui la laisse rivalisant de certitude et d'autorité avec celles qui opèrent sur la matière brute?

Parmi tant de découvertes, auxquelles

son nom demeure attaché, quelle merveille
de sagacité et d'analyse que ce travail à
jamais célèbre et depuis longtemps populaire où, donnant un corps certain à la pensée de Bichat, il fait voir dans le muscle
qui se contracte, dans le nerf qui le met
en mouvement, dans l'élément nerveux
sensitif et dans l'élément moteur, autant de
modes distincts de la vie, pouvant coexis-
ter, mais aussi pouvant mourir séparément
et comme en détail !

Quel physiologiste ne serait fier d'avoir
découvert la véritable fonction du foie, problème qui depuis l'antiquité la plus haute
jusqu'à nos jours avait excité, mais en vain,
la curiosité de toutes les écoles médicales ?
Quel chimiste n'eût considéré comme un
fleuron à sa couronne, cette analyse hardie
et savante par laquelle Claude Bernard découvre, dans cet organe énigmatique, une
matière propre à se changer en sucre, un
ferment capable d'en opérer la conversion,

une source enfin qui verse sans cesse du
sucre dans le sang ?

Mais, je m'arrête et je laisse à des voix
plus autorisées le droit d'exposer dans toute
leur fécondité les découvertes que nous devons à l'illustre physiologiste que nous
venons de perdre.

S'il était permis d'éteindre, tout à coup,
les lumières que la science de la vie emprunte aux travaux de Lavoisier, de Laplace,
de Bichat, de Magendie et de Claude
Bernard, l'esprit humain reculerait de dix
siècles.

Les phénomènes physiques de la vie n'ont
plus d'inaccessibles secrets. Les problèmes
qui s'y rapportent ont tous été abordés par
Claude Bernard avec confiance, poursuivis
avec obstination. Il en est peu qu'il n'ait
résolus, et dont il n'ait ramené la solution,
à force de génie, à ces formules élégantes
et simples où l'imagination du poëte se mêle
à la rigueur de la géométrie.

La France perd en Claude Bernard un de ses fils les plus illustres ; la science un de ses représentants les plus respectés ; nous tous, un confrère aimé, dont le commerce plein de charme et de douceur, après lui avoir acquis l'universelle sympathie, assure à sa mémoire un éternel regret.

En ce moment où des coups répétés nous frappent, où nous perdons en quelques mois, Brongniart, Balard, Le Verrier, Becquerel, Regnault, Claude Bernard, et quand la science française, presque décapitée, a besoin de tourner vers l'avenir des regards d'espérance, les pouvoirs publics ont voulu que les honneurs réservés aux capitaines qui se sont illustrés en défendant la patrie, aux politiques qui en ont dirigé les destinées à travers les écueils, fussent aussi rendus au génie de l'étude. Ce n'est pas en vain que ce grand spectacle aura été déployé en face de nos écoles. Une noble émulation, troublant les jeunes âmes qui le contemplent émues, ira réveiller leur ardeur, leur inspirer l'amour de la vérité, l'ambition de la gloire et le dédain de la fortune.

Les forces morales de la France semblent menacées ; préparons des successeurs à ces grands hommes, presque tous enlevés avant l'heure ! Ouvrons la route à leurs émules, à ces génies naissants que nos vœux appellent et que réclament nos rangs décimés.

Claude Bernard s'écriait, au souvenir des misères que tous les savants ses contemporains ont partagées : « L'étude de la physiologie exige deux choses : le génie qui ne se donne pas et les ressources matérielles qu'un vote des pouvoirs publics suffirait à lui assurer. La physiologie française ne réclame que des moyens de travail, le génie qui les mettrait à profit ne lui a jamais manqué. » Toutes les sciences pourraient tenir le même langage.

Adieu, Claude Bernard, vous que les

honneurs ont toujours été chercher et qui n'en avez jamais réclamé aucun, votre cri suprême sera entendu par le ministre de l'instruction publique qui vous accompagne à votre dernière demeure. La pompe inusitée de vos funérailles apprendra de quels respects il veut que les sciences soient entourées. Votre vie laborieuse et modeste restera comme un salutaire exemple; votre mort, glorifiée de tout un peuple, comme un enseignement.

Du sein de la vie éternelle, dont le secret vous a été révélé désormais, si votre modestie s'étonne des honneurs qui vous sont rendus, votre génie s'en reconnaît digne et votre patriotisme les accepte comme une promesse d'avenir et un gage de grandeur future pour la science française.

CLAUDE BERNARD

La science expérimentale vient de perdre
son plus éminent maître : M. Claude Bernard, membre de l'Académie des sciences
et de l'Académie française, professeur au
Collége de France et au Muséum d'histoire
naturelle, est mort, hier soir, à la suite
d'une longue et douloureuse maladie.

Le temps et la liberté d'esprit nous man-
quent aujourd'hui pour apprécier l'œuvre
de cet homme de génie : une de nos Revues
scientifiques lui sera sous peu consacrée, et
ce terrain paraîtra bien étroit pour le dé-
ploiement de tant de découvertes. Nous ne
pouvons actuellement que dire quelques

mots de son histoire et du rôle qu'a joué
dans l'évolution des sciences expérimentales son initiative puissante.

Claude Bernard, né à Saint-Julien, près
de Villefranche (Rhône), le 12 juillet 1813,
arriva à Paris en 1832, n'apportant guère
comme bagage qu'une tragédie qui ne fut
jamais jouée, et qu'une comédie-vaudeville
qui avait eu quelque succès sur un petit
théâtre de Lyon. Saint-Marc Girardin, alors
suppléant de Guizot à la Sorbonne, auquel
il présenta ces premiers essais, lui conseilla
« d'apprendre un métier pour vivre, quitte
à faire ensuite de la poésie à ses heures » :
certes, il ne se doutait guère d'avoir devant
lui un futur collègue de l'Académie française. Le jeune Claude Bernard obéit à ce
sage avis, et prit ses inscriptions à la Faculté de médecine.

Bien qu'il eût obtenu en 1839 le titre d'interne des hôpitaux, ce n'était rien moins
qu'un élève brillant. Ses camarades ne soup-

çonnaient pas ce que recélait en son vaste front cet étudiant silencieux, peu attentif aux leçons des maîtres, et dont le calme méditatif était volontiers taxé par eux de paresse. Ce fut une révélation dont le souvenir est souvent exprimé par ceux qui survivent que ces publications sur le suc gastrique, la corde du tympan, le nerf pneumogastrique et le nerf spinal qui, tout à coup, signalèrent au monde savant un expérimentateur ingénieux et sagace, servi par une rare habileté opératoire.

Les leçons de Magendie avaient opéré cette révolution. Dès qu'il eut mis le pied dans le laboratoire du Collége de France, sa voie fut tracée. L'expérimentation hardie, bien qu'un peu désordonnée, du célèbre physiologiste, sa critique impitoyable, son scepticisme qui s'étendait jusqu'à ses propres découvertes, firent une impression profonde, créatrice, pour ainsi dire, sur l'esprit du jeune Claude Bernard. Mais l'élève,

bien autrement puissant que le maître, ne
prit de cet enseignement que ses qualités
d'indépendance, et sut maintenir le doute
dans les limites scientifiques. Au dédain
profond pour les explications vraisembla-
bles où se bercent les chimères séduisan-
tes, il sut joindre sans effort le respect des
faits accumulés par la tradition, la cré-
dulité sincère en face de l'inattendu, souvent gros de découvertes, l'estime de l'hypothèse qui cherche et de la théorie qui
coordonne, sans leur jamais attribuer de
vie personnelle ou d'autorité; enfin, et
c'est ce qui le distingue surtout de Magendie et ce qui lui a donné un caractère tout personnel, l'amour de la certitude,
le sentiment profond de la loi, l'inébranla-
ble assurance que, si les conditions de la
manifestation des phénomènes vitaux sont
infiniment multiples, complexes, difficiles à
saisir, à rassembler, à dominer expérimentalement, elles n'en sont pas moins sûre-

ment, impassiblement liées à ces phénomènes, sans qu'aucun élément étranger, extra-
naturel, sans que nul *quid divinum* puisse
être invoqué pour l'explication des apparentes irrégularités spontanées qu'ils présentent.

C'est en ce point capital que se marqua,
dès les premiers moments de sa vie scientifique, la supériorité de Claude Bernard.
L'élève du sceptique Magendie est l'intro-
ducteur du *déterminisme* dans le domaine
de la physiologie. Grâce à lui, la méthode
expérimentale, qui, si l'on en respecte les
règles, mène à la certitude dans les sciences
de la matière morte, a pris la même autorité dans celles des êtres vivants. Il n'y a
pas deux ordres de sciences, les unes fières
et assurées, les autres hésitantes et timides,
les unes sûres de commander seules et d'ê-
tre obéies seules par l'expérience, les autres
toujours en crainte d'une intervention inconnue dans son essence, sa force et son but.

Et les efforts ne furent pas petits qu'il fallut déployer pour bannir du terrain de la physiologie cette inconnue menaçante. Le plus célèbre des physiologistes français, Bichat, lui avait donné droit de cité. Et depuis lui, chacun avait cru devoir compter avec cette puissance capricieuse, avec ces fonctions vitales, dont le rôle était de résister aux lois générales de la matière, et qui faisaient ainsi des actes accomplis par les êtres vivants une série de miracles. Certes, Magendie n'était pas homme à se laisser intimider par ce fantôme ; mais, ou bien il simplifiait systématiquement et artificiellement les faits, pour ne les dominer que d'une manière incomplète, ou bien la multiplicité des conditions auxquelles obéissent les phénomènes vitaux lui enlevait toute confiance théorique en la conclusion. Or, sans conclusions point de science. Claude Bernard se montra donc, et cela, nous le répétons, presque dès ses débuts, supérieur à la fois à

Magendie et à Bichat, puisqu'au sentiment de l'innombrable multiplicité des inconnues physiologiques il joignait celui de leur subordination aux lois générales de la matière, et par suite de leur obéissance aux appels de la méthode expérimentale.

La physiologie pouvait donc pousser ses racines dans le sol ferme où se sont implantées ses sœurs aînées, la physique et la chimie. Cependant la complexité des problèmes qu'elle comprend exigeait que les règles de la méthode expérimentale fussent exposées sous des formules spéciales, en vue des procédés intellectuels et manuels qui lui sont spécialement applicables. La réalisation de cette œuvre a préoccupé Claude Bernard pendant toute la première phase de sa vie scientifique. Mais l'entraînement du laboratoire, la chasse aux découvertes, absorbait tous ses instants, si bien qu'il ne pouvait démontrer la méthode qu'à la façon dont Diogène démontrait le mouvement.

Et jamais chasse aux découvertes ne fut plus fructueuse. En vingt ans, Claude Bernard a plus trouvé de faits dominateurs, non-seulement que les physiologistes français qui, peu nombreux, travaillaient à ses côtés, mais que l'ensemble des physiologistes du monde entier. L'action des diverses glandes digestives et notamment du pancréas, la glycogénie animale, la production expérimentale du diabète, l'existence des nerfs vaso-moteurs et la théorie de la chaleur animale, l'action des poisons étudiés en eux-mêmes et comme moyen d'analyse des phénomènes physiologiques, l'innombrable quantité de faits nouveaux, de déductions sagaces, d'aperçus ingénieux et suggestifs que contiennent non-seulement ses mémoires spéciaux, mais les quatorze volumes où, depuis ses *Leçons de physiologie expérimentale appliquée à la*

médecine (1855-56), jusqu'à ses *Leçons sur
le diabète et la glycogénèse animale* (1877),
il rassemblait chaque année le résultat de
ses recherches et le résumé de ses cours,
lui avaient donné une situation de maître,
acceptée sans conteste en France et à
l'étranger.

Il avait également, dans la hiérarchie
officielle, atteint le premier rang. En 1854,
une chaire de physiologie générale fut créée
pour lui à la Sorbonne, chaire qu'avec un
désintéressement et une délicatesse admirables il abandonna en 1868 à son élève
M. Paul Bert; en 1855, il remplaça Magendie dans la chaire de médecine du Collége de France. Entré à l'Académie des
sciences en 1854, il fut appelé en 1868 à
remplacer Flourens à l'Académie française.
Enfin, un décret de 1869 le fit entrer au
Sénat : et il est à peu près le seul des
membres de cette assemblée auquel jamais
personne n'ait songé à faire reproche d'une

nomination qui le surprit étrangement.

Quelques années avant que les honneurs inattendus de la littérature et de la politique fussent ainsi venus le trouver dans son laboratoire, un événement considérable s'était passé dans sa vie. Une maladie longue et grave, pendant laquelle ses amis et lui désespérèrent de l'issue favorable, le condamna à l'inactivité physique. Il dut quitter son laboratoire, quitter Paris même, et redemander au pays natal, non en vain, la santé et la vie. Ces longs mois d'isolement et de repos rendirent à son esprit toute sa liberté. Pour la première fois, il eut le temps de méditer et de mettre en ordre, sur le papier, le résultat de ses réflexions solitaires. Une courte préface, déjà imprimée en épreuves, et qui devait précéder une sorte de traité de physiologie opératoire qui reste encore en préparation, s'agrandit par des additions successives, prit les dimensions d'une brochure, puis

d'un livre, qui vit le jour en 1865. L'*Introduction à l'Étude de la médecine expérimentale* frappa d'étonnement et d'admiration les esprits cultivés. Les physiologistes
y trouvèrent avec bonheur, réduites en formules précises, ordonnées avec un art merveilleux, éclairées par des exemples qui
étaient eux-mêmes comme autant d'expériences intellectuelles, les règles de la méthode expérimentale, surveillant, saisissant,
maîtrisant, malgré ses efforts, le Protée organique aux métamorphoses trompeuses.
Ceux que ne préoccupaient pas surtout les
difficultés professionnelles furent frappés
de la grandeur des problèmes étudiés, de
la clarté de leur exposition, de l'aisance
et de la bonne foi avec laquelle ils
étaient ou résolus ou démontrés insolubles.
Le style même en fut fort remarqué; sa
saveur originale mit en goût jusqu'à l'Académie française : « Vous avez créé un
style, » dit dans son discours de réception

le sévère M. Patin. Et c'était vrai. Mais combien eût été étonné le vénérable critique s'il avait lu ces livres antérieurs où Claude Bernard se contentait d'énumérer, dans une narration souvent peu ordonnée, ses impressions de laboratoire! Chez ce maître éminent et naïf, qu'aucune préoccupation de mise en scène ne hanta jamais, le style parlé ou écrit valait ce que valait l'idée. Dans la narration épisodique, on le trouve souvent traînant et confus; mais qu'un problème difficile se pose, que la pensée soit forcée de se replier comme pour vaincre un obstacle ou prendre un élan, alors il se serre, s'épure, s'accentue en formules précises, souvent en paroles imagées.

Tel il était dans ses livres, tel Claude Bernard dans ses cours, dans ses conversations. Sa pensée n'était point docile à parler toutes les langues et jouer tous les rôles; et jamais il ne fit rien pour la disci-

pliner à quelque convention d'habitudes
sociales ou de métier. Que si elle s'échap-
pait, il la suivait sans révolte, laissant là le
discours languissant, la leçon confuse, et ne
prêtant plus l'oreille qu'à ce qu'elle lui
disait tout bas; mais si elle s'intéressait à
la chose actuelle, alors ce professeur ou ce
causeur, tout à l'heure pénible et diffus, se
réveillait vivant, ingénieux, clair, éloquent,
avec des mouvements surprenants et soudains, et toujours avec les deux qualités du
vrai génie, l'aisance et la bonne foi.

Et nul ne les posséda à un plus haut
degré. Cette aisance à s'élever sur les hauts
sommets, à se mouvoir parmi les difficultés
les plus ardues, a frappé surtout les lecteurs
de ses admirables articles de la *Revue des
Deux-Mondes*. On pouvait dire de lui ce
que le poëte disait de la déesse : *incessu
patuit*. Un homme éminent, au sortir de
ces lectures, me disait un jour : « Il ne me
fait pas seulement croire que je comprends,

comme vous faites tous; il me fait réellement comprendre. » Et, de fait, il avait
compris. Cette aisance, il l'importait de ses
habitudes physiologistes dans le domaine
philosophique. Nul ne fit jamais plus simplement, plus naïvement une découverte.
Dans cette phase première de la chasse aux
idées, comme disait Helvétius, qui consiste
à voir et lever le gibier, il apportait une
sûreté de vue, une perspicacité étonnante.
La plupart des chercheurs scientifiques sont
des espèces de somnambules qui ne voient
que ce qu'ils cherchent, que ce qui est sur
la trace de leurs idées; leur œil est fixé
sur un point, et non-seulement ils ne per-
çoivent pas ce qui passe à côté de ce point,
mais même ce qui s'y présente sans avoir
été prévu. Claude Bernard semblait, suivant
l'expression d'un de ses élèves, avoir des
yeux tout autour de la tête, et c'était avec
stupéfaction qu'on le voyait, au cours d'une
expérience, signaler des phénomènes évi-

dents, mais que personne, hormis lui, n'avait aperçus. Il découvrait comme les autres respirent.

Avec l'aisance, la bonne foi. Ce fut sa qualité maîtresse. Jamais il ne se départit de la sincérité profonde de l'homme de science, qui doit chercher la vérité pour elle et pour les vérités qui la suivent, sans s'inquiéter jamais des conséquences lointaines ou indirectes qu'en voudront tirer ceux qui, semblables à des avocats, ont une cause à défendre. Nul ne fut plus passif dans la déduction, et ne l'exprima avec une sincérité plus candide. De là vient que ses écrits peuvent et ont pu servir, à tour de rôle, à tous les souteneurs de thèses. Que s'il expose le déterminisme cérébral des actes intellectuels, les matérialistes le compteront parmi les leurs; que s'il déclare qu'entre la pensée et le cerveau il y a le même rapport qu'entre l'heure et l'horloge, les spiritualistes le voudront enrôler. En

..

réalité, il n'est que physiologiste, livrant des faits nouveaux qui viennent rajeunir l'éternelle dispute des spéculateurs.

C'est cette admirable bonne foi, qui, dans le domaine restreint de la physiologie et de la médecine, explique l'apparente contradiction entre sa foi scientifique et son incrédulité pratique. Il eut toujours au plus haut degré ce double sentiment, que la physiologie sera la base nécessaire d'une médecine sûre d'elle-même, et que la physiologie actuelle est encore bien éloignée de fournir quelque certitude pratique. Ses propres découvertes, il en sentait toute l'importance comme fondements de l'édifice médical, mais il ne partageait pas les illusions de ceux qui, avec un empressement dont il a bien souvent souri, les transportaient dans le domaine des applications cliniques ou thérapeutiques. Ce sentiment des distances, qui eût découragé de moins vaillants, ne l'émouvait nullement, et il n'avait pas be-

soin, pour être fort et persévérant, de l'eni-
vrement des illusions. Aussi, lui qui ensei-
gnait que la médecine est ou doit être une
science, se montrait-il fort sceptique au regard des médecins, et, quand il en parlait, il
semblait toujours que l'ombre de Sganarelle
passât devant lui.

L'*Introduction à l'Étude de la médecine
expérimentale* marque dans la vie de
Claude Bernard une phase nouvelle. De là
datent ces écrits philosophiques qui lui ont
fait ouvrir les portes de l'Académie française. De là, des livres (*Recherches sur les
propriétés des tissus vivants, Leçons de
pathologie expérimentale*, etc.) où le groupement des faits prend le pas sur les consta-
tations de détail, et où il s'efforce, reprenant
en sous-œuvre ses découvertes anciennes,
d'en amener l'étude à toute la précision et
la perfection que peuvent comporter les
moyens d'action de la science actuelle.

Ce n'est pas à dire qu'il s'écartât complé-

tement de ces régions de l'inconnu où il
avait fait jadis de si riches moissons. Ses
derniers travaux sur l'identité fondamentale des propriétés de tissu et des fonctions
élémentaires dans le règne animal et le
règne végétal, sur l'anesthésie par le chloroforme ou l'éther des végétaux inférieurs,
et par suite sur la généralité d'action des
substances toxiques, montrent que l'esprit
créateur était vivant en lui.

De nouvelles découvertes devaient, cette
année, fournir une preuve nouvelle de sa
fécondité agissante. Ses amis, ses élèves en
ont reçu la confidence incomplète, et il résulte des quelques paroles qui lui sont
échappées que la théorie des fermentations
allait recevoir de ces recherches, exécutées
pendant les vacances dernières, des clartés
inattendues. Ce travail considérable, dont,
il y a quatre jours, il disait encore : « C'est
dommage, c'eût été bien finir », est perdu
pour la science.

Le 31 décembre, le froid le saisit dans le laboratoire du Collége de France ; bientôt survinrent les frissons, la fièvre et les phénomènes spéciaux, signes d'une inflammation rénale. Rien ne put enrayer la marche d'un mal dont il suivait tous les progrès. Sans illusion sur la fatalité de la catastrophe, il l'envisageait d'un œil calme, se refusant avec un sourire aux pieux mensonges de sa famille scientifique. Il était de ceux dont le regard ne s'effraye pas de l'inconnu.

Les sentiments personnels doivent se taire dans cet immense deuil de la science. Et cependant, ce n'est pas seulement la perte d'un grand homme qui mouille les yeux de ceux qui entourent son cercueil : tant de bienveillance, de simplesse d'âme, de générosité naïve étaient unies à ce génie ! Il en est dont la main tremble en essayant d'esquisser quelques traits de ce noble et grand caractère.

Rien dans cette vie si pure, si harmoni-

que, n'a été détourné du but principal.
Épris de littérature, d'art et de philosophie,
Claude Bernard n'a rien perdu comme physiologiste à ces nobles passions : toutes, au
contraire, lui ont servi dans le développement de la science avec laquelle il s'était
identifié, et dont il reste l'expression la plus
complète et la plus élevée. Il fut physiologiste comme nul ne l'avait été : « Claude
Bernard, disait un savant étranger, n'est
seulement point un physiologiste, c'est la
physiologie. »

Sa mort elle-même semble marquer pour
la science une ère nouvelle. Pour la première fois dans notre pays, un homme de
science va recevoir les honneurs publics,
réservés jusqu'ici aux illustrations politiques ou guerrières. Le gouvernement s'est
honoré hier en demandant aux Chambres,
qui l'ont accordé à l'unanimité, de faire
aux frais de l'État des funérailles solennel-
les au maître qui n'est plus. Et le mot de

M. Gambetta, parlant au nom de la commission du budget, résume tout ce que nous
avons dit : « La lumière qui vient de s'é-
teindre ne sera pas remplacée. »

Paul Bert.

Paris, le 12 février 1878.

LA SCIENCE

EXPÉRIMENTALE

DU PROGRÈS

DANS LES SCIENCES PHYSIOLOGIQUES

La méthode expérimentale, qui depuis longtemps est appliquée avec tant de succès à l'étude
des phénomènes des corps bruts, tend de plus
en plus aujourd'hui à s'introduire dans l'étude
des phénomènes des êtres vivants; mais beaucoup de savants doutent encore de son utilité
réelle, et il en est qui croient que la spontanéité
vitale sera toujours un obstacle insurmontable
à l'application d'une méthode commune d'investigation dans les sciences physiologiques et
dans les sciences physico-chimiques.

CLAUDE BERNARD. 3

Les corps bruts étant tous dépourvus de spontanéité, les manifestations de leurs propriétés demeurent enchaînées d'une manière absolue aux variations des circonstances qui les environnent, ce qui permet à l'expérimentateur de les atteindre facilement et de les modifier à son gré.

Les êtres vivants, étant au contraire doués de spontanéité, nous apparaissent comme s'ils étaient tous pourvus d'une force intérieure qui rend les manifestations de la vie d'autant plus indépendantes des variations des influences extérieures que l'être s'élève davantage dans l'échelle de l'organisation. Chez l'homme et chez les animaux supérieurs, cette force vitale semble avoir pour résultat de soustraire le corps vivant aux influences physico-chimiques générales et de le rendre ainsi tout à fait inaccessible aux procédés ordinaires d'expérimentation. D'un autre côté, tous les phénomènes des animaux vivants sont reliés par la sensibilité et maintenus par elle dans une harmonie réciproque telle qu'il paraît impossible de séparer une partie de leur organisme sans amener immédiatement un trouble dans tout son ensemble.

Beaucoup de médecins et de naturalistes ont exploité ces divers arguments pour s'élever contre l'emploi de l'expérimentation chez les êtres vivants. Ils ont admis que la force vitale était en opposition avec les forces physico-chimiques, qu'elle dominait tous les phénomènes de la vie, les assujettissait à des lois tout à fait spéciales, et faisait de l'organisme un tout vivant auquel l'expérimentateur ne pouvait toucher sans détruire le caractère de la vie même. Cuvier, qui a partagé cette opinion, et qui pensait que la physiologie devait être une science d'observation et de déduction anatomique, s'exprime ainsi : « Toutes les parties d'un corps vivant sont liées; elles ne peuvent agir qu'autant qu'elles agissent toutes ensemble. Vouloir en séparer une de la masse, c'est la reporter dans l'ordre des substances mortes, c'est en changer entièrement l'essence[1]. »

Si les objections précédentes étaient fondées, il faudrait reconnaître, ou bien qu'il n'y a pas de *déterminisme* possible dans les phénomènes de

1. Lettre de Cuvier à J.-C. Mertrud, *Leçons d'anatomie comparée*, p. 5. Paris, an VIII.

la vie, ce qui serait nier purement et simplement la physiologie expérimentale, ou bien il faudrait admettre que la force vitale doit être étudiée suivant une méthode particulière, et que la science des corps vivants doit reposer sur d'autres principes que la science des corps inertes.

Ces idées, qui ont été florissantes à d'autres époques, s'évanouissent aujourd'hui de plus en plus sous l'influence des progrès de la physiologie. Cependant il importe d'en extirper les derniers germes, parce que ce qui reste encore de ces idées dans certains esprits constitue un véritable obstacle à la marche de la science physiologique et de la médecine expérimentale. Je me propose de démontrer que les phénomènes des corps vivants sont, comme ceux des corps bruts, soumis à un *déterminisme* absolu et nécessaire. La science vitale ne peut employer d'autres méthodes ni avoir d'autres bases que celles de la science minérale, et il n'y a aucune différence à établir entre les principes des sciences physiologiques et ceux des sciences physico-chimiques.

I

La spontanéité dont jouissent les êtres vivants n'empêche pas le physiologiste de leur appliquer la méthode expérimentale[1]. En effet, malgré cette spontanéité, les êtres vivants ne sont pas indépendants des influences du monde extérieur, et leurs fonctions sont constamment liées à des conditions qui en règlent l'apparition d'une manière déterminée et nécessaire.

Dès qu'on entre dans l'étude des mécanismes propres aux phénomènes de la vie, on s'aperçoit bientôt que la spontanéité apparente dont jouissent les corps vivants n'est que la conséquence toute naturelle de certaines circonstances bien déterminées, et il nous sera facile de prou-

1. Je renvoie le lecteur, pour la démonstration technique de ces considérations, à mon ouvrage : *Introduction à l'étude de la médecine expérimentale*. Paris, 1865.

ver qu'au fond les manifestations des corps vivants, aussi bien que celles des corps bruts, sont rattachées à des *conditions d'ordre purement physico-chimique*. Nous ajouterons que le problème que se posent le physiologiste et le médecin expérimentateur n'est point de remonter à la cause première de la vie, mais seulement d'arriver à la connaissance de ces conditions physico-chimiques déterminantes de l'activité vitale.

Notons d'abord que l'indépendance de l'être vivant dans le milieu cosmique ambiant n'apparaît que dans les organismes complets et élevés.

Dans les êtres inférieurs réduits à un organisme élémentaire, tels que les infusoires, il n'y pas d'indépendance réelle. Ces êtres ne manifestent les propriétés vitales, souvent très-actives, dont ils sont doués que sous l'influence de l'humidité, de la lumière, de la chaleur extérieure, et dès qu'une ou plusieurs de ces conditions viennent à manquer, la manifestation vitale cesse, parce que les phénomènes physico-chimiques qui lui sont parallèles s'arrêtent.

Beaucoup de ces animaux tombent alors dans un état de *vie latente* qui n'est autre chose qu'un état d'indifférence chimique du corps organisé vis-à-vis du monde extérieur. Cette suspension complète des manifestations apparentes de la vie est susceptible de durer un temps en quelque sorte indéfini. Spallanzani a vu la vitalité reparaître sous l'influence d'une goutte d'eau chez des anguillules du blé niellé, inertes et desséchées depuis près de trente ans[1]. Dans ce cas l'eau, restituée au corps, y a simplement fait reparaître les phénomènes chimiques, et a permis aux tissus de manifester leurs propriétés vitales.

Dans les végétaux, les phénomènes de la vie sont également liés quant à leurs manifestations aux conditions de chaleur, d'humidité et de lumière du milieu ambiant, et c'est ce qui constitue l'influence des saisons, que tout le monde connaît.

1. Spallanzani, *Observations et expériences sur quelques animaux surprenans que l'observateur peut à son gré faire passer de la mort à la vie. Œuvres, in-8°,* p. 203.

Il en est de même pour les animaux à sang froid; les phénomènes de la vie s'engourdissent ou se réveillent chez eux, suivant les mêmes conditions climatériques de chaleur, de froid, d'humidité, de sécheresse.

Or l'eau, la chaleur, l'électricité, sont aussi les excitants des phénomènes physico-chimiques, de telle sorte que les influences qui provoquent accélèrent ou ralentissent les manifestations vitales chez les êtres vivants sont exactement les mêmes que celles qui provoquent, accélèrent ou ralentissent les manifestations minérales dans les corps bruts.

Loin de voir, à l'exemple des vitalistes, une sorte d'opposition ou d'incompatibilité entre les conditions des fonctions vitales et les conditions des actions minérales, il faut au contraire constater entre ces deux ordres de phénomènes un parallélisme complet et une relation directe et nécessaire.

Cette relation est plus étroite chez les êtres inférieurs, chez les végétaux et chez les animaux à sang froid; mais chez l'homme et chez les autres animaux à sang chaud il y a en gé-

néral une indépendance évidente entre les fonctions de l'organisme et les conditions du milieu ambiant. Les phénomènes vitaux ne subissent plus dans leurs manifestations l'influence
des alternatives des saisons ni celle des variations cosmiques. Par suite d'un mécanisme pro-
tecteur plus complet, l'animal possède et maintient en lui, dans un *milieu intérieur* qui lui est
propre, les conditions d'humidité et de chaleur
nécessaires aux manifestations des phénomènes
vitaux. L'organisme de l'animal à sang chaud
étant suffisamment protégé n'entre que très-
difficilement en équilibre avec le *milieu extérieur :* il garde en quelque sorte ses organes en
serre chaude, il leur conserve ainsi leur activité
vitale. C'est de même que nous voyons, dans
les serres de nos jardins, se manifester une activité vitale végétative indépendante des cha-
leurs et des frimas extérieurs, mais liée cependant d'une manière intime et nécessaire aux
conditions physico-chimiques de l'atmosphère
intérieure de la serre.

Les manifestations de la vie que nous observons chez l'homme ou chez un animal supé-

rieur sont beaucoup plus complexes qu'elles ne
nous apparaissent; mais ce qu'il ne faut jamais
oublier, c'est que, quelle qu'en soit la complexité, elles sont toujours la résultante des
propriétés intimes d'une foule d'éléments organiques dont l'activité est liée aux conditions
physico-chimiques des milieux internes où ils
sont plongés. Nous supprimons dans nos explications le milieu intérieur que nous ne voyons
pas pour ne considérer que le milieu extérieur
qui est sous nos yeux, et c'est ainsi que nous
pouvons croire faussement qu'il y a dans l'être
vivant une force vitale qui viole les lois physico-
chimiques du milieu cosmique général.

Les machines vivantes sont donc créées et
construites de telle façon qu'en se perfection-
nant elles deviennent de plus en plus libres
dans le monde extérieur; mais il n'en existe
pas moins la détermination vitale dans leur
milieu interne, qui par suite de ce même perfectionnement s'est isolé de plus en plus du
milieu cosmique général. Les machines que
l'intelligence de l'homme crée, quoique infiniment plus grossières, possèdent aussi une in-

dépendance qui n'est que l'expression du jeu de leur mécanisme intérieur. Une machine à vapeur possède une activité indépendante des conditions physico-chimiques du milieu extérieur, puisque, par le froid, le chaud, le sec et l'humide, la machine continue à marcher; mais pour le physicien qui descend dans le milieu intérieur de la machine, il trouve que cette indépendance n'est qu'apparente, et que le mouvement de chaque rouage intérieur est déterminé par des conditions physiques absolues et dont il connaît la loi. De même pour le physiologiste, s'il peut descendre dans le milieu intérieur de la machine vivante, il y trouvera un déterminisme qui doit devenir pour lui la base réelle de la science expérimentale des corps vivants.

Pour comprendre l'expérimentation sur les êtres vivants d'une organisation élevée, il faut nécessairement tenir compte de deux milieux : le *milieu cosmique* ou *extra-organique*, qui est commun aux êtres vivants et aux corps bruts, et le *milieu intra-organique*, qui est spécial aux êtres vivants. Ce dernier milieu, qui est en rap-

port avec nos éléments organiques actifs, muscles, nerfs, glandes, etc., est formé par tous les
liquides intra-organiques et blastématiques[1].
Nous trouvons dans ce milieu liquide les conditions de température, l'air et les aliments dissous dans l'eau, car, ainsi que nous l'avons dit
ailleurs[2], tous les éléments organiques actifs
qui composent notre organisme sont nécessairement aquatiques, et ce n'est que par un artifice de construction que notre corps peut exister et se mouvoir dans l'air sec.

La médecine expérimentale ou scientifique
sera surtout fondée sur la connaissance des propriétés du milieu intra-organique.

Quand un médicament exerce sur nous son
action, ce n'est point dans notre estomac qu'il
agit, mais seulement dans notre milieu intra-

---

1. Voyez Claude Bernard, *Leçons de physiologie expé*
rimentale appliquée à la médecine. Paris, 1855-56, 2 vol.
— *Leçons sur la physiologie et la pathologie du système*
nerveux. Paris, 1858, 2 vol. — *Leçons sur les propriétés*
physiologiques des liquides de l'organisme. Paris, 1859,
2 vol.

2. Voy. *Étude sur la physiologie du cœur,* p. 316.

organique, après avoir pénétré dans notre sang et s'être mis en contact avec nos particules organisées. Cette idée du milieu intérieur, dirigeant mes études en physiologie, m'a servi à déterminer d'une manière plus précise l'action des substances toxiques sur les divers éléments de notre corps[1] ; mais en outre il en résulte des considérations nouvelles, qui sont destinées à guider le physiologiste dans ses expérimentations et à servir de base à la fois à la physiologie et à la pathologie générales. En effet, au point de vue médical ou thérapeutique, nous ne saurions trouver, ni chez l'homme ni chez les animaux élevés, une indépendance vitale à l'égard des poisons et des médicaments. Tous les jours nous pouvons modifier les phénomènes de la vie ou les éteindre en faisant pénétrer des substances actives dans notre sang ou dans notre milieu organique ; mais ce serait une illusion que de ne voir, dans toutes ces modifications si variées et si multiples de l'organisme,

1. Voy. *Etudes physiologiques sur quelques poisons américains, le curare*, p. 237.

que l'expression indéterminée d'une force vitale quelconque [1]. Elles dépendent toutes au contraire de conditions physico-chimiques précises survenues dans notre milieu intérieur ou dans les les éléments histologiques de nos tissus.

Autrefois Buffon avait cru qu'il devait exister dans le corps des êtres vivants un élément organique particulier qui ne se retrouverait pas dans les corps minéraux [2]. Les progrès des sciences chimiques ont détruit cette hypothèse en montrant que le corps vivant est exclusivement constitué par des matières simples ou élémentaires empruntées au monde minéral.

On a pu croire de même à l'activité d'une force spéciale pour la manifestation des phénomènes de la vie ; mais les progrès des sciences physiologiques détruisent également cette seconde hypothèse, en faisant voir que les propriétés vitales n'ont pas plus de spontanéité par elles-mêmes que les propriétés minérales,

1. Claude Bernard, *Leçons sur les effets des substances toxiques et médicamenteuses.* Paris, 1857.

2. Buffon, *Œuvres complètes*, publiées par Lacépède, t. IX, p. 25.

et que ce sont les mêmes conditions physico-
chimiques générales qui président aux manifestations des unes et des autres.

On ne saurait inférer de ce qui vient d'être
dit que nous assimilons les corps vivants aux
corps bruts; le bon sens de tous protesterait
immédiatement contre une pareille confusion.
Il est évident que les corps vivants ne se com-
portent pas comme les corps inanimés. Il s'agit
seulement de bien caractériser et de bien définir leur différence, car c'est un point capital
pour bien comprendre la science physiologique
expérimentale.

De toutes les définitions de la vie, celle qui
est à la fois la moins compromettante et la plus
vraie est celle qui a été donnée par l'Encyclopédie : « la vie est le contraire de la mort. »
Cette définition est d'une clarté naïve, et cependant nous ne pourrons jamais rien dire de
mieux, parce que nous ne saurons jamais ce
qu'est la vie en elle-même. Pour nous, un corps
n'est vivant que parce qu'il meurt et parce
qu'il est organisé de manière à ce que, par le
jeu naturel de ses fonctions, il entretient son

organisation pendant un certain temps et se perpétue ensuite par la formation d'individus semblables à lui. La vie a donc son essence dans la force ou plutôt dans l'idée directrice du développement organique; c'est la force vitale ainsi comprise qui constituait la force médicatrice d'Hippocrate, la force séminale et l'*archeus faber* de Van Helmont.

Si je devais définir la vie d'un seul mot, je dirais : la vie, c'est la *création*. En effet, la vie pour le physiologiste ne saurait être autre chose que la cause première créatrice de l'organisme qui nous échappera toujours, comme toutes les causes premières. Cette cause se manifeste par l'organisation; pendant toute sa durée, l'être vivant reste sous l'empire de cette influence vitale créatrice, et la mort naturelle arrive lorsque la création organique ne peut plus se réaliser.

L'esprit de l'homme ne peut concevoir un effet sans cause, la vue d'un phénomène éveille toujours en lui une idée de causalité, et toute la science humaine consiste à remonter des effets observés à leur cause; mais de tout temps les philosophes et les savants ont distingué deux ordres de causes, les *causes premières* et les *causes secondes* ou *prochaines*. — Les causes premières, qui sont relatives à l'origine des choses, nous sont absolument impénétrables ; les causes prochaines, qui sont relatives aux conditions de manifestation des phénomènes sont à notre portée et peuvent nous être connues expérimentalement. Newton a dit que celui qui se livre à la recherche des causes premières donne par cela même la preuve qu'il n'est pas un savant. En effet, cette recherche reste stérile, parce qu'elle nous pose des problèmes qui sont inabordables à l'aide de la méthode expérimentale.

En résumé, il y a dans un phénomène vital, comme dans tout autre phénomène naturel, deux ordres de causes : d'abord une cause première, créatrice, législative et *directrice* de la vie, et inaccessible à nos connaissances, — ensuite une cause prochaine ou *exécutive* du phénomène vital, qui toujours est de nature physico-chimique, et tombe dans le domaine de l'expérimentateur. La cause première de la

vie donne l'évolution ou la *création de la machine
organisée ;* mais la machine, une fois créée,
fonctionne en vertu des propriétés de ses éléments constituants et sous l'influence des conditions physico-chimiques qui agissent sur eux.
Pour le physiologiste et le médecin expérimentateur, l'organisme vivant n'est qu'une machine
admirable, douée des propriétés les plus merveilleuses, mise en action à l'aide des mécanismes les plus complexes et les plus délicats.
C'est une machine dont ils doivent analyser et
déterminer le mécanisme, afin de pouvoir le
modifier, car la mort accidentelle n'est que la
dislocation ou la destruction de l'organisme
par suite de la rupture ou de la cessation d'action d'un ou de plusieurs de ces mécanismes
vitaux.

II

La recherche des causes premières, avons-
nous dit, n'est point du domaine scientifique.

Quand l'expérimentateur est parvenu au *déter-minisme* des phénomènes, il ne lui est pas donné d'aller au delà, et sous ce rapport la limite de sa connaissance est la même dans les sciences des corps vivants et dans les sciences des corps bruts.

Le nature de notre esprit nous porte d'abord à rechercher la cause première, c'est-à-dire l'essence ou le *pourquoi* des choses. En cela, nous visons plus loin que le but qu'il nous est donné d'atteindre, car l'expérience nous apprend bientôt que nous ne pouvons pas aller au delà du *comment*, c'est-à-dire au delà du déterminisme qui donne la cause prochaine ou la condition d'existence des phénomènes.

Ce que nous appelons le *déterminisme* d'un phénomène n'est rien autre chose que la *cause déterminante* ou la cause prochaine, c'est-à-dire la circonstance qui détermine l'apparition du phénomène et constitue sa condition ou l'une de ses conditions d'existence. Le mot *déterminisme* a une signification tout à fait différente de celle du mot *fatalisme*. Le fatalisme suppose la manifestation nécessaire d'un phénomène

indépendamment de ses conditions, tandis que
le déterminisme n'est que la condition nécessaire d'un phénomène dont la manifestation
n'est pas forcée. Le fatalisme est donc antiscientifique à l'égal de l'indéterminisme.

Lorsque, par une analyse expérimentale successive, nous avons trouvé la cause prochaine
ou la condition élémentaire d'un phénomène,
nous avons atteint le but scientifique que nous
ne pourrons jamais dépasser. .

Quand nous savons que l'eau avec toutes ses
propriétés résulte de la combinaison de l'oxygène et de l'hydrogène dans certaines propor-
tions, et que nous connaissons la condition de
cette combinaison, nous savons tout ce que
nous pouvons savoir scientifiquement à ce sujet; mais cela répond au comment et non au
pourquoi des choses. Nous savons comment
l'eau peut se faire; mais pourquoi la combinaison d'un volume d'oxygène et de deux volumes d'hydrogène donne-t-elle de l'eau, nous
n'en savons rien, nous ne pouvons pas le savoir, et nous ne devons pas le chercher.

En médecine aussi bien qu'en chimie, il

n'est pas scientifique de poser la question du pourquoi : cela ne peut en effet que nous égarer dans des questions insolubles et sans applications. Serait-ce pour se moquer de cette tendance antiscientifique de la médecine qui résulte de l'absence du sentiment de cette limite de nos connaissances que Molière a mis dans la bouche de son candidat docteur, à qui l'on demandait pourquoi l'opium fait dormir, la réponse suivante : *Quia est in eo virtus dormitiva, cujus est natura sensus assoupire?* Cette réponse paraît plaisante ou absurde; elle est cependant la seule qu'on pourrait faire.

De même, si l'on voulait répondre à cette question : « Pourquoi l'hydrogène, en se combinant avec de l'oxygène, fait-il de l'eau? » on serait obligé de dire : « Parce qu'il y a dans l'hydrogène une propriété capable d'engendrer l'eau. »

C'est donc seulement la question du pourquoi qui est absurde, puisqu'elle entraîne une réponse qui paraît naïve ou ridicule. Il vaut mieux reconnaître que nous ne savons pas, et que c'est là que se place la limite de notre connaissance. Nous pouvons savoir comment et dans quelles conditions l'opium fait dormir; mais nous ne saurons jamais pourquoi.

Les propriétés de la matière vivante ne peuvent être manifestées et connues que par leurs rapports avec les propriétés de la matière brute, d'où il résulte que les sciences physiologiques expérimentales ont pour base nécessaire les sciences physico-chimiques, auxquelles elles empruntent leurs procédés d'investigation et leurs moyens d'action. Le corps vivant est pourvu sans doute de propriétés et de facultés tout à fait spéciales à sa nature, telles que la plasticité organique, la contractilité, la sensibilité, l'intelligence; néanmoins toutes ces propriétés et toutes ces facultés sans exception, de quelque ordre qu'elles soient, trouvent leur déterminisme, c'est-à-dire leurs moyens de manifestations et d'action, dans les conditions physico-chimiques des milieux extérieur et intérieur de l'organisme. Mais dans les phénomènes vitaux pas plus que dans les phénomènes minéraux la condition d'existence d'un phénomène ne saurait rien nous apprendre sur sa nature.

Quand nous savons que l'excitation extérieure de certains nerfs et que le contact physique et chimique du sang, à une certaine température, avec les éléments nerveux cérébraux sont nécessaires pour manifester la pensée ainsi que les phénomènes nerveux et intellectuels, cela nous indique le déterminisme ou les conditions d'existence de ces phénomènes, mais cela ne saurait rien nous apprendre sur la nature première de l'intelligence. De même, quand nous savons que le frottement et les actions chimiques développent l'électricité, cela nous indique le déterminisme ou les conditions du phénomène, mais cela ne nous apprend rien sur la nature première de l'électricité.

L'expérimentateur peut modifier tous les phénomènes de la nature qui sont à sa portée.

Par une disposition que nous devons sans doute trouver fort sage, il ne pourra jamais agir sur les corps célestes; c'est pourquoi l'astronomie est condamnée à rester à tout jamais une *science d'observation* pure. « Sur la terre, dit Laplace, nous faisons varier les phénomènes par des expériences; dans le ciel, nous observons avec soin tous ceux que nous offrent les mouvements célestes [1]. »

Parmi les sciences des phénomènes terrestres qui seules sont appelées à être des *sciences d'expérimentation*, les sciences minérales ont été les premières, à cause de la plus grande simplicité de leurs phénomènes, à devenir accessibles à l'expérimentateur; mais c'est à tort qu'on a voulu exclure l'expérimentation de la science des êtres vivants, en disant que l'organisme s'isole comme un petit monde (*microcosme*) dans le grand nombre (*macrocosme*), et que sa vie représente la résultante d'un tout ou d'un système invisible dont nous ne pouvons qu'observer les effets sans les modifier.

Si la médecine, par exemple, voulait rester une science d'observation, le médecin devrait se contenter d'observer ses malades, se borner à prédire la marche et l'issue de leurs maladies, mais sans y toucher plus que l'astronome ne touche à ses planètes. Donc le médecin expérimente dès qu'il donne un remède actif, car c'est

1. Laplace, *Système du monde*, ch. II.

une véritable expérience qu'il fait en essayant d'apporter une modification quelconque dans les symptômes de la maladie. L'expérimentation scientifique doit être fondée sur la connaissance du *déterminisme* des phénomènes, autrement l'expérimentation n'est encore qu'aveugle et empirique. L'*empirisme* doit être subi comme une période nécessaire de l'évolution de la médecine expérimentale ; mais il ne saurait être érigé en système, comme l'ont voulu quelques médecins.

L'expérimentation peut être appliquée à tous les phénomènes naturels de quelque ordre qu'ils soient, et cela se comprend, puisque l'expérimentateur n'engendre pas les phénomènes, mais agit seulement et exclusivement sur leur état antérieur, c'est-à-dire sur la condition physico-chimique qui en procède et en détermine immédiatement la manifestation.

Quand l'expérimentateur refroidit un corps liquide pour le faire cristalliser, il n'agit pas sur la cristallisation, qui est la propriété innée de la matière minérale, il ne fait que déterminer la condition dans laquelle elle a lieu.

Quand on chauffe à 100 degrés du chlorure
d'azote et qu'il s'ensuit une explosion qui devient à la fois une source puissante de mouvement et de chaleur, on n'agit pas sur l'explosion
elle-même, on ne fait qu'apporter une température de 100 degrés qui est la condition déterminante de l'explosion.

Pour les phénomènes organiques, il en est
absolument de même.

Quand on a mis par exemple des globules de
levûre de bière dans un liquide sucré, qu'on
maintient à une température inférieure à —
10 degrés, rien ne se passe dans le liquide; la
levûre engourdie reste sans action sur le sucre,
et il ne se forme ni acide carbonique ni alcool :
mais si on élève la température à + 30 degrés,
on voit bientôt la fermentation marcher avec
une très-grande activité. Dans ce cas encore,
on n'a pas agi sur la propriété de fermentation
qui est essentielle et innée à la levûre, on n'a
fait que produire les conditions chimico-physi-
ques sous l'influence desquelles la fermentation
s'arrête ou se manifeste.

Si maintenant nous prenons nos exemples

dans les phénomènes les plus élevés et les plus mystérieux des êtres vivants, nous verrons que l'application de l'expérimentation doit toujours être comprise de la même manière.

Ce qui se passe chaque jour sous nos yeux pendant l'incubation dans l'œuf d'une poule serait bien fait pour nous émerveiller et pour nous montrer toute la profondeur de notre ignorance ; mais par habitude nous cessons de nous étonner des phénomènes vulgaires, parce que nous cessons d'y réfléchir.

On a comparé l'évolution organique silencieuse qui s'accomplit dans cet œuf à l'harmonie d'un corps céleste dans l'espace. Van Helmont, qui nous apparaît comme une sorte d'esprit lucide au milieu des ténèbres du moyen âge, avait placé dans l'œuf un *archeus faber*, ou une *idée*, qui dirigeait l'évolution[1]. Cela ressemble bien en effet à une idée qui se développe, car dès ce moment tout est coordonné, tout est prévu non-seulement pour l'évolution du

1. Voyez J. Guislain, thèse sur Van Helmont, *la Nature*, etc., p. 164.

nouvel être, mais pour son entretien fonctionnel durant sa vie entière, car la nutrition n'est que la génération continuée.

Et si maintenant nous recourons à la science moderne, nous verrons que dans l'œuf la partie essentielle se réduit à une petite vésicule ou cellule microscopique, tout le reste de l'œuf de l'oiseau, le jaune et le blanc, n'étant que des matériaux nutritifs destinés à fournir au développement qui doit se faire en dehors du corps maternel. Nous serions donc obligés de mettre dans la simple cellule organique microscopique qui compose l'œuf de tous les animaux une idée évolutive tellement complexe que non-seulement elle renferme tous les caractères spécifiques de l'être, mais qu'elle retrace encore tous les détails de l'individualité. C'est ainsi que chez l'homme une maladie qui apparaîtra par hérédité vingt ou trente ans plus tard se trouve déjà en germe dans cette vésicule mystérieuse.

Mais cette idée spécifique contenue dans l'œuf ne se manifeste et ne se développe elle-même que sous l'influence de conditions purement physico-chimiques. Comme notre cellule de levûre de bière, la cellule de l'œuf reste engourdie au-dessous d'une certaine température, et ce n'est qu'à $+$ 35 degrés que l'idée organique manifestera son activité.

Je m'arrête ici : les exemples que j'ai cités, et qui se rapportent tous à des faits bien connus, me paraissent suffisants pour exprimer mon sentiment et faire comprendre ma pensée. L'expérimentateur ou le *déterministe* doit donc observer les phénomènes de la nature uniquement pour trouver leur cause déterminante, sans vouloir, pour les expliquer dans leurs causes premières, recourir à des systèmes qui peuvent flatter son orgueil, mais qui ne font en réalité que voiler son ignorance.

Il faut cesser, on le voit, d'établir entre les phénomènes des corps vivants et les phénomènes des corps bruts une différence fondée sur ce que l'on peut connaître la nature des premiers et que l'on doit ignorer celle des seconds.

Ce qui est vrai, c'est que la nature ou l'essence de tous les phénomènes, qu'ils soient vitaux ou minéraux, nous reste complétement

inconnue. L'essence du phénomène minéral le
plus simple est aussi totalement ignorée du chimiste et du physicien que l'est du physiologiste
l'essence des phénomènes intellectuels ou la cause
première d'un autre phénomène vital quelconque. Cela se conçoit d'ailleurs : la connaissance
de la nature intime des choses ou la connaissance de l'absolu exigerait pour le phénomène
le plus simple la connaissance de l'univers entier, car il est évident qu'un phénomène de
l'univers est un rayonnement quelconque de
cet univers, dans l'harmonie duquel il entre
nécessairement pour sa part. La connaissance
de l'absolu est donc la connaissance qui ne
laisserait rien en dehors d'elle. L'homme y
tend par sentiment, mais il est clair qu'il ne
pourra la posséder tant qu'il ignorera quelque
chose, et la raison paraît nous dire qu'il en
sera toujours ainsi.

Toutefois la raison, même en servant de
correctif au sentiment, ne le fait pas disparaître. L'homme, en se corrigeant, ne change pas
sa nature pour cela ; son sentiment, refoulé sur
un point, reparaît et se fait jour ailleurs. C'est

ainsi que l'expérience, qui vient à chaque pas montrer au savant que sa connaissance est bornée, n'étouffe pas en lui son sentiment na-- turel, qui le porte à croire que la vérité absolue est de son domaine. L'homme se comporte intinctivement comme s'il devait y parvenir, et le pourquoi incessant qu'il adresse à la nature en est la preuve.

Il serait du reste mauvais pour la science que la raison ou l'expérience vînt étouffer complétement le sentiment ou l'aspiration vers l'absolu. Le savant dépasserait alors le but de la méthode expérimentale, comme celui qui, pour redresser une branche vers une meilleure direction, la romprait, et ferait cesser en elle toute séve et toute végétation. En effet, on le verra plus loin, c'est cette espérance de la vérité, constamment déçue, constamment renaissante, qui soutient et soutiendra toujours les générations successives dans leur ardeur passionnée à étudier les phénomènes de la nature.

Le rôle particulier de la science expérimentale est de nous apprendre que nous ignorons,

en nous montrant nettement que la limite de
nos connaissances s'arrête au déterminisme;
mais, par une merveilleuse compensation, à
mesure que la science froisse notre sentiment
et rabaisse notre orgueil, elle augmente notre
puissance. Le savant qui a poussé l'analyse
expérimentale jusqu'au déterminisme d'un phénomène voit clairement qu'il ignore ce phénomène dans sa cause première, mais il en est
devenu maître; l'instrument qui agit lui reste
inconnu dans son essence, mais il connaît la
manière de s'en servir. Nous ignorons l'essence
du feu, de l'électricité, de la lumière, et cependant nous en réglons les phénomènes à notre
profit. Nous ignorons l'essence de la vie, mais
nous n'en réglons pas moins les phénomènes
vitaux dès que nous connaissons suffisamment
leurs conditions d'existence. La seule différence
est que dans les phénomènes vitaux le déterminisme est beaucoup plus difficile à atteindre,
parce que les conditions sont infiniment plus
complexes et plus délicates et qu'elles sont
en outre combinées les unes avec les autres.

Le physicien et le chimiste, ne se plaçant pas

en dehors de l'univers, peuvent étudier les corps et les phénomènes isolément, sans être obligés pour les comprendre de les rapporter à l'ensemble de la nature; mais le physiologiste, se trouvant au contraire placé en dehors de l'organisme animal dont il peut voir l'ensemble, doit tenir compte de l'harmonie de cet ensemble en même temps qu'il cherche à pénétrer dans l'intérieur pour analyser le mécanisme de chacune des parties. Il s'ensuit que le physicien et le chimiste peuvent repousser toute idée de causes finales dans les faits qu'ils observent et que le physiologiste au contraire est porté à admettre une finalité harmonique et préétablie dans le corps organisé, dont toutes les actions partielles sont solidaires et génératrices les unes les autres.

Si, à l'aide de l'analyse expérimentale, on décompose l'organisme vivant en isolant ses diverses parties, ce n'est point pour les concevoir séparément. Quand on veut donner à la propriété physiologique d'un organe ou d'un tissu toute sa valeur et sa véritable signification, il faut toujours le rapporter à l'organisme,

et ne tirer de conclusion sur elle que relativement à ses effets dans l'ensemble organisé. Il
faut reconnaître en un mot que le déterminisme
dans les phénomènes de la vie est non-seulement un déterminisme très-complexe, mais
que c'est en même temps un déterminisme
harmoniquement subordonné. Les phénomènes
physiologiques, si compliqués chez les animaux
élevés, sont constitués par une série de phénomènes plus simples qui s'engendrent les uns
les autres en s'associant ou se continuant vers
un but final commun.

Or l'objet essentiel pour le physiologiste est
de déterminer par l'analyse expérimentale les
conditions élémentaires des phénomènes physiologiques complexes et d'en saisir la subordination naturelle, afin d'en comprendre et d'en
suivre les diverses combinaisons dans les mécanismes si variés que nous offrent les êtres vivants. L'emblème antique représenté par un
serpent qui forme un cercle en se mordant la
queue donne une image assez juste de la vie.
En effet l'organisme vital forme un circuit
fermé, mais ce cercle a une tête et une queue,

en ce sens que tous les phénomènes vitaux n'ont pas la même importance, quoiqu'ils soient connexes et se fassent suite dans l'accomplissement du *circulus* vital. Ainsi les organes musculaires et nerveux entretiennent l'activité des organes qui préparent le sang ou le milieu intérieur; mais le sang à son tour nourrit les organes qui le produisent. Il y a là une solidarité organique et sociale qui entretient dans l'économie animale un mouvement sans cesse dépensé et sans cesse renaissant, jusqu'à l'heure où le dérangement ou la cessation d'action d'un élément organique nécessaire amène un trouble dans le jeu de la machine vivante ou même en provoque l'arrêt définitif.

Le problème du médecin expérimentateur consiste donc à trouver le *déterminisme simple* d'un dérangement organique compliqué, c'est-à-dire à découvrir la condition du phénomène pathologique initial qui amène tous les autres à sa suite par un *déterminisme complexe*, qui n'est lui-même que l'enchaînement d'un plus ou moins grand nombre de déterminismes simples.

Le déterminisme du phénomène initial une fois saisi sera le fil d'Ariane qui dirigera l'expérimentateur, et lui permettra toujours de se retrouver dans le labyrinthe en apparence si obscur des phénomènes physiologiques et pathologiques. Il comprendra dès lors comment une succession de déterminismes subordonnés les uns aux autres engendre un ensemble logique de phénomènes se reproduisant toujours avec le même type comme des individualités appartenant à une espèce définie. A l'état physiologique, ces types de phénomènes constituent les fonctions ; à l'état pathologique, ils forment les maladies. La production d'une maladie pour Van Helmont était due à l'évolution d'une idée morbide (*idea febrilis*), et pour les médecins d'aujourd'hui, c'est encore l'expression d'une *entité morbide*. Les empoisonnements comme les maladies se ramènent à un déterminisme complexe, ayant pour déterminisme initial l'action physico-chimique du poison sur un élément organisé, bien qu'il puisse ensuite, dans les déterminismes secondaires, intervenir des conditions de phénomènes qu'on peut appeler *vitales*, parce qu'elles ne se produisent pas en dehors de l'organisme vivant, sain ou malade [1].

Enfin la connaissance du déterminisme physico-chimique initial des phénomènes complexes physiologiques ou pathologiques permettra seule au physiologiste d'agir rationnellement sur les phénomènes de la vie et d'étendre sur eux sa puissance d'une manière aussi sûre que le font le physicien et le chimiste pour les phénomènes des corps bruts.

Toutefois il ne faudrait pas nous abuser sur notre puissance, car nous obéissons à la nature au lieu de lui commander. Nous ne pouvons en réalité connaître les phénomènes de la nature que par leur relation avec leur cause déterminante ou prochaine. Or la loi n'est rien autre chose que cette relation établie numéri-

1. Je pourrais citer beaucoup d'exemples pour prouver ce que j'avance. Je me bornerai à rappeler mes recherches sur l'action du curare dans lesquelles on peut voir comment la lésion physique d'une extrémité nerveuse motrice retentit successivement sur tous les autres éléments vitaux, et amène des déterminismes secondaires qui vont se compliquant de plus en plus jusqu'à la mort.

quement de manière à faire prévoir le rapport
de la cause à l'effet dans tous les cas donnés.
C'est ce rapport, établi par l'observation, qui
permet à l'astronome de prédire les phénomènes célestes; c'est encore ce même rapport,
établi par l'observation et par l'expérience, qui
permet au physicien, au chimiste et au physiologiste non-seulement de prédire les phénomènes
de la nature, mais encore de les modifier à son
gré et à coup sûr, pourvu qu'il ne sorte pas des
rapports que l'expérience lui a indiqués, c'est-
à-dire de la loi. Ceci veut dire, en d'autres termes, que nous ne pouvons gouverner les phénomènes de la nature qu'en nous soumettant
aux lois qui les régissent.

L'expérimentateur ne peut changer les lois de
la nature. Il agit sur les phénomènes, quand il
en connaît le déterminisme physico-chimique;
mais il ne lui est donné ni de les créer de toutes
pièces ni de les anéantir absolument; il ne peut
que les modifier. Les conditions physico-chimiques des phénomènes sont d'autant plus faciles
à analyser et à préciser que le phénomène est
plus simple; mais au fond et dans tous les cas,

ainsi que nous l'avons dit, la cause première du phénomène reste entièrement impénétrable.

L'expérimentateur *peut donc plus qu'il ne sait*, et, quelle que soit la manière dont son esprit conçoive les forces de la nature, vitales ou minérales, son problème est toujours le même : déterminer les conditions matérielles dans lesquelles un phénomène apparaît ; puis, ces conditions étant connues, les réaliser ou non, pour faire apparaître ou disparaître le phénomène. Pour produire un phénomène nouveau, l'expérimentateur ne fait que réaliser des conditions phénoménales nouvelles ; mais il ne crée rien, ni comme force ni comme matière.

A la fin du siècle dernier, la science a proclamé une grande vérité, à savoir qu'en fait de matière rien ne se perd ni rien ne se crée dans la nature ; tous les corps, dont les propriétés varient sans cesse sous nos yeux, ne sont que des transmutations d'agrégats de matières équivalentes en poids.

Dans ces derniers temps, la science a proclamé une seconde vérité dont elle poursuit encore la démonstration, et qui est en quelque sorte le complément de la première, à savoir qu'en fait de *forces* rien ne se perd ni ne se crée dans la nature ; d'où il suit que toutes les formes des phénomènes de l'univers, variées à l'infini, ne sont que des transformations équivalentes de forces les unes dans les autres.

Sans vouloir aborder ici la question de la nature des forces minérales et des forces vitales, qu'il me suffise de dire que les deux vérités que je viens d'énoncer sont universelles, et qu'elles embrassent les phénomènes des corps vivants aussi bien que ceux des corps bruts.

Comme conséquence de ce qui précède, nous voyons que tous les phénomènes, de quelque ordre qu'ils soient, existent virtuellement dans les lois immuables de la nature, et qu'ils ne se manifestent que lorsque leurs conditions d'existence sont réalisées.

Les corps et les êtres qui sont à la surface de notre terre expriment le rapport harmonieux des conditions cosmiques de notre planète et de notre atmosphère avec les êtres et les phénomènes dont elles permettent l'existence.

D'autres conditions cosmiques feraient néces-

sairement apparaître un autre monde dans lequel se manifesteraient tous les phénomènes qui
y rencontreraient leurs conditions d'existence, et
dans lequel disparaîtraient tous ceux qui ne
pourraient s'y développer; mais quelles que
soient les variétés de phénomènes infinies que
nous concevions sur la terre, en nous plaçant
par la pensée dans toutes les conditions cosmiques que notre imagination peut enfanter, nous
sommes toujours obligés d'admettre que tout
cela se passera d'après les lois de la physique,
de la chimie et de la physiologie, qui existent
à notre insu de toute éternité, et que dans tout
ce qui arriverait il n'y aurait rien de créé ni en
force ni en matière, qu'il y aurait seulement
production de rapports différents, et par suite
création d'êtres et de phénomènes nouveaux.

Quand un chimiste fait apparaître un corps
nouveau dans la nature, il ne saurait se flatter
d'avoir créé les lois qui l'ont fait naître; il n'a
fait que réaliser les conditions qu'exigeait la loi
créatrice pour se manifester. Il en est de même
pour les corps organisés : un chimiste et un
physiologiste ne pourraient faire apparaître des

êtres vivants nouveaux dans leurs expériences
qu'en obéissant aux lois éternelles de la nature.

III

La méthode expérimentale a pour but de trouver le déterminisme ou la cause prochaine des
phénomènes de la nature. Le principe sur lequel repose cette méthode est la *certitude* qu'un
déterminisme existe; son procédé de recherche
est le *doute* philosophique; son critérium est
l'*expérience*. En d'autres termes, le savant croit
d'une manière absolue à l'existence du déterminisme qu'il cherche, mais il doute toujours de
l'avoir trouvé. C'est pour cela qu'il est sans
cesse obligé de s'en référer à l'expérience. La
méthode expérimentale n'est que l'expression
de la marche naturelle de l'esprit humain allant
à la recherche des vérités scientifiques qui sont
hors de nous. Chaque homme se fait de prime

abord des idées sur ce qu'il voit, et il est porté à interpréter les phénomènes de la nature par anticipation avant de les connaître par expérience. Cette tendance est spontanée; une idée préconçue a toujours été et sera toujours le premier élan d'un esprit investigateur. La méthode expérimentale a pour objet de transformer cette conception *à priori*, fondée sur une intuition ou un sentiment vague des choses, en une interprétation *à posteriori*, établie sur l'étude expérimentale des phénomènes. C'est pourquoi on a aussi appelé la méthode expérimentale *méthode à posteriori*.

L'esprit humain a passé par trois périodes nécessaires dans son évolution. D'abord le *sentiment*, s'imposant à la raison, créa les vérités de la foi, c'est-à-dire la théologie. La *raison* ou la philosophie, devenant ensuite la maîtresse, enfanta les systèmes ou la scolastique. Enfin l'*expérience*, c'est-à-dire l'étude des phénomènes naturels, apprit à l'homme que les vérités du monde extérieur ne se trouvent formulées de prime abord ni dans le sentiment ni dans la raison. Ce sont seulement nos guides indispen-

sables ; mais pour atteindre ces vérités, il faut
nécessairement descendre dans la réalité objec-
tive des faits, où elles se trouvent sous la forme
de relations phénoménales.

C'est ainsi qu'apparaît par le progrès naturel
des choses la méthode expérimentale, qui résume tout en s'appuyant successivement sur les
trois branches de ce trépied immuable : le *sentiment*, la *raison* et l'*expérience*. Dans la recherche de la vérité au moyen de cette méthode, le
sentiment a toujours l'initiative, il engendre
l'idée *à priori* : c'est l'intuition. La raison ou
le raisonnement développe ensuite l'idée et déduit ses conséquences logiques ; mais si le sentiment doit être éclairé par les lumières de la
raison, la raison à son tour doit être guidée par
l'expérience, qui seule lui permet de conclure.

L'esprit humain est un tout complexe qui ne
marche et ne fonctionne que par le jeu harmonique de ses diverses facultés.

Il faudrait donc se garder, dans l'association
que j'ai signalée plus haut, de donner une pré-
dominance exagérée soit au sentiment, soit à
la raison, soit à l'expérience. Si le sentiment

fait taire la raison, nous sommes hors de la science et nous arrivons dans les vérités irrationnelles de foi ou de tradition. Si la raison n'invoque pas sans cesse l'expérience, nous tombons dans la scolastique et sous la domination des systèmes; si l'expérience se passe du raisonnement, nous ne pouvons pas sortir des faits, et nous croupissons dans l'empirisme.

La méthode expérimentale est la méthode qui cherche la vérité par l'emploi bien équilibré du sentiment, de la raison et de l'expérience. Elle proclame la liberté de l'esprit et de la pensée. Son caractère est de ne relever que d'elle-même, parce qu'elle emprunte à son critérium, l'expérience, une autorité impersonnelle qui domine toute la science. Elle n'admet pas d'autorité personnelle; elle repousse d'une manière absolue les systèmes et les doctrines. Ceci n'est point de l'orgueil et de la jactance. L'expérimentateur au contraire fait acte d'humilité en niant l'autorité individuelle, car il doute de ses propres connaissances, et il soumet ainsi l'autorité des hommes à celle de l'expérience et des lois de la nature.

La première condition à remplir pour un savant qui se livre à l'investigation expérimentale des phénomènes naturels, c'est donc de ne se préoccuper d'aucun système et de conserver une entière liberté d'esprit assise sur le doute philosophique. En effet, d'un côté nous avons la certitude de l'existence du déterminisme des phénomènes, parce que cette certitude nous est donnée par un rapport nécessaire de causalité dont notre esprit a conscience; mais nous n'avons, d'un autre côté, aucune certitude relativement à la formule de ce déterminisme, parce qu'elle se réalise dans des phénomènes qui sont en dehors de nous. L'expérience seule doit nous diriger; elle est notre critérium unique, et elle devient, suivant l'expression de Goethe[1], la seule médiatrice qui existe entre le savant et les phénomènes qui l'environnent.

Une fois que la recherche du déterminisme des phénomènes est admise comme but unique de la méthode expérimentale, il n'y a plus ni

1. Goethe, *Œuvres d'histoire naturelle*, traduction de M. Martins, introduction, p. 1.

matérialisme, ni spiritualisme, ni matière brute, ni matière vivante, il n'y a que des phénomènes naturels dont il faut déterminer les conditions, c'est-à-dire connaître les circonstances qui jouent par rapport à ces phénomènes le rôle de cause prochaine. Toutes les sciences qui font usage de la méthode expérimentale doivent tendre à devenir antisystématiques.

La médecine expérimentale ne sera pas un système nouveau de médecine, mais au contraire la négation de tous les systèmes. Elle ne devra se rattacher à aucun mot systématique; elle ne sera ni animiste, ni organiciste, ni solidiste, ni humorale : elle sera simplement la science qui cherche à remonter aux causes prochaines des phénomènes à l'état sain et à l'état morbide.

Ce que nous venons de dire relativement aux systèmes médicaux, nous pouvons l'appliquer aux systèmes philosophiques. La physiologie expérimentale ne sent le besoin de se rattacher à aucun système philosophique. Le rôle du physiologiste, comme celui de tout savant, est de chercher la vérité en elle-même, sans vou-

loir la faire servir de contrôle à tel ou tel système de philosophie. Quand le savant poursuit
l'investigation scientifique en prenant pour base
un système philosophique quelconque, il s'é-
gare nécessairement dans les régions des causes
premières. L'idée systématique donne à l'esprit
une sorte d'assurance trompeuse et une inflexi-
bilité qui s'accordent mal avec la liberté du
doute que doit toujours garder l'expérimentateur dans ses recherches. Les systèmes sont
tous nécessairement incomplets; ils ne sauraient
représenter tout ce qui est dans la nature, mais
seulement ce qui est dans l'esprit des hommes.
Or, pour trouver la vérité, il suffit que le savant se mette en face de la nature, qu'il inter
roge librement en suivant la méthode expérimentale à l'aide de moyens d'investigation de
plus en plus parfaits, et je pense que dans ce
cas le seul système philosophique consiste à
ne pas en avoir.

Comme expérimentateur, j'évite donc les systèmes philosophiques, mais je ne saurais pour
cela repousser cet *esprit philosophique* qui, sans
être nulle part, est partout, et qui, sans appar-

tenir à aucun système, doit régner non-seule-
lement sur toutes les sciences, mais sur toutes
les connaissances humaines. C'est ce qui fait
que, tout en fuyant les systèmes philosophiques, j'aime beaucoup les philosophes, et je
me plais infiniment dans leur commerce. En
effet, au point de vue scientifique, la philosophie représente l'aspiration éternelle de la raison
humaine vers la connaissance de l'inconnu. Dès
lors les philosophes se tiennent toujours dans
les questions en controverse et dans les régions
élevées, limites supérieures des sciences. Par
là ils communiquent à la pensée scientifique un
mouvement qui la vivifie et l'ennoblit; ils for-
tifient l'esprit en le développant par une gymnastique intellectuelle générale en même temps
qu'ils le reportent sans cesse vers les solutions
inépuisables des grands problèmes; ils entretiennent ainsi une sorte de soif de l'inconnu et
le feu sacré de la recherche qui ne doivent jamais s'éteindre chez un savant.

En effet, le désir ardent de la connaissance
est l'unique mobile qui attire et soutient l'investigateur dans ses efforts, et c'est précisément

cette connaissance qu'il saisit et qui fuit toujours devant lui, qui devient à la fois son seul tourment et son seul bonheur. Celui qui ne connaît pas les tourments de l'inconnu doit ignorer les joies de la découverte, qui sont certainement les plus vives que l'esprit de l'homme puisse jamais ressentir.

Mais, par un caprice de notre nature, cette joie de la découverte tant cherchée et tant espérée s'évanouit dès qu'elle est trouvée. Ce n'est qu'un éclair dont la lueur nous a découvert d'autres horizons vers lesquels notre curiosité inassouvie se porte encore avec plus d'ardeur. C'est ce qui fait que, dans la science même, le connu perd son attrait, tandis que l'inconnu est toujours plein de charmes. C'est pour cela que les esprits qui s'élèvent et deviennent vraiment grands sont ceux qui ne sont jamais satisfaits d'eux-mêmes dans leurs œuvres accomplies, mais qui tendent toujours à mieux dans des œuvres nouvelles.

Le sentiment dont je parle en ce moment est bien connu des savants et des philosophes.

C'est ce sentiment qui a fait dire à Priestley[1] qu'une découverte que nous faisons nous en montre beaucoup d'autres à faire; c'est ce sentiment qu'exprime Pascal[2], mais sous une forme peut-être paradoxale, quand il dit : « Nous ne cherchons jamais les choses, mais la recherche des choses. »

Pourtant c'est bien la vérité elle-même qui nous intéresse, et si nous la cherchons toujours, c'est parce que ce que nous en avons trouvé ne peut pas nous satisfaire. Sans cela, nous ferions dans nos recherches ce travail inutile et sans fin que nous représente la fable Sisyphe, qui roule toujours son rocher qui retombe sans cesse au point de départ. Cette comparaison n'est point exacte scientifiquement : le savant monte toujours en cherchant la vérité, et s'il ne la trouve jamais tout entière, il en découvre néanmoins des fragments très-importants, et ce sont précisément ces lambeaux de la vérité générale qui constituent la science.

1. Priestley, *Expériences et observations sur différentes espèces d'airs*, t. Ier, préface, p. 15.

2. Pascal, *Pensées morales détachées*, art. IX-XXXIV.

Le savant ne cherche donc pas pour le plaisir de chercher, mais pour le plaisir de trouver. Il cherche la vérité à cause du désir ardent qu'il a de la posséder, et il la possède déjà dans des limites qu'expriment les sciences elles-mêmes dans leur état actuel. Mais le savant ne doit pas s'arrêter en chemin : il doit toujours s'élever plus haut et tendre à la perfection, il doit toujours chercher tant qu'il voit quelque chose à trouver. Sans cette excitation constante qui est donnée par l'aiguillon de l'inconnu, sans cette soif scientifique toujours renaissante, il serait à craindre que le savant ne se systématisât dans ce qu'il a d'acquis ou de connu. Alors la science ne ferait plus de progrès et s'arrêterait par indifférence intellectuelle, comme quand les corps minéraux saturés tombent en indifférence chimique et se cristallisent.

Il faut donc empêcher que l'esprit, trop absorbé par le connu d'une science spéciale, ne tende au repos ou ne se traîne terre à terre, en perdant de vue les questions qui lui restent à résoudre. La philosophie, en agitant la masse inépuisable des questions non résolues, stimule

et entretient ce mouvement salutaire dans les
sciences, car, dans le sens restreint où je considère ici la philosophie, l'indéterminé seul lui
appartient, le déterminé retombant nécessairement dans le domaine scientifique. Je n'admets
donc pas la philosophie qui voudrait assigner
des bornes à la science, pas plus que la science
qui prétendrait supprimer les vérités philosophiques qui sont actuellement hors de son
propre domaine. La vraie science ne supprime
rien, elle cherche toujours et regarde en face et
sans se troubler les choses qu'elle ne comprend
pas encore. Nier ces choses ne serait pas les
supprimer; ce serait fermer les yeux et croire
que la lumière n'existe pas. Ce serait l'illusion
de l'autruche qui croit supprimer le danger en
se cachant la tête dans le sable.

Selon moi, le véritable esprit philosophique
est celui dont les aspirations élevées fécondent
les sciences en les entraînant à la recherche de
vérités qui sont actuellement en dehors d'elles,
mais qui ne doivent pas être délaissées par cela
même qu'elles s'éloignent et s'élèvent de plus
en plus à mesure qu'elles sont abordées par des

esprits philosophiques plus puissants et plus
délicats. Maintenant cette aspiration de l'esprit
humain aura-t-elle une fin, trouvera-t-elle une
limite? Je ne saurais le comprendre; en attendant, le savant n'a rien de mieux à faire que
de marcher sans cesse, parce qu'il avance toujours.

Un des plus grands obstacles qui se rencon-
trent dans cette marche générale et libre des
connaissances humaines est donc la tendance
qui porte les diverses connaissances à s'indivi-
dualiser dans des systèmes. Cela n'est point une
conséquence des choses elles-mêmes, parce que
dans la nature tout se tient et que rien ne
saurait être vu isolément et systématiquement,
mais c'est un résultat de la tendance de notre
esprit, à la fois faible et dominateur, qui nous
porte à absorber les autres connaissances dans
une systématisation personnelle. Une science
qui s'arrêterait dans un système resterait sta-
tionnaire et s'isolerait, car la systématisation
est un véritable enkystement scientifique, et
toute partie enkystée dans un organisme cesse
de participer à la vie générale de cet organisme.

Les systèmes tendent donc à asservir l'esprit humain, et la seule utilité que l'on puisse, suivant moi, leur trouver, c'est de susciter des combats qui les détruisent en agitant et en excitant la vitalité de la science. En effet, il faut chercher à briser les entraves des systèmes philosophiques et scientifiques, comme on briserait les chaînes d'un esclavage intellectuel. La vérité, si on peut la trouver, est de tous les systèmes, et pour la découvrir l'expérimentateur a besoin de se mouvoir librement de tous les côtés sans se sentir arrêté par les barrières d'un système quelconque. La philosophie et la science ne doivent donc pas être systématiques, elles doivent être unies et s'entr'aider sans vouloir se dominer l'une l'autre.

Mais si, au lieu de se contenter de cette union fraternelle pour la recherche de la vérité, la philosophie voulait entrer dans le ménage de la science et lui imposer dogmatiquement des méthodes et des procédés d'investigation, l'accord ne pourrait certainement plus exister. Pour faire des observations, des expériences ou des découvertes scientifiques, les méthodes et pro-

cédés philosophiques sont trop généraux et
restent impuissants; il n'y a pour cela que des
méthodes et des procédés scientifiques souvent
très-spéciaux qui ne peuvent être connus que
des expérimentateurs, des savants ou des philosophes qui pratiquent une science déterminée.

Les connaissances humaines sont tellement
enchevêtrées et solidaires les unes des autres
dans leur évolution, qu'il est impossible de
croire qu'une influence individuelle puisse suf-
fire à les faire avancer lorsque les éléments du
progrès ne sont pas dans le sol scientifique lui-
même. C'est pourquoi, tout en reconnaissant
la supériorité des grands hommes, je pense
néanmoins que, dans l'influence particulière ou
générale qu'ils ont sur les sciences, ils sont toujours et nécessairement plus ou moins *fonction
de leur temps.*

Il en est de même des philosophes : ils ne
peuvent que suivre la marche de l'esprit humain,
et ils ne contribuent à son avancement qu'en
attirant les esprits vers la voie du progrès, que
beaucoup n'apercevraient peut-être pas; mais
ils sont encore en cela l'expression de leur

temps. Ce serait donc une illusion que de prétendre absorber les découvertes particulières
d'une science au profit d'une méthode ou d'un
système philosophique quelconque. En un mot,
si les savants sont utiles aux philosophes et les
philosophes aux savants, le savant n'en reste
pas moins libre et complétement maître chez
lui, et je pense, quant à moi, que les savants
dans leurs laboratoires font leurs découvertes,
leurs théories et leur science sans les philosophes. Joseph de Maistre a dit que ceux qui ont
fait le plus de découvertes dans la science sont
ceux qui ont le moins connu Bacon[1]; ceux qui
l'ont lu et médité, ainsi que Bacon lui-même,
n'y ont souvent guère réussi.

C'est qu'en effet l'art d'obtenir le déterminisme des phénomènes à l'aide des procédés et
des méthodes scientifiques ne s'apprend que
dans les laboratoires, où l'expérimentateur est
aux prises avec les problèmes de la nature.
Quand on est en face de phénomènes dont il

1. Joseph de Maistre, *Examen de la Philosophie de
Bacon*, t. Ier, p. 81.

faut déterminer les conditions d'existence ou
les causes prochaines, les procédés du raisonnement doivent varier à l'infini, suivant la nature des phénomènes dans les diverses sciences
et selon les cas plus ou moins difficiles et plus
ou moins complexes auxquels on les applique.
Les savants, et même les savants spéciaux en
chaque science, peuvent seuls intervenir dans
de pareilles questions, parce que non-seulement
les procédés diffèrent, mais parce que l'esprit
du naturaliste n'est pas celui du physiologiste,
et que celui du chimiste n'est pas celui du
physicien.

Quand des philosophes tels que Bacon, ou
d'autres plus modernes, ont voulu donner une
systématisation de préceptes pour la recherche
scientifique, ils ont pu paraître séduisants aux
personnes qui ne voient les sciences que de
loin; mais en réalité de pareils ouvrages ne
sont d'aucune utilité aux savants faits, et pour
ceux qui veulent se livrer à la culture des
sciences, ils les égarent par une fausse simplicité des choses; bien plus, ils les gênent en
chargeant l'esprit d'une foule de règles vagues

ou inapplicables, qu'il faut se hâter d'oublier, si l'on veut entrer dans la science et devenir un véritable expérimentateur.

Je crois que dans l'enseignement scientifique le rôle d'un maître est de montrer expérimentalement à l'élève le but que le savant se propose, et de lui indiquer tous les moyens qu'il peut avoir à sa disposition pour l'atteindre. Le maître doit ensuite laisser l'élève libre de se mouvoir à sa manière, suivant sa nature, pour arriver au but qu'il lui a montré, sauf à venir à son secours, s'il voit qu'il s'égare. Je pense enfin que la vraie méthode scientifique est celle qui contient l'esprit sans l'étouffer, celle qui laisse autant que possible l'esprit en face de lui-même, et le dirige tout en respectant ses qualités les plus précieuses qui sont son originalité créatrice et sa spontanéité scientifique. En effet, les sciences n'avancent que par les idées nouvelles et par la puissance créatrice ou originale de la pensée. Il faut donc prendre garde, dans l'enseignement des sciences, que les connaissances qui doivent armer l'intelligence ne l'accablent par leur poids, et que les règles qui sont destinées à soutenir les côtés faibles de l'esprit n'en atrophient ou n'en étouffent les côtés puissants et féconds.

Je n'ai point à entrer ici dans d'autres développements ; j'ai dû me borner à prémunir les sciences physiologiques et la médecine expérimentale contre les exagérations de l'érudition et contre l'envahissement et la domination des systèmes, parce que ces sciences, en y succombant, verraient disparaître leur fécondité, et perdraient l'indépendance et la liberté d'esprit, qui seront toujours les conditions essentielles de leurs progrès.

Si le génie de l'homme a dans les sciences comme ailleurs une suprématie qui ne perd jamais ses droits, cependant, pour les sciences expérimentales, le savant doit appliquer ses idées à la recherche du déterminisme scientifique et interroger la nature dans un laboratoire, avec les moyens convenables et nécessaires. On ne concevrait pas un physicien ou un chimiste sans laboratoire. Pour le physiologiste il doit en être de même : il faut qu'il analyse expérimentalement les phénomènes de la matière vivante, comme le physicien et le chimiste analysent expérimentalement les phénomènes de la matière brute. En un mot, le laboratoire est la condition *sine quâ non* du développement de toutes les sciences expérimentales.

L'évidence de cette vérité amène et amènera nécessairement une réforme universelle et profonde dans l'enseignement scientifique, car on a reconnu partout aujourd'hui que c'est dans les laboratoires que germent et grandissent toutes les découvertes de la science pure, pour se répandre ensuite et couvrir le monde de leurs applications utiles. Le laboratoire seul apprend les difficultés réelles de la science à ceux qui le fréquentent. Il leur montre en outre que la science pure a toujours été la source de toutes les richesses réelles que l'homme acquiert et de toutes les conquêtes qu'il fait sur les phénomènes de la nature. C'est là une excellente éducation pour la jeunesse, parce qu'elle seule peut lui faire comprendre que les applications actuelles si brillantes des sciences ne sont que l'épanouissement de travaux antérieurs, et que ceux qui profitent aujourd'hui de leurs bienfaits

CLAUDE BERNARD.

doivent un tribut de reconnaissance à leurs devanciers, qui ont péniblement cultivé l'arbre de la science sans le voir fructifier.

1ᵉʳ août 1865.

LE PROBLÈME

DE LA PHYSIOLOGIE GÉNÉRALE

On distingue les sciences qui traitent des corps inertes de celles qui traitent des corps vivants, et, parmi ces dernières, on sépare encore celles qui étudient l'homme et les animaux de celles qui étudient les végétaux.

Toutes les classifications des sciences ne sauraient se fonder exclusivement sur les circonscriptions naturelles des corps qu'elles considèrent; elles se divisent aussi et plus particulièrement selon les problèmes spéciaux qu'elles se proposent de résoudre. La physiologie générale, par son objet, se confond avec toutes les sciences des êtres vivants, puisqu'elle analyse des phénomènes qui se passent à la fois dans l'homme, dans les animaux et dans les végétaux[1]. Elle n'en est pas moins cependant une science distincte, parce qu'elle poursuit un problème spécial qui détermine son domaine propre.

La physiologie a pour but de régir les manifestations des phénomènes de la vie. Je me propose ici d'examiner comment il est possible d'arriver à la solution d'un pareil problème. On verra, je l'espère, que la physiologie est une des sciences les plus dignes de l'attention des esprits élevés par l'importance des questions qu'elle traite, et de toute la sympathie des hommes de progrès par l'influence qu'elle est destinée à exercer sur le bien-être de l'humanité.

1. Cl. Bernard, *Leçons sur les phénomènes de la vie communs aux animaux et aux végétaux*. Paris, 1878.

I

Afin de bien comprendre le caractère du problème physiologique, il faut d'abord circonscrire la physiologie générale et montrer qu'elle est une *science expérimentale* et non une *science naturelle*.

Les sciences naturelles sont des sciences d'observation ou descriptives. Elles nous donnent la prévision des phénomènes; mais elles restent des sciences contemplatives de la nature.

Les sciences expérimentales sont des sciences d'expérimentation ou explicatives. Elles vont plus loin que les sciences d'observation, qui leur servent de base, et arrivent à être des sciences d'action, c'est-à-dire des sciences conquérantes de la nature.

Cette distinction fondamentale entre les

sciences naturelles et les sciences expérimentales ressort de la définition même de l'observation et de l'expérimentation. L'observateur
considère les phénomènes dans leur état naturel, c'est-à-dire tels que la nature les lui offre,
tandis que l'expérimentateur les fait apparaître
dans des conditions dont il est le maître.

La physique et la chimie, qui sont les sciences expérimentales dans le règne des corps
bruts, ont conquis la nature inerte ou minérale,
et chaque jour nous voyons cette conquête s'é-
tendre davantage.

La physiologie, qui est la science expérimentale dans le règne des corps organisés,
doit conquérir la nature vivante; c'est là son
problème, ce sera là sa puissance.

Cette division des sciences biologiques en
sciences naturelles et en sciences expérimentales est nécessaire à leurs progrès.

D'un côté, la physiologie ne peut avancer
qu'en se constituant comme une science indépendante, et d'autre part les sciences naturelles
qui ont concouru à son évolution et préparé
son avénement feraient fausse route, et per-

draient leur véritable point de vue, soit en voulant la suivre dans sa marche, soit en essayant de la retenir dans leur circonscription. Par la même raison, les naturalistes, minéralogistes et géologues pourraient réclamer la physique et la chimie comme appartenant à l'histoire des minéraux. De même encore le naturaliste anthropologiste devrait, ainsi que cela d'ailleurs a été fait par certains auteurs, considérer la physiologie humaine et la médecine comme ne formant que des divisions de l'anthropologie. On sent tout de suite combien il serait facile de pousser jusqu'à l'erreur de semblables raisonnements, car la littérature, les arts, la politique, toutes les connaissances humaines, en un mot, appartiendraient à l'anthropologie, puisqu'elles rentrent dans l'histoire de l'intelligence de l'homme. Cette manière de diviser les sciences d'après la considération de l'objet qu'on étudie n'aboutirait qu'à l'obscurité et à la confusion, tandis qu'en envisageant la nature expérimentale et spéciale des problèmes du physiologiste, nous verrons qu'on peut arriver au contraire à une distinction réelle et féconde.

Cuvier a donné à la science de l'organisation des êtres vivants une impulsion puissante, qui a été utile à la fois à la zoologie et à la physiologie générale; mais Cuvier ne concevait pas la physiologie comme devant être une science *expérimentalement* constituée, ou plutôt il n'avait pas d'idée arrêtée à ce sujet, car tantôt on le voit nier la physiologie expérimentale en contestant la légitimité des applications de la méthode expérimentale à l'étude des phénomènes de la vie[1], tantôt on le voit admettre et louer dans des rapports académiques les résultats de la physiologie expérimentale obtenus à l'aide de la vivisection[2]. Cuvier avait bien senti qu'il était important d'introduire les considérations physiologiques dans la zoologie; mais il n'était pas physiologiste, il était naturaliste et surtout anatomiste, et ne voyait dans la phy-

1. Voyez Cuvier, *Lettre à Mertrud* et *Introduction au règne animal.*

2. Voyez Cuvier, *Rapport fait à l'Académie des Sciences sur des expériences relatives aux fonctions du système nerveux* (*Journal de Physiologie*, par Magendie, t. II, p. 372, 1822).

siologie que des déductions anatomiques particulières dont il cherchait la confirmation dans l'anatomie comparée. Sans doute les connaissances anatomiques les plus précises sont indispensables au physiologiste, mais je ne crois pas pour cela avec les anatomistes que l'anatomie doive servir de base exclusive à la physiologie, et que cette dernière science puisse jamais se déduire directement de la première[1]. Je pense au contraire que c'est une erreur ou une illusion de toutes les écoles anatomiques d'avoir cru que l'anatomie expliquait directement la physiologie.

L'impuissance de l'anatomie à nous apprendre les fonctions organiques devient surtout évidente dans les cas particuliers où elle est réduite à elle-même. Pour les organes sur les usages desquels la physiologie expérimentale n'a encore rien dit, l'anatomie reste absolument muette.

C'est ce qui a lieu par exemple pour la rate,

---

1. Voyez mes *Leçons de physiologie appliquée à la médecine* faites au Collége de France, 1855, première leçon.

les capsules surrénales, le corps thyroïde, etc., tous organes dont nous connaissons parfaitement la texture anatomique, mais dont nous ignorons complétement les fonctions.

De même, quand sur un animal on découvre un tissu nouveau et sans analogue dans d'autres organismes, l'anatomie est incapable d'en dévoiler les propriétés vitales.

Cela prouve donc bien clairement que, lorsque l'anatomiste ou le zoologiste construit ce qu'on appelle la *physiologie anatomique* ou *zoologique*, ils ne font qu'appliquer à l'interprétation et au classement des faits anatomiques les connaissances que leur a préalablement fournies la physiologie expérimentale, mais ils ne déduisent jamais rien directement de l'anatomie elle-même.

Pour expliquer les phénomènes de la vie, le physiologiste expérimentateur s'adresse directement aux manifestations de ces phénomènes; il les analyse à l'aide des sciences physico-chimiques, qui sont plus simples que la physiologie, parce c'est toujours le plus simple qui doit éclairer le plus complexe. L'anatomie ou la texture d'un organe ne peut réellement se comprendre que lorsque la physiologie vient l'expliquer. La structure anatomique ne donnant que les conditions de manifestations d'un phénomène physiologique, il est de toute nécessité de connaître ce phénomène avant de chercher à l'expliquer anatomiquement. En un mot, la physiologie n'est point une déduction de l'anatomie. L'explication de l'organisation, au lieu d'être le point de départ, est au contraire le but vers lequel tendent toutes les études physiologiques. Nous verrons en effet que c'est seulement dans la structure anatomique et dans l'analyse physico-chimique des propriétés de la matière organisée que le physiologiste trouve les conditions qu'il lui importe de connaître pour résoudre le problème de la physiologie expérimentale, c'est-à-dire pour expliquer le mécanisme des phénomènes vitaux et pour en maîtriser les manifestations.

Le problème du naturaliste est plus simple; sans chercher à expliquer les phénomènes naturels, il se borne à en constater l'enchaînement

et les lois, afin d'en prévenir les manifestations
et la marche.

Les sciences naturelles et les sciences expérimentales, considérées dans leur développement,
constituent en quelque sorte deux degrés distincts dans les connaissances humaines. Les
sciences naturelles, passives ou contemplatives,
forment évidemment le premier degré, tandis
que les sciences expérimentales, actives et conquérantes, constituent le second. Les sciences
naturelles sont les aînées nécessaires des
sciences expérimentales et elles leur servent de
point d'appui.

C'est ainsi que l'évolution scientifique vient
nous expliquer comment le problème des
sciences expérimentales est un problème moderne que l'antiquité n'a pu connaître. Je ne
veux pas dire que l'antiquité n'ait point eu l'i-
dée de conquérir la nature, puisqu'elle nous a
laissé la fable de Prométhée, puni pour avoir
voulu ravir le feu du ciel. Seulement il est certain que la science antique n'a pu réaliser cette
conquête, puisque les sciences naturelles et
contemplatives ont dû se former les premières.

La pensée scientifique des anciens n'a donc pu être que de découvrir et de constater les lois qui régissent les phénomènes de la nature, tandis que la pensée scientifique expérimentale moderne doit être d'expliquer ces phénomènes et de les maîtriser au profit de l'humanité. Nous savons que par la physique et par la chimie l'homme a déjà assuré sa domination sur les phénomènes des corps bruts; mais une autre conséquence également nécessaire de l'évolution scientifique que j'ai voulu proclamer ici, c'est que par la physiologie l'homme doit ambition-ner aussi d'étendre sa puissance sur les phé-nomènes des êtres vivants.

La civilisation moderne, en conquérant par la science la nature inorganique et la nature or-ganisée, se trouvera placée dans des conditions nouvelles entièrement inconnues aux civilisa-tions antiques. C'est pourquoi il n'est peut-être pas toujours logique d'invoquer l'histoire des peuples anciens pour supputer les destinées des peuples nouveaux. L'humanité semble avoir compris aujourd'hui que son but est non plus la contemplation passive, mais le progrès et l'action. Ces idées pénètrent de plus en plus profondément dans les sociétés, et le rôle actif des sciences expérimentales ne s'arrête pas aux sciences physico-chimiques et physiologiques ; il s'étend jusqu'aux sciences historiques et morales. On a compris qu'il ne suffit pas de rester spectateur inerte du bien et du mal, en jouissant de l'un et se préservant de l'autre. La morale moderne aspire à un rôle plus grand : elle recherche les causes, veut les expliquer et agir sur elles ; elle veut en un mot dominer le bien et le mal, faire naître l'un et le développer, lutter avec l'autre pour l'extirper et le détruire. On le voit donc, c'est une tendance générale, et le souffle scientifique moderne qui anime la physiologie est éminemment conquérant et dominateur.

II

De tout temps, les phénomènes de la vie ont été considérés sous deux faces différentes et pour ainsi dire opposées.

Les physiologistes *animistes* ou *vitalistes* ont pensé que les manifestations vitales sont régies par des influences spéciales, et ils ont admis que la force vitale, quel que soit le nom qu'on lui donne (*âme physiologique* ou *archée, principe vital* ou *propriétés vitales*), est essentiellement distincte des forces minérales, et se tient même avec elles dans un antagonisme constant.

Les physiologistes *chimistes physico-mécaniciens* ont soutenu au contraire que les fonctions vitales doivent se ramener à des phénomènes mécaniques ou physico-chimiques ordinaires, pour l'explication desquels il n'est nécessaire de faire intervenir aucune force vitale particulière.

En voyant que nous considérons la physiologie comme une science expérimentale destinée à gouverner les phénomènes de la nature vivante, on se demandera si nous sommes dans le camp des physiologistes vitalistes ou dans celui des physiologistes physico-mécaniciens. Il devient par conséquent nécessaire de nous expliquer, non afin de prendre parti pour l'une ou l'autre des deux doctrines physiologiques précédemment citées, mais simplement afin de faire connaître notre manière de voir sur la nature des phénomènes de la vie et sur la méthode d'investigation qu'il convient de suivre dans l'étude des problèmes de la physiologie générale.

La physiologie ne se sépare pas, quant à la manière d'étudier, des autres sciences expérimentales des corps bruts. Elle suit la même méthode expérimentale, et la vie, quelle que soit l'idée qu'on s'en fasse, ne saurait être un obstacle à l'analyse expérimentale des phénomènes des organismes vivants. J'ai déjà développé [1] cette opinion, et j'ai démontré par di-

1. Voyez : *Du progrès dans les sciences physiologiques*, p. 37.

vers exemples que les phénomènes vitaux sont soumis à un déterminisme aussi rigoureux et aussi absolu que les phénomènes minéraux. Quant aux phénomènes de la vie, j'admets que ces phénomènes, considérés dans leurs formes diverses de manifestation et dans leur nature intime, ont à la fois une spécialité de formes qui les distingue comme phénomènes de la vie et une communauté de lois qui les confond avec tous les autres phénomènes du monde cosmique. Je reconnais en d'autres termes à tous les phénomènes vitaux des procédés spéciaux de manifestation ; mais en même temps je les considère aussi comme dérivant tous des lois générales de la mécanique et de la physico-chimie ordinaires.

Il existe en effet dans les organismes vivants des appareils anatomiques ou des outils organiques qui leur sont propres, et qu'on ne saurait reproduire en dehors d'eux ; mais les phénomènes manifestés par ces organes ou tissus vivants n'ont cependant rien de spécial ni dans leur nature, ni dans les lois qui les régissent : c'est une proposition que les progrès des scien-

res physico-chimiques démontrent chaque jour
de plus en plus, en .prouvant que les phénomènes qui s'accomplissent dans les corps vivants
peuvent s'accomplir également en dehors de
l'organisme dans le règne minéral. Dans l'ordre chimique, le chimiste opère dans son laboratoire une foule de synthèses, de décompositions et de dédoublements semblables à ceux
qui ont lieu dans les organismes animaux et
végétaux ; mais, si dans l'être vivant les forces
chimiques donnent lieu à des produits identiques à ceux du règne minéral, la nature vivante emploie les procédés spéciaux des éléments histologiques (cellules ou fibres organisées) qui n'appartiennent qu'aux êtres vivants.
Parmi les cellules organiques animales ou
végétales, il en est qui réduisent l'acide carbonique et dégagent de l'oxygène, d'autres qui
absorbent l'oxygène et dégagent de l'acide carbonique ; enfin certaines cellules ou produits
de cellules (ferments solubles) président à des
phénomènes de fermentation ou de dédouble-
ment qui donnent naissance à de l'alcool, à de
l'acide acétique, à des acides gras, à de la gly-

cérine, à de l'urée, à des essences végétales,
etc. Or ce sont là des phénomènes et des produits que le chimiste peut imiter et *refaire*
dans son laboratoire en mettant en jeu les forces chimiques minérales, qui sont au fond
exactement les mêmes que les forces chimiques
organiques ; mais dans l'être vivant, je le répète,
les phénomènes sont réalisés à l'aide de procédés vitaux et de réactifs chimiques organisés,
créés par l'évolution histologique et par conséquent spéciaux à l'organisme et inimitables pour
le chimiste.

Dans l'ordre mécanique ou physique, les
phénomènes de l'organisme vivant n'ont rien
non plus qui les distingue des phénomènes
mécaniques ou physiques généraux, si ce n'est
les instruments qui les manifestent.

Le muscle produit des phénomènes de mouvement qui, comme ceux des machines inertes,
ne sauraient échapper aux lois de la mécanique
générale, ce qui n'empêche pas que le muscle
ne soit un appareil de mouvement spécial à
l'animal, et dont le jeu est réglé par les nerfs

au moyen de mécanismes également spéciaux
à l'être vivant.

Les êtres vivants produisent de la chaleur
qui ne diffère en rien de la chaleur engendrée
dans les phénomènes minéraux, si ce n'est le
procédé vital de fermentation ou de combustion qui lui donne naissance.

Les poissons électriques forment ou sécrètent
de l'électricité qui ne diffère en rien de l'électricité d'une pile métallique, ce qui n'empêche
pas l'organe électrique de la torpille, par
exemple, d'être un appareil vital tout à fait
particulier, réglé par le système nerveux et que
le physicien ne peut imiter.

Il en serait de même des fonctions des nerfs
et des organes des sens, qui ne sont que des
instruments de physique spéciaux aux êtres
vivants.

Il n'y a donc en réalité qu'une physique,
qu'une chimie et qu'une mécanique générales,
dans lesquelles rentrent toutes les manifestations phénoménales de la nature, aussi bien
celles des corps vivants que celles des corps
bruts. Tous les phénomènes, en un mot, qui

apparaissent dans un être vivant retrouvent leurs lois en dehors de lui, de sorte qu'on pourrait dire que toutes les manifestations de la vie se composent de phénomènes empruntés, quant à leur nature, au monde cosmique extérieur, mais possédant seulement une morphologie spéciale, en ce sens qu'ils sont manifestés sous des formes caractéristiques et à l'aide d'instruments physiologiques spéciaux. Sous le rapport physico-chimique, la vie n'est donc qu'une modalité des phénomènes généraux de la nature; elle n'engendre rien; elle emprunte ses forces au monde extérieur, et ne fait qu'en varier les manifestations de mille et mille manières. Ne pourrait-on pas ajouter que l'intelligence elle-même, dont les phénomènes caractérisent l'expression la plus élevée de la vie, se révèle en dehors des êtres vivants dans l'harmonie des lois de l'univers? Mais nulle part ailleurs que dans les corps vivants elle n'est traduite par des instruments qui nous la manifestent sous la forme de sensibilité, de volonté. Ainsi se trouverait réalisée la pensée antique, que l'organisme vivant est un *microcosme* (petit monde, l'univers).

De ce qui précède, il résulte évidemment que
le physiologiste, le chimiste, le physicien, n'ont
en réalité à considérer que des phénomènes de
même nature, qui doivent être analysés et étudiés par la même méthode et réduits aux mêmes lois générales. Seulement le physiologiste
a affaire à des procédés particuliers qui sont
inhérents à la matière organisée, et qui constituent par conséquent l'objet spécial de ses études. La physiologie générale se trouve ainsi ra-
menée à être la science expérimentale qui étudie
les propriétés de la matière organisée et explique
les procédés et les mécanismes des phénomènes
vitaux, comme la physique et la chimie expliquent les procédés et les mécanismes des phénomènes minéraux.

Si maintenant le physiologiste expérimentateur veut arriver à régir les phénomènes physiologiques dans l'être vivant, comme le physicien et le chimiste gouvernent les phénomènes
physico-chimiques dans la nature inorganique,

son problème sera réduit exactement aux mêmes termes.

En effet, le physicien et le chimiste rattachent
l'explication des phénomènes aux propriétés des
éléments inorganiques.

De même le physiologiste doit rechercher dans
l'être vivant les éléments organiques dans lesquels se localisent les fonctions, et déterminer
les conditions d'activité vitale de ces éléments
sur lesquels il peut agir. Les éléments organiques des corps vivants sont les éléments anatomiques ou histologiques dans lesquels se dé-
composent nos organes et nos tissus. La science
de l'organisation en est arrivée aujourd'hui à
montrer qu'un corps vivant, quelle qu'en soit
la complexité, est toujours constitué par la réunion d'un nombre plus ou moins considérable
d'organismes élémentaires microscopiques dont
les propriétés vitales diverses manifestent les
différentes fonctions de l'organisme total[1]. Il
résulte de là que chaque fonction doit avoir son
élément organique correspondant, et l'objet de

1. Voyez : *Le Curare*, p. 237.

la physiologie générale est précisément d'analyser les mécanismes fonctionnels complexes pour les ramener à leurs éléments vitaux particuliers. C'est ainsi que les phénomènes de sensibilité et de mouvement s'expliquent par les propriétés des éléments nerveux et musculaires, que les phénomènes de respiration et de sécrétion se déduisent des propriétés des éléments respiratoires du sang et des propriétés des éléments glandulaires et épithéliaux.

Les éléments organiques des êtres vivants, qui se présentent généralement sous les formes diverses de fibres ou de cellules microscopiques, sont les véritables ressorts cachés de la machine vivante. Ils sont associés et reliés entre eux pour former les tissus, les organes et les appareils qui constituent les rouages des mécanismes vitaux. Il y a de plus dans tout organisme vivant un véritable *milieu intérieur* dans lequel les éléments anatomiques remplissent leurs fonctions spéciales et parcourent toutes les phases de leur existence.

La matière organisée ou vivante, qui constitue les éléments histologiques, n'a pas plus de spontanéité que la matière inorganique ou minérale, car l'une et l'autre ont besoin, pour manifester leurs propriétés, de l'influence des excitants extérieurs. La spontanéité des corps vivants n'est qu'apparente[1], et ne saurait s'opposer en rien à l'application de la méthode expérimentale et à l'analyse des phénomènes vitaux. L'expérimentateur physiologiste peut donc agir sur les propriétés de la matière organisée, et par conséquent sur les manifestations de la vie; mais nous allons voir de plus que ce sont absolument les mêmes agents ou les mêmes influences qui excitent les propriétés de la matière organique et celles de la matière inerte.

Les excitants généraux, air, chaleur, lumière, électricité, qui provoquent les manifestations des phénomènes physico-chimiques de la matière brute, éveillent aussi d'une manière parallèle l'activité des phénomènes propres à la matière vivante.

Lavoisier avait déjà montré clairement que

---

1. Voyez : *Du Progrès des Sciences physiologiques*, p. 37.

les phénomènes physico-chimiques des êtres vivants sont entretenus par les mêmes causes que ceux des corps minéraux. Il démontra que les animaux qui respirent et les métaux que l'on calcine absorbent dans l'air le même principe actif ou vital, l'oxygène, et que l'absence de cet air respirable arrête la calcination aussi bien que la respiration. Dans un autre travail, Lavoisier et Laplace prouvèrent que l'oxygène, en pénétrant dans les êtres vivants, engendre en eux la chaleur organique qui les anime par une véritable combustion semblable à la combustion de nos foyers. L'antique fiction de la vie comparée à une flamme qui brille et s'éteint cessa d'être une simple métaphore pour devenir une réalité scientifique. Ce sont en effet les mêmes conditions chimiques qui alimentent le feu dans la nature inorganique et la vie dans la nature organique.

Si, partant du fait signalé par Lavoisier, nous descendons maintenant dans l'analyse expérimentale des fonctions vitales, nous verrons que dans tous les tissus, dans tous les organes, c'est l'oxygène qui est toujours à la fois l'excitateur

des phénomènes physico-chimiques et la condition de l'activité fonctionnelle de la matière
organisée. L'oxygène pénètre dans les animaux
par la surface respiratoire, et la circulation ré-
pand la vie dans tous les organes et dans tous les
éléments organiques en leur distribuant l'oxygène dissous dans le sang artériel. C'est pourquoi le sang veineux ou sang privé d'oxygène
amène la mort des éléments organiques, tandis
que la transfusion du sang oxygéné est la seule
transfusion vivifiante, ainsi que cela est connu
depuis longtemps. Lorsqu'on injecte du sang
oxygéné dans les tissus musculaires, nerveux,
glandulaires, cérébraux, dont les propriétés vitales sont éteintes ou considérablement amoin-
dries, on voit, sous l'influence de ce liquide
oxygéné, chaque tissu reprendre ses propriétés
vitales spéciales. Le muscle reprend sa contractilité; la motricité et la sensibilité reviennent dans les nerfs, et les facultés cérébrales
reparaissent dans le cerveau. En injectant par
exemple du sang oxygéné par la carotide dans
la tête d'un chien décapité, on voit revenir peu
à peu non-seulement les propriétés vitales des

muscles, des glandes, des nerfs, mais on voit revenir également celles du cerveau ; la tête reprend sa sensibilité, les glandes sécrètent, et l'animal exécute des mouvements de la face et des yeux qui paraissent dirigés par la volonté.

Quand, sous l'influence de l'oxygène, nous voyons revenir la contractilité dans un muscle, la motricité et la sensibilité dans les nerfs, cela ne nous semble pas surprenant ; mais quand nous voyons que l'oxygène fait reparaître l'expression de l'intelligence dans le cerveau, l'expérience nous frappe toujours comme quelque chose de merveilleux et d'incompréhensible. C'est pourtant au fond toujours la même chose, et ce qui se passe pour le cerveau ne nous semble extraordinaire que parce que nous confondons les causes avec les conditions des phénomènes. Nous croyons à tort que le déterminisme dans la science mène à conclure que la matière engendre les phénomènes que ces propriétés manifestent, et cependant nous répugnons instinctivement à admettre que la matière puisse avoir par elle-même la faculté de penser, de sentir. En effet, dès que nous avons reconnu plus haut que la matière organisée est dépourvue de spontanéité comme la matière brute, elle ne peut pas plus qu'elle avoir conscience des phénomènes qu'elle présente.

Pour le physiologiste qui se fait une juste idée des phénomènes vitaux, le rétablissement de la vie et de l'intelligence dans une tête sous l'influence de la tranfusion du sang oxygéné n'a absolument rien d'anormal ou d'étonnant; c'est le contraire qui le surprendrait. En effet, le cerveau est un mécanisme conçu et organisé de façon à manifester les phénomènes intellectuels par l'ensemble d'un certain nombre de conditions. Or, si l'on enlève une de ces conditions (l'oxygène du sang par exemple), il est bien certain qu'on ne saurait concevoir que le mécanisme puisse continuer de fonctionner; mais si l'on restitue la circulation sanguine oxygénée avec les précautions exigées, telles qu'une température et une pression convenables, et avant que les éléments cérébraux soient altérés, il n'est pas moins nécessaire que le mécanisme cérébral reprenne ses fonctions normales.

Les mécanismes vitaux, en tant que mécanismes, ne diffèrent pas des mécanismes non
vitaux.

Si dans une horloge électrique, par exemple,
on enlevait l'acide de la pile, on ne concevrait
pas que le mécanisme continuât de marcher;
mais, si l'on restituait ensuite convenablement
l'acide supprimé, on ne comprendrait pas non
plus que le mécanisme se refusât à reprendre
son mouvement. Cependant on ne se croirait
pas obligé pour cela de conclure que la cause
de la division du temps en heures, en minutes,
en secondes, indiquées par l'horloge, réside
dans les qualités de l'acide ou dans les propriétés du cuivre ou de la matière qui constitue
les aiguilles et les rouages du mécanisme.

De même, si l'on voit l'intelligence revenir
dans un cerveau et dans une physionomie auxquels on rend le sang oxygéné qui leur man-
quait pour fonctionner, on aurait tort d'y voir
la preuve que la conscience et l'intelligence sont
dans l'oxygène du sang ou dans la matière cérébrale.

Les mécanismes vitaux, ainsi que nous l'avons

déjà dit, sont passifs comme les mécanismes non vitaux. Les uns et les autres ne font qu'exprimer ou manifester l'idée qui les a conçus et créés.

En résumé, nous n'avons à constater dans tout ce qui précède que les conditions d'un déterminisme physico-chimique nécessaire pour la manifestation des phénomènes vitaux aussi bien que pour la manifestation des phénomènes minéraux. Nous ne saurions donc y chercher des explications qui aboutiraient à un matérialisme absurde ou vide de sens.

III

L'organisme animal n'est en réalité qu'une machine vivante qui fonctionne suivant les lois de la mécanique et de la physico-chimie ordinaires et à l'aide des procédés particuliers qui sont spéciaux aux instruments vitaux consti-

tués par la matière organisée ; mais les êtres
vivants ont en outre pour caractère essentiel
d'être périssables ou mortels. Ils doivent se renouveler et se succéder, car ils ne sont que les
représentants passagers de la vie, qui est éternelle.

Il nous reste à parler maintenant des phénomènes de rénovation organique, qui ont toujours
été considérés comme les phénomènes de la vie
les plus mystérieux, par conséquent les plus
irréductibles aux lois physico-chimiques et les
plus difficiles à régir.

L'évolution d'un être nouveau, ainsi que sa
nutrition, sont de véritables *créations organiques*
qui s'accomplissent sous nos yeux. Toutefois
ces phénomènes de création organique ne peuvent s'appliquer qu'à l'arrangement moléculaire
matériel spécial qui caractérise la matière organisée, car les corps chimiques élémentaires
qui composent la matière organisée sont absolument les mêmes que ceux qui forment la matière inorganique. Au point de vue chimique,
la création de la matière vivante ne serait donc
encore ici que le reflet des combinaisons mi-

nérales sans nombre qui ont lieu dans le monde cosmique par suite d'arrangements moléculaires nouveaux et de mutations chimiques particulières qui s'opèrent incessamment autour de nous. Quant à la création primitive, elle nous échappe complétement dans tous les cas. Dans le monde tel que la science le connaît, rien ne se crée, rien ne se perd; il n'y a que des échanges et des transformations de matières et de forces qui se succèdent et s'équivalent d'une manière nécessaire et constante dans l'apparition des phénomènes de la nature.

Les corps vivants sont des composés instables qui se désorganisent sans cesse sous les influences cosmiques qui les entourent; ils ne vivent qu'à cette condition, et les organes formés par la matière vivante s'usent et se détruisent comme les organes formés par la matière inerte. Pour que la vie continue, il faut donc que la matière organisée qui forme les éléments histologiques se renouvelle constamment à mesure qu'elle se décompose, de sorte que l'on peut regarder la cause de la vie comme résidant véritablement dans la puissance d'organisation qui crée la machine vivante et répare ses pertes incessantes.

Les anciens physiologistes animistes et vitalistes avaient bien aperçu cette double face que représentent les phénomènes des êtres vivants. C'est pourquoi ils admettaient qu'un principe intérieur de la vie, qui était le principe créateur ou régénérateur, se trouvait en lutte avec les forces physico-chimiques extérieures qui constituent les agents destructeurs de l'organisme. Toutefois, si les influences physico-chimiques extérieures sont les causes de la mort ou de désorganisation de la matière vivante, cela ne veut pas dire, comme l'ont cru les vitalistes, qu'il y ait incompatibilité entre les phénomènes de la vie et les phénomènes physico-chimiques; il y a au contraire, comme nous l'avons vu, harmonie parfaite et nécessaire, car les causes qui détruisent la matière organisée sont celles qui la font vivre, c'est-à dire manifester ses propriétés. Cela ne prouve pas davantage qu'il y ait combat ou lutte entre deux principes opposés, l'un de vie, qui résiste, l'autre de mort, qui attaque et finit toujours

par être victorieux. En un mot, il n'y a pas
dans les corps vivants deux ordres de forces
séparées et opposées par la nature de leurs
phénomènes, les unes qui créent la matière organisée avec ses propriétés caractéristiques, les
autres qui la détruisent en la faisant servir aux
manifestations vitales ; il n'y a que des éléments
histologiques qui fonctionnent évolutivement et
tous suivant une même loi.

Nous savons qu'il y a des éléments musculaires, nerveux, glandulaires, qui servent aux
manifestations des phénomènes de sensibilité,
de mouvement, de sécrétion. Il y a de même
des éléments ovariques et plasmatiques qui ont
pour propriété de créer les êtres nouveaux et
d'entretenir par la nutrition les mécanismes
vitaux ; mais ces éléments créateurs et nutritifs,
comme les autres, s'usent et meurent en accom-
plissant leurs fonctions, qui donnent elles-
mêmes les conditions d'une rénovation incessante. De même dans le jeu d'une machine
inerte les ouvriers se fatiguent et dépensent
aussi bien leurs forces, soit qu'ils travaillent à
construire et à réparer les rouages de cette ma-

chine, soit qu'ils travaillent à les faire fonctionner et à les user. Les phénomènes d'orga-
nogénèse ou de création organique ne sont donc
ni plus ni moins mystérieux pour le physiologiste que tous les autres. Ils résident dans des
éléments histologiques caractérisés, et ils ont
leurs conditions physico-chimiques d'existence
bien déterminées.

L'élément de création organique des êtres
vivants est une cellule microscopique, l'*ovule* ou
le *germe*. Cet élément est sans contredit le plus
merveilleux de tous, car nous voyons qu'il a
pour fonction de produire un organisme tout
entier.

On ne s'étonne plus des phénomènes qu'on a
sans cesse sous les yeux; comme dit Montaigne,
« l'habitude en ôte l'étrangeté. » Cependant
qu'y a-t-il de plus extraordinaire que cette création organique à laquelle nous assistons, et
comment pouvons-nous la rattacher à des propriétés inhérentes à la matière qui constitue
l'œuf?

Quand la physiologie générale veut se rendre compte de la force musculaire par exemple,

elle constate qu'une substance contractile vient agir directement en vertu des propriétés inhérentes à sa constitution physique ou chimique ; mais, quand il s'agit d'une évolution organique qui est dans le futur, nous ne comprenons plus cette propriété de matière à longue portée. L'œuf est un *devenir*, il représente une sorte de formule organique qui résume l'être dont il procède et dont il a gardé en quelque sorte le souvenir évolutif.

Les phénomènes de création organique des êtres vivants me semblent bien de nature à démontrer une idée que j'ai déjà indiquée, à savoir que la matière n'engendre pas les phénomènes qu'elle manifeste. Elle n'est que le *substratum* et ne fait absolument que donner aux phénomènes leurs conditions de manifestation, seul intermédiaire par lequel le physiologiste peut agir sur les phénomènes de la vie. C'est pourquoi ces conditions doivent être soumises à un déterminisme absolu et rigoureux, qui constitue le principe fondamental de toutes les sciences expérimentales. L'œuf ou le germe est un centre puissant d'action nutritive, et c'est à

ce titre qu'il fournit les conditions pour la réalisation d'une idée créatrice qui se transmet
par hérédité ou par tradition organique. L'œuf,
en présidant à la création de l'organisme, opère
le renouvellement des êtres, et devient par suite
la condition primordiale de tous les phénomènes ultérieurs de la vie.

Quand on observe l'évolution ou la création
d'un être vivant dans l'œuf, on voit clairement
que son organisation est la conséquence d'une
loi organogénique qui préexiste d'après une idée
préconçue, et qui s'est transmise par tradition
organique d'un être à l'autre. On pourrait trouver dans l'étude expérimentale des phénomènes
d'histogenèse et d'organisation la justification
des paroles de Gœthe, qui compare la nature à
un grand artiste. C'est qu'en effet la nature et
l'artiste semblent procéder de même dans la
manifestation de l'idée créatrice de leur œuvre.

Nous voyons dans l'évolution apparaître une
simple ébauche de l'être avant toute organisation. Les contours du corps et des organes sont
d'abord simplement arrêtés, en commençant,
bien entendu, par les échafaudages organiques

provisoires qui serviront d'appareils fonctionnels temporaires au fœtus. Aucun tissu n'est
d'abord distinct, toute la masse n'est constituée
que par des cellules plasmatiques ou embryonnaires ; mais dans ce canevas vital est tracé le
dessin idéal d'une organisation encore invisible pour nous, qui a assigné d'avance à chaque partie, à chaque élément, sa place, sa
structure et ses propriétés. Là où doivent être
des vaisseaux sanguins, des nerfs, des muscles,
des os, les cellules embryonnaires se changent
en globules de sang, en tissus artériels, veineux, musculaires, nerveux et osseux. L'organisation ne se réalise pas d'emblée ; d'abord
vague et seulement ébauchée, elle ne se perfec-
tionne que par différenciations élémentaires,
c'est-à-dire par un fini dans le détail de plus en
plus achevé.

Ce n'est pas tout : cette puissance créatrice
ou organisatrice n'existe pas seulement au début de la vie dans l'œuf, l'embryon ou le fœtus ;
elle poursuit son œuvre chez l'adulte, en présidant aux manifestations des phénomènes vitaux, car c'est elle qui entretient par la nutri-

tion et renouvelle d'une manière incessante la
matière et les propriétés des éléments organiques de la machine vivante. La nutrition n'est
donc rien autre chose que cette puissance géné-
ratrice continuée et s'affaiblissant de plus en
plus. C'est pourquoi il faut comprendre sous la
dénomination de *phénomènes organotrophiques*
tous les phénomènes d'organisation, de nutrition ou sécrétion organique chez l'embryon, le
fœtus, l'adulte, parce qu'ils sont toujours soumis à une seule et même loi.

Les conditions physico-chimiques ambiantes
règlent les manifestations vitales du germe ou
de l'ovule comme celles de tous les autres éléments organiques.

Nous avons vu précédemment que la présence
de l'oxygène provoque les manifestations des
phénomènes de contraction dans les muscles,
de motricité et de sensibilité dans les nerfs,
d'intelligence dans le cerveau. L'oxygène conserve encore ici la même influence sur la manifestation de l'idée créatrice ou évolutive renfermée dans l'œuf. Si l'ovule ne reçoit pas l'action directe ou indirecte de l'oxygène, l'évolu-

tion ne peut avoir lieu. Quand l'incubation est intérieure, dans l'utérus, l'oxygène arrive par le sang ; quand l'évolution est extérieure, l'oxygène arrive directement par l'air. Si l'on vernit un œuf de poule afin d'empêcher l'air de pénétrer par les pores de la coquille, l'ovule qu'il contient ne peut se développer et créer un être nouveau ; de même, si l'on opère l'incubation de l'œuf d'oiseau dans un air confiné, l'évolution n'a lieu que quand l'oxygène existe dans l'air, et elle s'arrête, si l'on soustrait ce gaz du milieu d'incubation.

En résumé, nous voyons que le physiologiste, en s'adressant aux conditions de vitalité des divers éléments histologiques, a la possibilité d'exercer son empire sur tous les phénomènes vitaux, de quelque nature qu'ils soient.

La vie est une cause première qui nous échappe comme toutes les causes premières, et dont la science expérimentale n'a pas à se préoccuper ; mais toutes les manifestations vitales, depuis la simple contraction musculaire jusqu'à l'expression de l'intelligence et à l'apparition de l'idée créatrice organique, ont chez les êtres vivants des conditions physico-chimiques d'existence bien déterminées que nous pouvons saisir, et sur lesquelles nous pouvons agir pour régler les phénomènes auxquels président les éléments histologiques.

La physiologie a donc une base expérimentale tout aussi réelle et tout aussi solide que les sciences expérimentales des corps bruts. Son problème est sans doute très-complexe; mais, comme on le voit, elle ne rêve point une chimère en poursuivant la conquête de la nature vivante.

L'homme a entre les mains les instruments de sa puissance sur les êtres vivants. Il en acquiert chaque jour la preuve en voyant les actions toxiques et médicamenteuses si variées qu'il provoque dans l'organisme[1]. La physiologie nous apprend que les poisons et les médicaments ne sont actifs que parce qu'ils pénètrent dans le sang, c'est-à-dire dans le milieu intérieur où vivent les éléments organiques.

D'un autre côté, la vitalité des éléments ne

1. Cl. Bernard, *Leçons sur les effets des substances toxiques et médicamenteuses*. Paris, 1857.

peut être modifiée qu'autant que la substance active produit autour d'eux des modifications physico-chimiques déterminées, d'où il suit que le problème du physiologiste consiste à connaître quelles sont les modifications physico-chimiques spéciales qui favorisent, troublent ou détruisent les propriétés des divers éléments histologiques; mais, outre les actions immédiates produites par les agents modificateurs énergiques, poisons ou médicaments, le physiologiste peut encore exercer une action profonde et durable sur les organismes vivants en modifiant les éléments histologiques au moyen de la nutrition.

On produit par la nutrition ou par la culture des modifications considérables et bien connues dans les organismes végétaux. On crée ainsi des variétés dans l'espèce, et même des espèces nouvelles. Chez les animaux il en est de même, et nous savons, par exemple, que la production de la sexualité et beaucoup d'autres modifications organiques importantes se réduisent à des questions d'alimentation et de nutrition embryonnaire.

Les éléments histologiques ne suivent la tradition organique des êtres dont ils procèdent qu'autant qu'ils se trouvent placés dans des conditions convenables de nutrition. Une simple cellule animale ou végétale qui, dans certaines circonstances, peut rester indifférente prend un développement nouveau, si l'on vient à changer les conditions nutritives. En modifiant les milieux intérieurs nutritifs, et en prenant la matière organisée en quelque sorte à l'état naissant, on peut espérer changer sa direction évolutive et par conséquent son expression organique finale.

En un mot, rien ne s'oppose à ce que nous puissions ainsi produire de nouvelles espèces organisées, de même que nous créons de nouvelles espèces minérales, c'est-à-dire que nous ferions apparaître des formes organisées qui existent virtuellement dans les lois organogéniques, mais que la nature n'a point encore réalisées.

IV

Jusqu'à présent, toutes les actions modifica-
trices de l'homme sur l'organisation des êtres
vivants sont encore très-bornées, et ne sont que
l'œuvre d'un grossier empirisme. Ici comme
partout, c'est l'observation empirique qui doit
nous tracer la route scientifique. La science
commence seulement à pénétrer dans l'étude
des phénomènes de la vie; mais elle marche
dans une voie qui lui permettra certainement
d'éclairer avec le temps toutes les obscurités
qui couvrent maintenant les divers problèmes
de la physiologie générale.

La physiologie est destinée à servir de base
à toutes les sciences qui veulent arriver à régir
les phénomènes de la nature vivante; ces
sciences intéressent par conséquent l'humanité
au plus haut degré.

L'agriculture ne saurait se fonder sur les seules sciences naturelles. Elle s'appuie nécessairement sur les sciences expérimentales, sur la physique et la chimie d'un côté et sur la physiologie animale et végétale de l'autre.

L'hygiène et la médecine d'observation, fondées par Hippocrate depuis vingt-trois siècles, ne pourront donner naissance à la médecine expérimentale et sortir de l'empirisme que lorsque la physiologie expérimentale leur fournira le point d'appui qui leur manque.

La physiologie est donc une science nouvelle sur laquelle on doit fonder les plus légitimes espérances, et que l'on doit protéger et développer le plus possible.

Tout ce que nous avons dit en commençant sur la nécessité de séparer dans les sciences biologiques le problème des sciences naturelles du problème des sciences expérimentales, ne se rapporte point seulement à une distinction purement théorique qu'il convient de faire entre la physiologie d'une part, la zoologie et la phytologie ou botanique de l'autre ; il s'agit encore d'une séparation pratique [qu'il faut établir entre ces sciences et qui est destinée à exercer la plus grande influence sur leurs progrès réciproques.

Les sciences procèdent analytiquement dans leur développement; c'est pourquoi il s'est établi successivement des divisions et des subdivisions scientifiques qui continuent encore; mais en se divisant et en se subdivisant, les sciences ne font que s'accroître et s'épanouir en des problèmes nouveaux qui s'engendrent les uns les autres sans se confondre ni s'amoindrir. Le problème des sciences naturelles biologiques ne perdra rien de son importance en se séparant du problème des sciences expérimentales physiologiques. Au contraire, les deux ordres de sciences ne s'en développeront que plus librement et avec plus d'éclat; mais la physiologie expérimentale, constituant un plus jeune rameau de l'arbre scientifique, tire nécessairement la séve du tronc et des branches inférieures des sciences biologiques : d'où il suit que les progrès particuliers de cette dernière science doivent être considérés non-seulement comme des résultats dus à la culture d'une science distincte, mais encore comme le fruit de l'évolution totale des autres sciences biologiques.

La physiologie expérimentale, ayant son problème spécial, constitue une science expérimentale autonome qui, dans l'ordre des sciences biologiques, est tout aussi distincte et indépendante de la zoologie et de la botanique que la chimie, dans l'ordre des sciences minérales, est indépendante de la géologie et de la minéralogie. Dès lors la physiologie expérimentale doit posséder ses moyens particuliers de travail scientifique, séparés de ceux de la zoologie et de la botanique. C'est là un point capital dans la question qui nous occupe.

Un des obstacles que la physiologie expérimentale a dû rencontrer nécessairement dans son évolution, c'est l'antagonisme des naturalistes, — zoologistes, botanistes, anatomistes, — qui, pensant que la physiologie rentrait dans leur domaine et leur appartenait, réclamaient pour leurs musées et leurs collections toutes les améliorations à faire dans les sciences biologiques, et s'opposaient à la création

de laboratoires indépendants et de chaires spéciales de physiologie. C'est une loi commune
dans les sciences comme dans toutes les insti·
tutions humaines que le progrès ne se fasse que
par la lutte ou tout au moins à la suite d'efforts
longtemps répétés ; mais aujourd'hui la physiologie a conquis l'indépendance scientifique,
et les conséquences de cette conquête se font
sentir chaque jour de plus en plus dans l'organisation de son enseignement. On sépare maintenant l'enseignement de la zoologie et de l'a-
natomie de celui de la physiologie, et de grands
et beaux laboratoires de physiologie expérimentale, sous le nom d'*instituts physiologiques*[1],
s'élèvent à côté des musées des zoologistes et

1. A Heidelberg, la chaire d'anatomie et de physiologie
a été divisée, et le bel institut physiologique de M. Helm-
holtz a été créé. A Berlin, la chaire d'anatomie, zoologie,
physiologie, de J. Muller, a été partagée : M. Reichert a été
chargé de la zoologie et anatomie, et M. Du Bois-Reymond
de la physiologie. A Würtzbourg, la chaire d'anatomie et
physiologie a été également divisée. A Upsal, on a opéré
dernièrement la même séparation, et on a créé une chaire
de physiologie. Ces exemples sont suivis dans beaucoup
d'autres universités.

des botanistes, comme les laboratoires de chimie et de physique se sont élevés à côté des musées du géologue et du minéralogiste.

La France a marché en avant dans l'initiation aux découvertes et aux idées qui ont provoqué la rénovation de la physiologie expérimentale moderne, mais il reste des réformes à faire pour installer cet enseignement. Partout la physiologie expérimentale est appréciée et accueillie comme la science moderne qui monte à l'horizon et à laquelle est réservé le plus brillant avenir. Elle a des laboratoires spéciaux et des chaires séparées qui se multiplient de plus en plus dans les universités de la Russie, de l'Allemagne, de la Suède, de la Hollande, de la Belgique, de l'Italie. Des instituts sont déjà créés à Pétersbourg, à Heidelberg et ailleurs; il s'élève à Leipzig un magnifique institut physiologique qui sera sous la direction de l'éminent professeur Ludwig.

Toutes les nations rivalisent en quelque sorte dans l'empressement qu'elles mettent à protéger la physiologie et à lui fournir tous les moyens de culture qui lui sont nécessaires.

Je n'ai plus qu'un vœu à exprimer, c'est que notre pays, ainsi que je l'ai déjà dit, qui a eu la gloire de donner le jour à d'illustres promoteurs de la physiologie moderne[1], s'associe au mouvement scientifique général et encourage les sciences physiologiques, dont il est important de faciliter l'accès aux jeunes générations de savants.

Mais la physiologie ne saurait borner son rôle à expliquer les fonctions les plus grossières du corps humain; elle doit éclairer aussi les mécanismes de la psychologie, elle est appelée par conséquent à réagir directement sur les opinions philosophiques. Peut-être se rencontrera-t-il des esprits qui, poursuivant à l'aide de la logique les conséquences extrêmes de ce que nous avons dit sur la possibilité de régler tous les phénomènes de la vie, seront portés à voir dans cette prétention physiologique une contradiction avec la philosophie et même une négation de la liberté. De semblables opposi-

(1) Voyez mon *Rapport au ministre de l'instruction publique sur la marche et les progrès de la physiologie générale en France.*

tions ne me paraissent pas à craindre, car la science ne saurait détruire les faits évidents d'eux-mêmes, seulement elle peut arriver à les comprendre autrement. Je me bornerai à dire, par exemple, que le déterminisme absolu que le physiologiste reconnaît et démontre dans les phénomènes de la vie est lui-même une condition nécessaire de la liberté. Le savant ne concevrait pas en effet qu'un phénomène, quel qu'il soit, puisse être librement manifesté dès qu'il n'est régi par aucune loi et qu'il est indéterminé par nature. Je pense d'ailleurs qu'il n'y a pas pour le moment à se préoccuper de semblables questions. Nous n'avons qu'à continuer nos investigations et à attendre patiemment les solutions de la science. Elle ne peut nous conduire qu'à la vérité, et tenons pour certain que la vérité scientifique sera toujours plus belle que les créations de notre imagination et que les illusions de notre ignorance.

15 décembre 1867.

DÉFINITION DE LA VIE

LES THÉORIES ANCIENNES ET LA SCIENCE MODERNE

I

Dès la plus haute antiquité, des philosophes ou des médecins célèbres ont regardé les phénomènes qui se déroulent dans les êtres vivants comme émanés d'un principe supérieur et immatériel agissant sur la matière inerte et obéissante. Telle est la pensée de Pythagore, de Platon, d'Aristote, d'Hippocrate [1], acceptée plus

1. Hippocrate, *Œuvres complètes*, trad. Littré. Paris, 1840.

tard par les philosophes et les savants mysti-
ques du moyen âge, Paracelse, Van Helmont, et
par les scolastiques. Cette conception atteignit
dans le cours du dix-huitième siècle son apogée
de faveur et d'influence avec le célèbre médecin
Stahl, qui lui donna une forme plus nette en
créant l'*animisme*. L'animisme a été l'expression outrée de la spiritualité de la vie; Stahl
fut le partisan déterminé et le plus dogmatique
de ces idées perpétuées depuis Aristote. On
peut ajouter qu'il en fut le dernier représentant;
l'esprit moderne n'a pas accueilli une doctrine
dont la contradiction avec la science était devenue trop manifeste.

D'un autre côté, et par opposition aux idées
qui précèdent, nous voyons, avant même que la
physique et la chimie fussent constituées, et
que l'on connût les phénomènes de la matière
brute, les tendances philosophiques, en avan-
çant sur les faits, essayer d'établir l'identité
entre les phénomènes des corps inorganiques
et ceux des corps vivants. Cette conception est
le fond de l'atomisme de Démocrite et d'Épicure.
Les atomistes ne reconnaissent pas d'intelli-

gence motrice. Le monde se meut par lui-même
éternellement. Ils ne considèrent qu'une seule
espèce de matière, dont les éléments, grâce à
leurs figures, jouissent de la propriété de former, en s'attachant les uns aux autres, les combinaisons les plus diverses, et de constituer les
corps inorganiques et sans vie, aussi bien que
les êtres organisés qui vivent et sentent comme
les animaux, qui sont raisonnables et libres
comme l'homme.

Cette seconde hypothèse affecta ainsi dès son
début une forme exclusivement matérialiste;
mais, chose remarquable, les philosophes les
plus convaincus de la spiritualité de l'âme, tels
que Descartes et Leibniz, ne devaient pas tarder
d'adopter une façon de voir analogue qui attri-
buait au jeu des forces brutes toutes les manifestations saisissables de l'activité vitale. La
raison de cette apparente contradiction réside
dans la séparation presque absolue qu'ils éta-
blirent entre l'âme et le corps. Descartes a
donné une définition métaphysique de l'âme et
une définition physique de la vie. L'âme est le
principe supérieur qui se manifeste par la pen-

sée, la vie n'est qu'un effet supérieur des lois
de la mécanique. Le corps humain est une machine formée de ressorts, de leviers, de canaux,
de filtres, de cribles, de pressoirs. Cette machine
est faite pour elle même; l'âme s'y ajoute pour
contempler en simple spectatrice ce qui se passe
dans le corps, mais elle n'intervient en rien
dans le fonctionnement vital. Les idées de
Leibniz, au point de vue physiologique, ont
beaucoup d'analogie avec celles de Descartes.
Comme lui, il sépare l'âme du corps, et, quoiqu'il admette entre eux une concordance préétablie par Dieu, il leur refuse toute espèce d'action réciproque. « Le corps, dit-il, se développe
mécaniquement, et les lois mécaniques ne sont
jamais violées dans les mouvements naturels;
tout se fait dans les âmes comme s'il n'y avait
pas de corps, et tout se fait dans le corps
comme s'il n'y avait pas d'âme. »

Stahl comprit tout autrement la nature des
phénomènes de la vie et les rapports de l'âme et
du corps. Dans les actes vitaux, il rejette toutes
les explications qui leur seraient communes
avec les phénomènes mécaniques, physiques et

chimiques de la matière brute. Célèbre chimiste lui-même, il combat avec beaucoup de puissance et d'autorité surtout les exagérations des médecins-chimistes ou iatro-chimistes, tels que Sylvius de Le Boë, Willis, etc., qui expliquaient tous les phénomènes de la vie par des actions chimiques : fermentations, alcalinités, acidités, effervescences. Il soutient que non-seulement les forces chimiques sont différentes des forces qui régissent les phénomènes de la vie, mais qu'elles sont en antagonisme avec elles, et qu'elles tendent à détruire le corps vivant au lieu de le conserver. Il faut donc, suivant Stahl, une force vitale qui conserve le corps contre l'action des forces chimiques extérieures qui tendent sans cesse à l'envahir et à le détruire ; la vie est le triomphe de celles-ci sur celles-là. Par ces idées, Stahl fonda le *vitalisme ;* mais il ne s'arrêta pas à ce terme : ce n'était qu'un premier pas dans la voie qui devait le conduire à l'animisme. Cette force vitale, dit-il, qui sans cesse lutte contre les forces physiques, agit avec intelligence, dans un dessein calculé, pour la conservation de l'organisme. Or, si la force

vitale est intelligente, pourquoi la distinguer
de l'âme raisonnable?

Basile Valentin et son disciple Paracelse
avaient multiplié sans mesure l'existence de
principes immatériels intelligents, les *archées*,
qui réglaient les phénomènes du corps vivant.
Van Helmont, le plus célèbre représentant de
ces doctrines archéiques, qui allia avec le génie expérimental l'imagination la plus déréglée
dans ses écarts, avait conçu toute une hiérarchie de ces principes immatériels. Au premier
rang se trouvait l'âme raisonnable et immortelle se confondant en Dieu, ensuite l'âme sensitive et mortelle, ayant pour agent un autre
archée principal, qui lui-même commandait à
une foule d'archées subalternes, *les blus*.

Stahl, qui à un siècle de distance est le con-
tinuateur de Van Helmont, simplifie toutes ces
conceptions de principes intelligents, d'esprits
recteurs ou d'archées. Il n'admet qu'une seule
âme, l'âme immortelle, chargée en même
temps du gouvernement corporel. L'âme est
pour lui le principe même de la vie. La vie est
un des modes de fonctionnement de l'âme, c'est

son *acte vivifique*. L'âme immortelle, force intelligente et raisonnable, gouverne directement la matière du corps, le met en œuvre, la dirige vers sa fin. C'est elle qui non-seulement dicte nos actes volontaires, mais c'est elle qui fait battre le cœur, circuler le sang, respirer le poumon, sécréter les glandes. Si l'harmonie de ces phénomènes est troublée, si la maladie survient, c'est que l'âme n'a pas rempli ces fonctions, ou n'a pu résister efficacement aux causes extérieures de destruction. Une semblable doctrine avait quelque chose d'étrange et de contradictoire, car l'action d'une âme raisonnable sur les actes vitaux semble supposer une direction consciente, et l'observation la plus simple nous apprend que toutes les fonctions de nutrition, — circulation, sécrétions, digestion, etc., — sont inconscientes et involontaires, comme si, selon l'expression d'un physiologiste philosophe, la nature avait voulu par prudence soustraire ces importants phénomènes aux caprices d'une volonté ignorante. L'animisme de Stahl était donc empreint d'une exagération qui porta ses successeurs, sinon à

DÉFINITION DE LA VIE.

l'abandonner, au moins à le modifier profondément.

Les idées de Descartes et celles de Stahl avaient fait dans la science une impression profonde et créé deux courants qui devaient arriver jusqu'à nous.

Descartes avait posé les premiers principes et appliqué les lois mécaniques au jeu de la machine du corps de l'homme ; ses adeptes étendirent et précisèrent les explications mécaniques des divers phénomènes vitaux. Parmi les plus célèbres de ces iatro-mécaniciens, il faut citer au premier rang Borelli, ensuite · Pitcairn, Hales, Keil, surtout Boerhaave, dont l'influence fut prépondérante. De son côté, l'iatro-chimie, qui n'est qu'une face de la doctrine cartésienne, poursuivit sa marche et fut définitivement fondée à l'avénement de la chimie moderne. Descartes et Leibniz avaient posé en principe que partout les lois de la mécanique sont identiques ; qu'il n'y a pas deux mécaniques, l'une pour les corps bruts, l'autre pour les corps vivants.

A la fin du siècle dernier, Lavoisier et Laplace vinrent démontrer qu'il n'y a pas non plus deux chimies, l'une pour les corps bruts, l'autre pour les êtres vivants. Ils prouvèrent expérimentalement que la respiration et la production de chaleur ont lieu dans le corps de l'homme et des animaux par des phénomènes de combustion tout à fait semblables à ceux qui se produisent pendant la calcination des métaux.

C'est vers la même époque que Bordeu, Barthez, Grimaud, brillaient dans l'école de Montpellier. Ils étaient les successeurs de Stahl; néanmoins ils ne conservèrent que la première partie de la doctrine du maître, le vitalisme, et en répudièrent la seconde, l'animisme. Contrairement à Stahl, ils veulent que le principe de la vie soit distinct de l'âme; mais avec lui ils admettent une force vitale, un principe vital recteur dont l'unité donne la raison de l'harmonie des manifestations vitales, et qui agit en dehors des lois de la mécanique, de la physique et de la chimie.

Cependant le vitalisme se modifia peu à peu dans sa forme; la *doctrine des propriétés vitales*

marqua une époque importante dans l'histoire
de la physiologie. Au lieu de conceptions métaphysiques qui avaient régné jusque-là, voici
une conception physiologique qui cherche à
expliquer les manifestations vitales par les propriétés mêmes de la matière des tissus ou des
organes.

Déjà à la fin du dix-septième siècle Glisson
avait désigné l'*irritabilité* comme cause immédiate de mouvements de la fibre vivante. Bordeu,
Grimaud et Barthez avaient entrevu plus ou moins
vaguement la même idée. Haller attacha son
nom à la découverte de cette faculté motrice en
nous faisant connaître ses mémorables expériences sur l'irritabilité et la sensibilité des diverses parties du corps.

Toutefois c'est seulement au commencement
de ce siècle que Xavier Bichat, par une illumi-
nation du génie, comprit que la raison des phénomènes vitaux devait être cherchée non pas
dans un principe d'ordre supérieur immatériel,
mais au contraire dans les propriétés de la matière, au sein de laquelle s'accomplissent ces
phénomènes. Sans doute Bichat n'a pas défini

les propriétés vitales, il leur donne des caractères vagues et obscurs ; son génie, comme il
arrive souvent, n'est pas d'avoir découvert les
faits, c'est d'en avoir compris le sens en émet-
tant le premier cette idée générale, lumineuse
et féconde, qu'en physiologie comme en physique les phénomènes doivent être rattachés à des
propriétés comme à leur cause. « Le rapport
des propriétés comme causes avec les phénomènes comme effets, dit-il[1], est un axiome
presque fastidieux à répéter aujourd'hui en
physique et en chimie ; si mon livre établit
un axiome analogue dans les sciences physiologiques, il aura rempli son but. » Puis,
continuant, il ajoute : « Il y a dans la nature
deux classes d'êtres, deux classes de propriétés, deux classes de sciences. Les êtres sont organiques ou inorganiques ; les propriétés sont
vitales ou non vitales, les sciences sont physiques ou physiologiques.... »

Il importe ici et dès l'abord de bien comprendre la pensée de Bichat. On pourrait croire

1. Bichat. *Anatomie générale. Préface.*

qu'il va se rapprocher des physiciens et des chimistes, puisqu'il place comme eux la cause des phénomènes dans les propriétés de la matière; c'est le contraire qui arrive, et Bichat s'en éloigne et s'en sépare d'une manière aussi complète que possible. En effet, le but poursuivi dans tous les temps par les iatro-mécaniciens, physiciens ou chimistes, a été d'établir une ressemblance, une identité entre les phénomènes des corps vivants et ceux des corps inorganiques. A l'encontre de ceux-ci, Bichat pose en principe que les propriétés vitales sont absolument opposées aux propriétés physiques, de sorte qu'au lieu de passer dans le camp des physiciens et des chimistes, il reste vitaliste avec Stahl et l'école de Montpellier. Comme eux, il considère que la vie est une lutte entre des actions opposées; il admet que les propriétés vitales conservent le corps vivant en entravant les propriétés physiques qui tendent à le détruire. Quand la mort survient, ce n'est que le triomphe des propriétés physiques sur leurs antagonistes. Bichat d'ailleurs résume complétement ses idées dans la définition qu'il donne de la vie : *la vie est l'ensemble des fonctions qui résistent à la mort*, ce qui signifie en d'autres termes : la vie est l'ensemble des propriétés vitales qui résistent aux propriétés physiques.

Cette vue qui consiste à considérer les propriétés vitales comme des espèces d'entités métaphysiques qu'on ne définit pas clairement, mais qu'on oppose aux propriétés physiques ordinaires, a entraîné sans doute la recherche dans les mêmes erreurs que les autres théories vitalistes. Cependant la conception de Bichat, dégagée des erreurs presque inévitables à son époque, n'en reste pas moins une conception de génie sur laquelle s'est fondée la physiologie moderne. Avant lui, les doctrines philosophiques, animistes ou vitalistes, planaient de trop haut et de trop loin sur la réalité pour pouvoir devenir les initiatrices fécondes de la science de la vie; elles n'étaient capables que de l'engourdir en jouant le rôle de ces sophismes paresseux qui régnaient jadis dans l'école. Bichat, au contraire, en décentralisant la vie, en l'incarnant dans les tissus, et en rattachant ses manifestations aux propriétés de ces mêmes

tissus, les a, si l'on veut, placés sous la dépendance d'un principe encore métaphysique, mais
moins élevé en dignité philosophique, et pouvant devenir une base scientifique plus accessible à l'esprit de recherche et de progrès.
Bichat, en un mot, s'est trompé, comme les
vitalistes ses prédécesseurs, sur la théorie de
la vie ; mais il ne s'est pas trompé sur la méthode physiologique. C'est sa gloire de l'avoir
fondée en plaçant dans les propriétés des tissus
et des organes les causes immédiates des phénomènes de la vie.

Les idées de Bichat produisirent en physiologie et en médecine une révolution profonde
et universelle. L'école anatomique en sortit,
poursuivant avec ardeur dans les propriétés vitales des tissus sains et altérés l'explication des
phénomènes de la santé et de la maladie. D'un
autre côté les progrès des méthodes physiques,
les découvertes brillantes de la chimie moderne, jetant une vive lumière sur les fonctions
vitales, venaient chaque jour protester contre la
séparation et l'opposition radicales que Bichat,
ainsi que les vitalistes, avaient cru voir entre

les phénomènes organiques et les phénomènes inorganiques de la nature.

C'est ainsi que nous trouvons encore près de nous dans Bichat et dans Lavoisier les représentants des deux grandes tendances philosophiques opposées que nous avons démêlées dès l'antiquité, à l'origine même de la science, l'une cherchant à réduire les phénomènes de la vie aux lois de la chimie, de la physique, de la mécanique, l'autre voulant au contraire les distinguer et les placer sous la dépendance d'un principe particulier, d'une puissance spéciale, quel que soit le nom qu'on lui donne, d'*âme*, d'*archée*, de *psyché*, de *médiateur plastique*, d'*esprit recteur*, de *force vitale* ou de *propriétés vitales*. Cette lutte, déjà si vieille, n'est donc pas encore finie ; mais comment devra-t-elle finir? L'une des doctrines arrivera-t-elle à triompher de l'autre et à dominer sans partage? Je ne le pense pas. Les progrès des sciences ont pour résultat d'affaiblir graduellement, et dans une égale mesure, ces premières conceptions exclusives nées de notre ignorance. L'inconnu faisant seul leur force, à mesure

qu'il disparaît, les luttes doivent cesser, les
doctrines opposées s'évanouir, et la vérité
scientifique qui les remplace régner sans ri-
vale.

II

Nous pouvons dire de Bichat, comme de la
plupart des grands promoteurs de la science,
qu'il a eu le mérite de trouver la formule
pour les conceptions flottantes de son temps.
Toutes les idées de ses contemporains sur la
vie, toutes leurs tentatives pour la définir ne
sont en quelque sorte que l'écho ou la para-
phrase de sa doctrine.

Un chirurgien de l'Hôtel-Dieu de Paris,
Ph. J. Pelletan, enseigne que la vie est la résistance opposée par la matière organisée aux
causes qui tendent sans cesse à la détruire.

Cuvier lui-même développe la même pensée,
que la vie est une force qui résiste aux lois qui

régissent la matière brute ; la mort ne serait que le retour de la matière vivante sous l'empire de ces lois. Ce qui distingue le cadavre du corps vivant, c'est ce principe de résistance qui soutient ou qui abandonne la matière organisée, et pour donner une forme plus saisissante à son idée, Cuvier nous représente le corps d'une femme dans l'éclat de la jeunesse et de la santé subitement atteinte par la mort.

« Voyez, dit-il, ces formes arrondies et voluptueuses, cette souplesse gracieuse des mouvements, cette douce chaleur, ces joues teintes de rose, ces yeux brillants de l'étincelle de l'amour ou du feu du génie, cette physionomie égayée par les saillies de l'esprit ou animée par le feu des passions ; tout semble se réunir pour en faire un être enchanteur. Un instant suffit pour détruire ce prestige : souvent, sans cause apparente, le mouvement et le sentiment viennent à cesser, le corps perd sa chaleur, les muscles s'affaissent et laissent paraître les saillies anguleuses des os ; les yeux deviennent ternes, les joues et les lèvres livides. Ce ne sont là que les préludes de changements plus horri-

bles : les chairs passent au bleu, au vert, au
noir ; elles attirent l'humidité, et pendant
qu'une portion s'évapore en émanations infec-
tes, une autre s'écoule en sanie putride qui ne
tarde pas à se dissiper aussi; en un mot, au
bout d'un petit nombre de jours, il ne reste
plus que quelques principes terreux et salins;
les autres éléments se sont dispersés dans les
airs et dans les eaux pour entrer dans d'autres
combinaisons. »

« Il est clair, ajoute Cuvier, que cette séparation est l'effet naturel de l'action de l'air, de
l'humidité, de la chaleur, en un mot, de tous
les agents extérieurs sur le corps mort, et
qu'elle a sa cause dans l'attraction élective des
divers agents pour les éléments qui le compo-
saient. Cependant ce corps en était également
entouré pendant la vie; leurs affinités pour ses
molécules étaient les mêmes, et celles-ci y eus-
sent cédé également, si elles n'avaient été retenues ensemble par une force supérieure à ces
affinités, qui n'a cessé d'agir sur elles qu'à
l'instant de la mort. »

Ces idées de contraste et d'opposition entre

les forces vitales et les forces extérieures physico-chimiques, que nous retrouvons dans la doctrine des propriétés vitales, avaient déjà été exprimées par Stahl, mais en un langage obscur et presque barbare ; exposées par Bichat avec une lumineuse simplicité et un grand charme de style, ces mêmes idées séduisirent et entraînèrent tous les esprits.

Bichat ne se contente point d'affirmer l'antagonisme des deux ordres de propriété qui se partagent la nature ; mais en les caractérisant les unes et les autres il les oppose d'une manière saisissante.

« Les propriétés physiques des corps, dit-il, sont éternelles. A la création, ces propriétés s'emparèrent de la matière, qui en restera constamment pénétrée dans l'immense série des siècles. Les propriétés vitales sont au contraire essentiellement temporaires ; la matière brute en passant par les corps vivants s'y pénètre de ces propriétés qui se trouvent alors unies aux propriétés physiques ; mais ce n'est pas là une alliance durable, car il est de la nature des propriétés vitales de s'épuiser ; le temps les use

dans le même corps. Exaltées dans le premier
âge, restées comme stationnaires dans l'âge
adulte, elles s'affaiblissent et deviennent nulles
dans les derniers temps. On dit que Prométhée,
ayant formé quelques statues d'hommes, déroba
le feu du ciel pour les animer. Ce feu est l'emblème des propriétés vitales : tant qu'il brûle
la vie se soutient; elle s'anéantit quand il s'é-
teint. »

C'est uniquement de ce contraste dans la nature et dans la durée des propriétés physiques
et des propriétés vitales que Bichat déduit tous
les caractères distinctifs des êtres vivants et des
corps bruts, toutes les différences entre les
sciences qui les étudient.

Les propriétés physiques étant éternelles,
dit-il, les corps bruts n'ont ni commencement
ni fin nécessaires, ni âge, ni évolution; ils n'ont
de limites que celles que le hasard leur as-
signe.

Les propriétés vitales étant au contraire chan-
geantes et d'une durée limitée, les corps vivants
sont mobiles et périssables; ils ont un commencement, une naissance, une mort, des âges,

en un mot, une évolution qu'ils doivent parcourir. Les propriétés vitales se trouvant constamment en lutte avec les propriétés physiques, le corps vivant, théâtre de cette lutte, en subit les alternatives. La maladie et la santé ne sont autre chose que les péripéties de ce combat : si les propriétés physiques triomphent définitivement, la mort en est la conséquence; si au contraire les propriétés vitales reprennent leur empire, l'être vivant guérit de sa maladie, cicatrise ses plaies, répare son organisme et rentre dans l'harmonie de ses fonctions. Dans les corps bruts rien de semblable ne s'observe; ces corps restent immuables comme la mort dont ils sont l'image.

De là une distinction profonde entre les sciences qu'il nomme *vitales* et celles qu'il appelle *non vitales*. Les propriétés physico-chimiques étant fixes, constantes, les lois des sciences qui en traitent sont également constantes et invariables; on peut les prévoir, les calculer avec certitude. Les propriétés vitales ayant pour caractère essentiel l'instabilité, toutes les fonctions vitales étant susceptibles d'une foule de variétés, on ne peut rien prévoir, rien calculer dans leurs phénomènes.

D'où il faut conclure, dit Bichat, « que des lois absolument différentes président à l'une et à l'autre classe de phénomènes. »

Telle est, dans ses grands traits et avec ses conséquences, la *doctrine des propriétés vitales*, qui a longtemps dominé dans l'école malgré les justes critiques dont elle est passible.

Nous allons examiner brièvement si la division des phénomènes en deux grands groupes, telle que l'établit la doctrine dont Bichat s'est fait l'éloquent défenseur, est bien fondée, et si elle ne serait pas plutôt une conception systématique que l'expression de la vérité.

D'abord est-il vrai que les corps de la nature inorganique soient éternels et que les corps vivants seuls soient périssables ; n'y aurait-il pas entre eux de simples différences de degrés qui nous font illusion par leur grande disproportion ?

Il est certain, par exemple, que la vie d'un éléphant peut paraître l'éternité par rapport à la vie d'un éphémère, et quand nous considérons

la vie de l'homme relativement à la durée du
milieu cosmique qu'il habite, elle doit nous paraître un instant dans l'infini du temps. Les anciens ont pensé ainsi : ils opposaient le monde
vivant, où tout est sujet au changement et à la
mort, au monde sidéral, immuable et incorrup-
tible. Cette doctrine de l'incorruptibilité des
cieux a régné jusqu'au dix-septième siècle. Les
premières lunettes permirent alors de constater
l'apparition d'une nouvelle étoile dans la con-
stellation du Serpentaire; ce changement dans
le ciel, accompli pour ainsi dire sous les yeux
de l'observateur, commença d'ébranler la
croyance des anciens : *materiam cœli esse inal-
terabilem*. Aujourd'hui l'esprit des astronomes
est familiarisé avec l'idée d'une mobilité et
d'une évolution continuelle du monde sidéral.
« Les astres n'ont pas toujours existé, dit
M. Faye ; ils ont eu une période de formation ;
ils auront pareillement une période de déclin,
suivie d'une extinction finale. »

L'éternité des corps sidéraux invoquée par
Bichat n'est donc pas réelle ; ils ont une évolution comme les corps vivants, évolution lente,

si on la compare à notre vie pressée, évolution qui embrasse une durée hors de proportion avec celle que nous sommes habitués à considérer autour de nous. D'un autre côté, les astronomes, avant de connaître les lois des mouvements des corps célestes, avaient imaginé des puissances, des forces sidérales, comme les physiologistes reconnaissaient des forces et des puissances vitales. Kepler lui-même admettait un *esprit recteur sidéral* par l'influence duquel « les planètes suivent dans l'espace des courbes savantes sans heurter les astres qui fournissent d'autres carrières, sans troubler l'harmonie réglée par le divin géomètre. »

Si les corps vivants ne sont pas seuls soumis à la loi d'évolution, la faculté de se régénérer, de se cicatriser, ne leur est pas non plus exclusive, quoique ce soit sur eux qu'elle se manisfeste plus activement.

Chacun sait qu'un organisme vivant, quand il a été mutilé, tend à se refaire suivant les lois de sa morphologie spéciale : la blessure se cicatrise dans l'animal et dans la plante, la perte de substance se comble, et l'être se rétablit dans sa forme et son unité. Ce phénomène de reconstitution, de *rédintégration*, a profondément frappé les philosophes naturalistes, et ils ont beaucoup insisté sur cette tendance de la vie à l'individualité, qui fait de l'être vivant un tout harmonique, une sorte de petit monde dans le grand. Quand l'harmonie de l'édifice organique est troublée, elle tend à se rétablir.

Mais il n'est pas nécessaire d'invoquer, pour expliquer ces faits, une force, une propriété vitale en contradiction avec la physique. Les corps minéraux en effet se montrent doués de cette même unité morphologique, de cette même tendance à la rétablir. Les cristaux comme les êtres vivants ont leurs formes, leur plan particulier, et ils sont susceptibles d'éprouver les actions perturbatrices du milieu ambiant. La force physique qui range les particules cristallines suivant les lois d'une savante géométrie a des résultats analogues à celle qui range la substance organisée sous la forme d'un animal ou d'une plante.

M. Pasteur a signalé des faits de cicatrisation, de rédintégration cristalline, qui méritent toute notre attention. Il étudia certains cristaux et les soumit à des mutilations qu'il a vues se réparer très-rapidement et très-régulièrement. Il résulte de l'ensemble de ses recherches que, « lorsqu'un cristal a été brisé sur l'une quelconque de ses parties et qu'on le replace dans son eau-mère, on voit, en même temps que le cristal s'agrandit dans tous les sens par un dépôt de particules cristallines, un travail très-actif avoir lieu sur la partie brisée ou déformée, et en quelques heures il a satisfait, non-seulement à la régularité du travail général sur toutes les parties du cristal, mais au rétablissement de la régularité dans la partie mutilée. »

Ces faits remarquables de rédintégration cristalline se rapprochent complétement de ceux que présentent les êtres vivants lorsqu'on leur fait une plaie plus ou moins profonde. Dans le cristal comme dans l'animal, la partie endommagée se cicatrise, reprend peu à peu sa forme primitive, et dans les deux cas le travail de reformation des tissus est en cet endroit bien plus actif que dans les conditions évolutives ordinaires.

Les brèves considérations que nous venons d'exposer et que nous pourrions développer à l'infini nous semblent suffisantes pour montrer que la ligne profonde de démarcation que les vitalistes ont voulu établir entre les corps bruts au point de vue de leur durée, de leur évolution et de leur rédintégration formative, n'est pas fondée.

Quant à la lutte qu'ils ont supposée entre les forces ou les propriétés physiques et les forces ou les propriétés vitales, elle est l'expression d'une erreur profonde.

La doctrine des propriétés vitales enseigne qu'on ne trouve dans les corps bruts qu'un seul ordre de propriétés, les propriétés physiques, et que dans les corps vivants on en rencontre deux espèces, les propriétés physiques et les propriétés vitales, constamment en lutte, en antagonisme, et tendant à prédominer les unes sur les autres.

« Pendant la vie, dit Bichat, les propriétés physiques, enchaînées par les propriétés vitales, sont sans cesse retenues dans les phénomènes qu'elles tendraient à produire. »

Il résultera logiquement de cet antagonisme que plus les propriétés vitales auront d'empire et domineront dans un organisme vivant, plus les propriétés physico-chimiques y seront vaincues et atténuées, et que, réciproquement, les propriétés vitales s'y montreront d'autant plus affaiblies que les propriétés physiques acquerront plus de puissance.

C'est précisément la proposition contraire qui exprime la vérité, et cette vérité a été surabondamment démontrée par les travaux de Lavoisier et de ses successeurs.

La vie est au fond l'image d'une combustion, et la combustion n'est elle-même qu'une série de phénomènes chimiques, auxquels sont reliées d'une manière directe des manifestations caloriques lumineuses et vitales. Qu'on supprime de l'atmosphère l'oxygène, l'agent des combustions, aussitôt la flamme s'éteint, aussitôt la vie s'arrête. Si l'on vient à diminuer ou à augmenter la quantité du gaz comburant, les phénomènes vitaux aussi bien que les phénomènes chimiques de combustion seront exaltés ou atténués dans la même proportion.

Ce n'est donc pas un antagonisme qu'il faut voir entre les phénomènes chimiques et les manifestations vitales; c'est au contraire un parallélisme parfait, une liaison harmonique et nécessaire.

Dans toute la série des êtres organisée, l'intensité des manifestations vitales est dans un rapport direct avec l'activité des manifestations chimiques organiques. De tous côtés, les preuves se présentent d'elles-mêmes.

Quand l'homme ou l'animal est saisi par le froid, les phénomènes chimiques de combustion organique s'abaissent d'abord; puis les mouvements se ralentissent, la sensibilité, l'intelligence, s'émoussent et disparaissent, l'engourdissement est complet. Au réveil de cette léthargie, les fonctions vitales reprennent, mais toujours parallèlement à la réapparition des phénomènes chimiques.

Quand la vie se suspend chez un infusoire desséché et qu'elle se rétablit sous l'influence de quelques gouttes d'eau, ce n'est pas que la dessiccation ait attaqué la vie ou les propriétés vitales, c'est parce que l'eau nécessaire à la

réalisation des phénomènes physiques et chimiques fait défaut à l'organisme. Quand Spallanzani a ressuscité, en les humectant, des ro-
tifères desséchés depuis trente ans, il a simplement fait reparaître dans leur corps les
phénomènes physiques et chimiques qui s'y
étaient arrêtés pendant trente années. L'eau n'a
apporté rien autre chose, ni force ni principe.

Comment pourrions-nous comprendre un antagonisme, une opposition entre les propriétés
des corps vivants et celles des corps bruts, puisque les éléments constituants de ces deux ordres
de corps sont les mêmes? Buffon, voulant s'expliquer la différence des êtres organisés et des
êtres inorganiques, avait été logique en suppo-
sant chez les premiers une substance organique
élémentaire spéciale dont seraient dépourvus
les seconds. La chimie a complétement renversé
cette hypothèse en prouvant que tous les corps
vivants sont exclusivement formés d'éléments
minéraux empruntés au milieu cosmique. Le
corps de l'homme, le plus complexe des corps
vivants, est matériellement constitué par quatorze de ces éléments. On comprend bien que

ces quatorze corps simples puissent, en s'unissant, en se combinant de toutes les manières,
engendrer des combinaisons infinies et former
des composés doués de propriétés les plus variées; mais ce qu'on ne concevrait pas, c'est
que ces propriétés fussent d'un autre ordre ou
d'une autre essence que ces combinaisons elles-
mêmes.

En résumé, l'opposition, l'antagonisme, la
lutte admise entre les phénomènes vitaux et les
phénomènes physico-chimiques sur l'école vitaliste, est une erreur dont les découvertes de la
physique et de la chimie modernes ont fait
amplement justice.

Il y a plus, la doctrine vitaliste ne repose pas
seulement sur des hypothèses fausses, sur des
faits erronés; elle est par sa nature contraire à
l'esprit scientifique. En voulant créer deux ordres de sciences, les unes pour les corps bruts,
les autres pour les corps vivants, cette doctrine
aboutit purement et simplement à nier la science
elle-même. Bichat, nous le savons déjà, pose
en principe que les lois des sciences physiques
sont absolument opposées aux lois des sciences

vitales. Dans les premières, tout serait fixe et
invariable ; dans les secondes, tout serait variable et inconstant. La divergence entre ces
deux ordres de sciences doit les laisser étrangères les unes aux autres et les rendre incapables de se prêter aucun secours. C'est la conclusion à laquelle arrive nécessairement Bichat.
« Comme les sciences physiques et chimiques,
dit-il, ont été perfectionnées avant les physiologiques, on a cru éclaircir les unes en y associant les autres ; on les a embrouillées. C'était
inévitable, car appliquer les sciences physiques
à la physiologie, c'est expliquer par les lois
des corps inertes les phénomènes des corps
vivants. Or voilà un principe faux ; donc toutes
les conséquences doivent être marquées au même
coin. »

Si maintenant nous demandons quels sont
les caractères propres à cette science des êtres
vivants, Bichat nous répond : « C'est une science
dont les lois sont, comme les fonctions vitales
elles-mêmes, susceptibles d'une foule de variétés, qui échappe à toute espèce de calcul, dans
laquelle on ne peut rien prévoir ou prédire,

dans laquelle nous n'avons que des approxima-
tions le plus souvent incertaines. »

Ce sont là des hérésies scientifiques d'une
énormité telle qu'on aurait de la peine à les
comprendre, si l'on ne voyait comment la logique d'un système a dû fatalement y conduire.
Reconnaître que les phénomènes vitaux ne sauraient être soumis à aucune loi précise, à aucune condition fixe et déterminée, et admettre
que ces phénomènes ainsi définis constituent
une science vitale qui elle-même a pour caractère d'être vague et incertaine, c'est abuser
étrangement du mot *science*. Il semble qu'il n'y
ait rien à répondre à de pareils raisonnements,
parce qu'ils ne sont eux-mêmes que la négation et l'absence de tout esprit scientifique.

Cependant que de fois n'a-t-on pas reproduit
des arguments analogues, combien de médecins
ont professé que la physiologie et la médecine
ne seraient jamais que des demi-sciences, des
sciences conjecturales, parce qu'on ne pourrait
jamais saisir le principe de la vie ou le génie
secret des maladies !

Ces affirmations, qui viennent encore retentir

à nos oreilles comme des échos lointains de doctrines surannées, ne sauraient plus nous arrêter. Descartes, Leibniz, Lavoisier, nous ont appris que la matière et ses lois ne diffèrent pas dans les corps vivants et dans les corps bruts; ils nous ont montré qu'il n'y a au monde qu'une seule mécanique, une seule physique, une seule chimie, communes à tous les êtres de la nature. Il n'y a donc pas deux ordres de sciences.

Toute science digne de ce nom est celle qui, connaissant les lois précises des phénomènes, les prédit sûrement et les maîtrise quand ils sont à sa portée. Tout ce qui reste en dehors de ce caractère n'est qu'empirisme ou ignorance, car il ne saurait y avoir des demi-sciences ni des sciences conjecturales. C'est une erreur profonde de croire que dans les corps vivants nous ayons à nous préoccuper de l'essence même et du principe de la vie. Nous ne pouvons remonter au principe de rien, et le physiologiste n'a pas plus affaire avec le principe de la vie que le chimiste avec le principe de l'affinité des corps. Les causes premières nous échappent partout, et partout également nous ne pouvons atteindre que les causes immédiates des phénomènes. Or ces causes immédiates, qui ne sont que les conditions mêmes des phénomènes, sont susceptibles d'un déterminisme aussi rigoureux dans les sciences des corps vivants que dans les sciences des corps bruts. Il n'y a aucune différence scientifique dans tous les phénomènes de la nature, si ce n'est la complexité ou la délicatesse des conditions de leur manifestation qui les rendent plus ou moins difficiles à distinguer et à préciser.

Tels sont les principes qui doivent nous diriger. Aussi conclurons-nous sans hésiter que la dualité établie par l'école vitaliste dans les sciences des corps bruts et des corps vivants est absolument contraire à la science elle-même. L'unité règne dans tout son domaine. Les sciences des corps vivants et celles des corps bruts ont pour base les mêmes principes et pour moyens d'études les mêmes méthodes d'investigation.

'

III

Si les doctrines vitalistes ont succombé par l'erreur essentielle de leur principe de dualisme ou d'antagonisme entre la nature vivante et la nature inorganique, le problème subsiste toujours. Nous avons à répondre à cette question séculaire : *qu'est-ce que la vie?* ou encore à cette autre : *qu'est-ce que la mort?* car ces deux questions sont étroitement liées et ne sauraient être séparées l'une de l'autre.

L'être vivant est essentiellement caractérisé par la *nutrition*. L'édifice organique est le siége d'un perpétuel mouvement nutritif, mouvement intestin qui ne laisse de repos à aucune partie; chacune, sans cesse ni trêve, s'alimente dans le milieu qui l'entoure et y rejette ses déchets et ses produits. Cette rénovation moléculaire est insaisissable pour le regard direct; mais, comme nous voyons le début et la fin, l'entrée et la sortie des substances, nous en concevons les phases intermédiaires, et nous nous représentons un courant de matières qui traverse continuellement l'organisme et le renouvelle dans sa substance en le maintenant dans sa forme. Ce mouvement qu'on a appelé le *tourbillon vital*, le *circulus matériel* entre le monde organique et le monde inorganique, existe chez la plante aussi bien que chez l'animal, ne s'interrompt jamais et devient la condition et en même temps la cause immédiate de toutes les autres manifestations vitales. L'universalité d'un tel phénomène, la constance qu'il présente, sa nécessité, en font le caractère fondamental de l'être vivant, le signe plus général de la vie. On ne sera donc pas étonné que quelques physiologistes aient été tentés de le prendre pour définir la vie elle-même.

Toutefois ce phénomène n'est pas simple; il importe de l'analyser, d'en pénétrer plus profondément le mécanisme, afin de préciser l'idée que son examen superficiel peut nous donner de la vie.

Le mouvement nutritif comprend deux opérations distinctes, mais connexes et inséparables : l'une par laquelle la matière inorganique est fixée ou incorporée aux tissus vivants comme partie intégrante, l'autre par laquelle elle s'en sépare et les abandonne. Ce double mouvement incessant n'est en définitive qu'une alternative perpétuelle de *vie* et de *mort*, c'est-à-dire de destruction et de renaissance des parties constituantes de l'organisme.

Les vitalistes n'ont point compris la nutrition. Les uns, imbus de l'idée que la vie a pour essence de résister à la mort, c'est-à-dire aux forces physiques et chimiques, devaient croire naturellement que l'être vivant, arrivé à son plein développement, n'avait plus qu'à se maintenir dans l'équilibre le plus stable possible en neutralisant l'influence destructive des agents extérieurs; les autres, comprenant mieux le phénomène et appréciant la perpétuelle mutation de l'organisme, ont refusé d'admettre que ce mouvement de rénovation moléculaire fût produit par les forces générales de la nature, et ils l'ont attribué à une force vitale.

Ni les uns ni les autres n'ont vu que c'était précisément la destruction organique, opérée sous l'influence des forces physiques et chimiques générales, qui provoque le mouvement incessant d'échange et devient ainsi la cause de la réorganisation.

Les actes de destruction organique ou de désorganisation se révèlent immédiatement à nous; les signes en sont évidents, ils éclatent au dehors et se répètent à chaque manifestation vitale. Les actes d'assimilation ou d'organisation au contraire restent tout intérieurs et n'ont presque point d'expression phénoménale; ils président à une synthèse organique qui rassemble d'une manière silencieuse et cachée les matériaux qui seront dépensés plus tard dans les manifestations bruyantes de la vie. C'est une vérité bien remarquable et bien essentielle à saisir que ces deux phases du circulus nutritif se traduisent si différemment, l'organisation restant latente et la désorganisation ayant pour signe sensible tous les phénomènes de la vie. Ici l'apparence nous trompe, comme presque toujours; ce que nous appelons *phénomène de vie* est au fond un *phénomène de mort organique*.

Les deux facteurs de la nutrition sont donc l'*assimilation* et la *désassimilation*, autrement dit l'*organisation* et la *désorganisation*. La désassimilation accompagne toujours la manifestation vitale. Quand chez l'homme et chez l'animal un mouvement survient, une partie de la substance active du muscle se détruit et se brûle; quand la sensibilité et la volonté se manifestent, les nerfs s'usent, quand la pensée s'exerce, le cerveau se consume, etc. On peut ainsi dire que jamais la même matière ne sert deux fois à la vie. Lorsqu'un acte est accompli, la parcelle de matière vivante qui a servi à le produire n'est plus. Si le phénomène reparaît, c'est une matière nouvelle qui lui a prêté son concours. L'usure moléculaire est toujours proportionnée à l'intensité des manifestations vitales. L'altération matérielle est d'autant plus profonde ou considérable que la vie se montre plus active. La désassimilation rejette de la profondeur de l'organisme des substances d'autant plus oxydées par la combustion vitale que le fonctionnement des organes a été plus énergique. Ces oxydations ou combustions engendrent la chaleur animale, donnent naissance à l'acide carbonique qui s'exhale par le poumon, et à différents produits qui s'éliminent par les autres émonctoires de l'économie. Le corps s'use, éprouve une consomption et une perte de poids qui traduisent et mesurent l'intensité de ses fonctions. Partout, en un mot, la destruction physico-chimique est unie à l'activité fonctionnelle, et nous pouvons regarder comme un axiome physiologique la proposition suivante : *toute manifestation d'un phénomène dans l'être vivant est nécessairement liée à une destruction organique.*

Une telle loi, qui enchaîne le phénomène qui se produit à la matière qui se détruit, ou, pour mieux dire, à la substance qui se transforme, n'a rien qui soit spécial au monde vivant; la nature physique obéit à la même règle.

Un être vivant qui est dans la plénitude de son activité fonctionnelle ne nous manifeste donc pas l'énergie plus grande d'une force vitale mystérieuse; il nous offre simplement dans son organisme la pleine activité des phénomènes

chimiques de combustion et de destruction organique. Quand Cuvier nous dépeint la vie s'é-
panouissant dans le corps d'une jeune femme[1],
il a tort de croire avec les vitalistes que les forces ou les propriétés physiques et chimiques
sont alors domptées ou maintenues par la force
vitale. Au contraire, toutes les forces physiques
sont déchaînées, l'organisme brûle et se consume plus vivement, et c'est pour cela même
que la vie brille de tout son éclat.

Stahl a dit avec raison que les phénomènes
physiques et chimiques détruisent le corps vivant et le conduisent à la mort; mais la vérité
lui a échappé pour ne pas avoir vu que les phénomènes de destruction vitale sont eux-mêmes
les instigateurs et les précurseurs de la rénovation matérielle qui se dérobe à nos yeux dans
l'intimité des tissus. En même temps en effet
que les phénomènes de combustion se traduisent avec éclat par les manifestations vitales
extérieures, le processus formatif s'opère dans
le silence de la vie végétative. Il n'a d'autre
expression que lui-même, c'est-à-dire qu'il ne

1. Voy. p. 165.

se révèle que par l'organisation et la réparation de l'édifice vivant.

On a dès l'antiquité comparé la vie à un flambeau. Cette métaphore est devenue de nos jours, grâce à Lavoisier, une vérité. L'être qui vit est comme le flambeau qui brûle ; le corps s'use, la matière du flambeau se détruit ; l'un brille de la flamme physique, l'autre brille de la flamme vitale. Toutefois, pour que la comparaison fût rigoureuse, il faudrait concevoir un flambeau physique capable de durer, qui se renouvelât et se régénérât comme le flambeau vital. La combustion physique est un phénomène isolé, en quelque sorte accidentel, n'ayant dans la nature de liaisons harmoniques qu'avec lui-même. La combustion vitale au contraire suppose une régénération corrélative, phénomène de la plus haute importance dont il nous reste à tracer les caractères principaux.

Le mouvement de régénération ou de synthèse organique nous offre deux modes principaux. Tantôt la synthèse assimile la substance ambiante pour en faire des principes nutritifs, tantôt elle en forme directement les éléments

des tissus. C'est ainsi que nous voyons, à côté
de la formation des produits immédiats de la
synthèse chimique, apparaître des phénomènes
de mues ou de rénovations histologiques, tantôt
continues, tantôt périodiques. Les phénomènes
de régénération, de rédintégration, de réparation,
qui se montrent chez l'individu adulte, sont de
la même nature que les phénomènes de génération
et d'évolution par lesquels l'embryon constitue
à l'origine ses organes et ses éléments anatomiques. L'être vivant est donc caractérisé à la
fois par la génération et par la nutrition; il faut
réunir et confondre ces deux ordres de phénomènes, et, au lieu d'en créer deux catégories
distinctes, nous en faisons un acte unique dont
l'essence et les mécanismes sont tout pareils.
C'est dans cette pensée que l'on a pu dire avec
raison que *la nutrition n'était qu'une génération
continuée*. Synthèse organique, génération, régénération, rédintégration et même cicatrisation
sont des aspects du même phénomène, des ma--
nifestations variées d'un même agent, le *germe*.

Le germe est l'agent d'organisation et de nutrition par excellence; il attire autour de lui la

matière cosmique et l'organise pour constituer
l'être nouveau. Toutefois le germe ne peut manifester sa puissance organisatrice qu'en opérant
lui-même des combustions, des destructions
organiques. C'est pourquoi il s'enferme dès son
origine dans une cellule, la cellule de l'œuf, et
s'y entoure de matériaux nutritifs élaborés
qu'on appelle le *vitellus*.

La cellule-œuf, ainsi constituée par le germe
et le vitellus, développe l'organisme nouveau
en se segmentant et se divisant à l'infini en
une quantité innombrable de cellules pourvues
elles-mêmes d'un germe de nutrition. Ce germe
cellulaire, qu'on appelle le *noyau* de la cellule,
attire et élabore autour de lui les matériaux nutritifs spéciaux destinés aux combustions fonctionnelles de chacun des éléments de nos tissus
ou de nos organes. Lorsque des phénomènes de
rédintégration naturels ou accidentels survien-
nent, lorsqu'un nerf coupé par exemple se régénère et reprend ses fonctions, ce sont encore
ces noyaux cellulaires qui, à l'instar du germe
primordial dont ils dérivent, se divisent, se
multiplient, pour reconstituer chez l'adulte les

tissus nouveaux en répétant identiquement les procédés de la formation embryonnaire.

Tous les phénomènes si variés de régénération et de synthèse organiques ont pour caractère distinctif, nous l'avons déjà dit, d'être en quelque sorte invisibles à l'extérieur. Au silence qui se fait dans un œuf en incubation on ne pourrait soupçonner l'activité qui s'y déploie et l'importance des phénomènes qui s'y accomplissent; c'est l'être nouveau qui en sortant nous dévoilera par ses manifestations vitales les merveilles de ce travail lent et caché.

Il en est de même de toutes nos fonctions; chacune a pour ainsi dire son incubation organisatrice. Quand un acte vital se produit extérieurement, ses conditions s'étaient dès longtemps rassemblées dans cette élaboration silencieuse et profonde qui prépare les causes de tous les phénomènes. Il importe de ne pas perdre de vue ces deux phases du travail physiologique. Quand on veut modifier les actions vitales, c'est dans leur évolution cachée qu'il faut les atteindre; lorsque le phénomène éclate, il est trop tard. Ici, comme partout, rien n'arrive par un brusque hasard ; les événements les plus soudains en apparence ont eu leurs causes latentes. L'objet de la science est précisément de découvrir ces causes élémentaires, afin de pouvoir les modifier et maîtriser ainsi l'apparition ultérieure des phénomènes.

En résumé, nous distinguerons dans le corps vivant deux grands groupes de phénomènes inverses : les *phénomènes fonctionnels* ou *de dépense vitale*, les *phénomènes organiques* ou *de concentration vitale*. La vie se maintient par deux ordres d'actes entièrement opposés dans leur nature : la *combustion désassimilatrice*, qui use la matière vivante dans les organes en fonction, la *synthèse assimilatrice*, qui régénère les tissus dans les organes en repos. Les agents de ces deux genres de phénomènes ne sont pas moins différents. La combustion vitale emprunte à l'extérieur l'agent général des combustions, l'oxygène, et à son défaut les *ferments* dont l'action désassimilatrice peut intervenir dans les profondeurs de l'organisme où l'air ne pénètre pas. La synthèse organisatrice au contraire possède un agent spécial, le germe proprement dit, ou les noyaux de cellules, germes secondaires qui en sont des émanations et qui se trouvent répandus dans toutes les parties élémentaires du corps vivant. Les conditions de la désassimilation fonctionnelle et celles de l'assimilation organique sont également séparées. Les mêmes agents de combustion qui usent l'édifice organique pendant la vie continuent à le détruire après la mort lorsque les phénomènes de régénération se sont éteints dans l'organisme. Il en résulte que tous les phénomènes fonctionnels accompagnés de combustion, de fermentation ou de dissociation organique, peuvent s'accomplir aussi bien au dehors qu'au dedans des corps vivants.

Grâce à cette circonstance, le physiologiste peut analyser les mécanismes vitaux à l'aide de l'expérimentation. Dans un organisme mutilé, il entretient artificiellement la respiration, la circulation, la digestion, etc., et il étudie les propriétés des tissus vivants séparés du corps. Dans ces parties disloquées, le muscle se contracte, la glande sécrète, le nerf conduit les excitations absolument comme pendant la vie;

toutefois, si les tissus isolés de l'ensemble de leurs conditions organiques peuvent s'user et fonctionner encore, ils ne peuvent plus se régénérer : c'est pourquoi leur mort définitive devient alors inévitable. Les phénomènes de rénovation organique, contrairement aux phénomènes de combustion fonctionnelle, ne peuvent se manifester que dans le corps vivant, et chacun dans un lieu spécial ; aucun artifice n'a pu jusqu'à présent suppléer à ces conditions essentielles de l'activité des germes, d'être en leur place dans l'édifice du corps vivant.

Si on se fondait sur les différences profondes que nous venons d'indiquer pour assigner dans l'économie un rôle vital indépendant à la combustion et à la régénération organique, on se tromperait grandement, car les deux ordres de phénomènes sont tellement solidaires dans l'acte de la nutrition, qu'ils ne sont pour ainsi dire distincts que dans l'esprit ; dans la nature, ils sont inséparables. Tout être vivant, animal ou végétal, ne peut manifester ses fonctions que par l'exercice simultané de la combustion vitale et de la synthèse organique. C'est sur ce terrain que devront se réunir et se concilier les écoles chimiques et anatomiques, car la solution du problème physiologique de la vie exige leur double concours[1].

IV

Nous avons poursuivi le phénomène caractéristique de la vie, la nutrition, jusque dans ses manifestations intimes; voyons quelle conclusion cette étude peut nous fournir relativement à la solution du problème tant de fois essayé de la *définition de la vie*.

Si nous voulions exprimer que toutes les fonctions vitales sont la conséquence nécessaire d'une combustion organique, nous répéterions ce que nous avons déjà énoncé : *la vie, c'est la mort*, la destruction des tissus, ou bien nous

1. Voyez Claude Bernard, *Leçons sur les phénomènes de la vie communs aux animaux et aux végétaux*. Paris, 1878.

dirions avec Buffon : la vie est un minotaure, elle dévore l'organisme.

Si au contraire nous voulions insister sur cette seconde face du phénomène de la nutrition, que la vie ne se maintient qu'à la condition d'une constante régénération des tissus, nous regarderions la vie comme une *création* exécutée au moyen d'un acte plastique et régénérateur opposé aux manifestations vitales.

Enfin, si nous voulions comprendre les deux faces du phénomène, l'organisation et la désorganisation, nous nous rapprocherions de la définition de la vie donnée par de Blainville : « La vie est un double mouvement interne de décomposition à la fois général et continu. »

Plus récemment Herbert-Spencer a proposé la définition suivante : « La vie est la combinaison définie de changements hétérogènes à la fois simultanés et successifs; » sous cette définition abstraite, le philosophe anglais veut surtout indiquer l'idée d'évolution et de succession qu'on observe dans les phénomènes vitaux.

De telles définitions, tout incomplètes qu'elles

soient, auraient au moins le mérite d'exprimer un aspect de la vie : elles ne seraient point purement verbales, comme celle de l'*Encyclopédie* : « la vie est le contraire de la mort, » ou encore celle de P. A. Béclard : « la vie est l'organisation en action, » celle de Dugès : « la vie est l'activité spéciale des êtres organisés, » ce qui revient à dire : la vie, c'est la vie.

Kant a défini la vie : « un principe intérieur d'action. »

Cette définition, qui rappelle l'idée d'Hippocrate[1], a été adoptée par Tiedemann et par d'autres physiologistes. Il n'y a en réalité pas plus de principe intérieur d'activité dans la matière vivante que dans la matière brute. Les phénomènes qui se passent dans les minéraux sont certainement sous la dépendance des conditions atmosphériques extérieures; mais il en est de même de l'activité des plantes et des animaux à sang froid. Si l'homme et les animaux à sang chaud paraissent libres et indépendants dans leurs manifestations vitales, cela tient à ce que

1. Hippocrate, *Œuvres complètes*, trad. Littré. Paris, 1840.

leur corps présente un mécanisme plus parfait
qui leur permet de produire de la chaleur en
quantité telle qu'il n'a pas besoin de l'emprunter nécessairement au milieu ambiant. En un
mot, la spontanéité de la matière vivante n'est
qu'une fausse apparence. Il y a constamment
des principes extérieurs, des stimulants étrangers qui viennent provoquer la manifestation
des propriétés d'une matière toujours également
inerte par elle-même.

Nous bornerons ici ces citations, que nous
pourrions multiplier à l'infini sans trouver une
seule définition complétement satisfaisante de
la vie. Pourquoi en est-il ainsi? C'est qu'à propos de la vie il faut distinguer le mot de la
chose elle-même. Pascal, qui a si bien connu
toutes les faiblesses et toutes les illusions de
l'esprit humain, fait remarquer qu'en réalité les
vraies définitions ne sont que des créations de
notre esprit, c'est-à-dire des *définitions de noms*
ou des conventions pour abréger le discours;
mais il reconnaît des mots primitifs que l'on
comprend sans qu'il soit besoin de les définir.

Or le mot *vie* est dans ce cas. Tout le monde s'entend quand on parle de la vie et de la mort. Il serait d'ailleurs impossible de séparer ces deux termes ou ces deux idées corrélatives, car ce qui vit, c'est ce qui mourra, ce qui est mort, c'est ce qui a vécu. Quand il s'agit d'un phénomène de la vie comme de tout phénomène de la nature, la première condition est de le connaître; la définition ne peut être donnée qu'*à posteriori*, comme conclusion résumée d'une étude préalable; mais ce n'est plus là, à proprement parler, une définition; c'est une vue, une conception. Il s'agira donc pour nous de savoir quelle conception nous devons nous former des phénomènes de la vie aujourd'hui dans l'état actuel de nos connaissances physiologiques.

Cette conception a varié nécessairement avec les époques et suivant les progrès de la science.

Au commencement de ce siècle, un physiologiste français, Le Gallois, publiait encore un volume d'expériences : *sur le Principe de la vie et sur le siége de ce principe.* On ne cherche plus maintenant le siége de la vie; on sait qu'elle réside partout dans toutes les molécules de la matière organisée. Les propriétés vitales ne sont en réalité que dans les cellules vivantes, tout le reste n'est qu'arrangement et mécanisme. Les manifestations si variées de la vie sont des expressions mille et mille fois combinées et diversifiées de propriétés organiques élémentaires fixes et invariables. Il importe donc moins de connaître l'immense variété des manifestations vitales que la nature semble ne pouvoir jamais épuiser que de déterminer rigoureusement les propriétés de tissus qui leur donnent naissance. C'est pourquoi aujourd'hui tous les efforts de la science sont dirigés vers l'étude histologique de ces infiniment petits qui recèlent le véritable secret de la vie.

Aussi loin que nous descendions aujourd'hui dans l'intimité des phénomènes propres aux êtres vivants, la question qui se présente à nous est toujours la même. C'est la question qui a été posée dès l'antiquité au début même de la science : la vie est-elle due à une puissance, à une force particulière, ou n'est-elle qu'une modalité des forces générales de la nature ? en d'autres termes, existe-t-il dans les êtres vivants une force spéciale qui soit distincte des forces physiques, chimiques ou mécaniques?

Les vitalistes se sont toujours retranchés dans l'impossibilité d'expliquer physiquement ou mécaniquement tous les phénomènes de la vie; leurs adversaires ont toujours répondu en réduisant un plus grand nombre de manifestations vitales à des explications physico-chimiques bien démontrées. Il faut avouer que ces derniers ont constamment gagné du terrain et qu'à notre époque surtout ils en gagnent chaque jour de plus en plus. Arriveront-ils ainsi à tout ramener à leurs théories et ne restera-t-il pas malgré leurs efforts un *quid proprium* de la vie qui sera irréductible? C'est le point qu'il s'agit d'examiner. En analysant avec soin tous les phénomènes vitaux dont l'explication appartient aux forces physiques et chimiques, nous refoulerons le vitalisme dans un domaine plus circonscrit et dès lors plus facile à déterminer.

Des deux ordres de phénomènes nutritifs qui constituent essentiellement la vie et qui sont l'origine de toutes ses manifestations sans exception, il en est un, celui de la destruction, de la désassimilation organique, qui rentre complétement dès maintenant dans les actions chimiques ; ces décompositions dans les êtres vivants n'ont rien de plus ou moins mystérieux que celles qui nous sont offertes par les corps inorganiques.

Quant aux phénomènes de genèse organisatrice et de génération nutritive, ils paraissent au premier abord d'une nature vitale tout à fait spéciale, irréductibles aux actions chimiques générales; mais ce n'est encore là qu'une apparence, et pour bien s'en rendre compte il faut considérer ces phénomènes sous le double aspect qu'ils présentent d'une synthèse chimique ordinaire et d'une évolution organique qui s'accomplit. En effet, la genèse vitale comprend des phénomènes de synthèse chimique arrangés, développés suivant un ordre particulier qui constitue leur évolution. Il importe de séparer les phénomènes chimiques en eux-mêmes de leur évolution, car ce sont deux choses tout à fait distinctes.

En tant qu'actions synthétiques, il est évident que ces phénomènes ne relèvent que des forces

chimiques générales ; en les examinant successivement un à un, on le démontre clairement.
Les matières calcaires qu'on rencontre dans les
coquilles des mollusques, dans les œufs des
oiseaux, dans les os des mammifères, sont bien
certainement formées selon les lois de la chimie ordinaire pendant l'évolution de l'embryon.
Les matières grasses et huileuses sont dans le
même cas, et déjà la chimie est parvenue à
reproduire artificiellement dans les laboratoires
un grand nombre de principes immédiats et
d'huiles essentielles, qui sont naturellement
l'apanage du règne animal ou végétal. De même
les matières amylacées, qui se développent dans
les animaux et qui se produisent par l'union
du carbone et de l'eau sous l'influence du soleil dans les feuilles vertes des plantes, sont
bien des phénomènes chimiques les mieux caractérisés. Si pour les matières azotées ou albu-
minoïdes les procédés de synthèse sont beaucoup plus obscurs, cela tient à ce que la chimie
organique est encore trop peu avancée ; mais
il est bien certain néanmoins que ces substances
se forment par les procédés chimiques dans les

organismes des êtres vivants. A la vérité, on peut dire que les agents des synthèses organiques, les germes et les cellules, constituent des agents tout à fait exceptionnels.

On pourrait dire de même pour les phénomènes de désorganisation que les ferments sont aussi des agents particuliers aux êtres vivants.

Je pense, quant à moi, que c'est là une loi générale et que les phénomènes chimiques dans l'organisme sont exécutés par des agents ou des procédés spéciaux; mais cela ne change rien à la nature purement chimique des phénomènes qui s'accomplissent et des produits qui en sont la conséquence.

Après avoir examiné la synthèse chimique, arrivons à l'évolution organique.

Les agents des phénomènes chimiques dans les corps vivants ne se bornent pas à produire des synthèses chimiques de matières extrêmement variées, mais ils les organisent et les approprient à l'édification morphologique de l'être nouveau Parmi ces agents de la chimie vivante, le plus puissant et le plus merveilleux est sans contredit l'œuf, la cellule pri-

mordiale qui contient le germe, principe orga-
nisateur de tout le corps. Nous n'assistons pas
à la création de l'œuf *ex nihilo*, il vient des
parents, et l'origine de sa virtualité évolutive
nous est cachée; mais chaque jour la science
remonte plus haut vers ce mystère. C'est par le
germe, et en vertu de cette sorte de puissance
évolutive qu'il possède, que s'établissent la
perpétuité des espèces et la descendance des
êtres; c'est par lui que nous comprenons les
rapports nécessaires qui existent entre les phénomènes de la nutrition et ceux du développement. Il nous explique la durée limitée de l'être
vivant, car la mort doit arriver quand la nutrition s'arrête, non parce que les aliments font
défaut, mais parce que l'enchaînement évolutif
de l'être est parvenu à son terme, et que l'impulsion cellulaire organisatrice a épuisé sa
vertu.

Le germe préside encore à l'organisation de
l'être en formant, à l'aide des matières ambiantes, la substance vivante, et en lui donnant les
caractères d'instabilité chimique qui deviennent
la cause des mouvements vitaux incessants qui

se passent en elle. Les cellules, germes secondaires, président de la même façon à l'organisation cellulaire nutritive. Il est bien évident que ce sont des actions purement chimiques; mais il est non moins clair que ces actions chimiques en vertu desquelles l'organisme s'accroît et s'édifie s'enchaînent et se succèdent en vue de ce résultat qui est l'organisation et l'accroissement de l'individu animal ou végétal. Il y a comme un dessin vital qui trace le plan de chaque être et de chaque organe, en sorte que, si, considéré isolément, chaque phénomène de l'organisme est tributaire des forces générales de la nature, pris dans leur succession et dans leur ensemble, ils paraissent révéler un lien spécial; ils semblent dirigés par quelque condition invisible dans la route qu'ils suivent, dans l'ordre qui les enchaîne. Ainsi les actions chimiques synthétiques de l'organisation et de la nutrition se manifestent comme si elles étaient dominées par une force impulsive gouvernant la matière, faisant une chimie appropriée à un but et mettant en présence les réactifs aveugles des laboratoires, à la manière du chimiste lui-

même. Cette puissance d'évolution immanente
à l'ovule qui doit reproduire un être vivant embrasse à la fois, ainsi que nous le savons déjà,
les phénomènes de génération et de nutrition;
les uns et les autres ont donc un caractère évolutif qui en est le fond et l'essence.

C'est cette puissance ou propriété évolutive
que nous nous bornons à énoncer ici qui seule
constituerait le *quid proprium* de la vie, car
il est clair que cette propriété évolutive de
l'œuf, qui produira un mammifère, un oiseau
ou un poisson, n'est ni de la physique, ni de la
chimie. Les conceptions vitalistes ne peuvent
plus aujourd'hui planer sur l'ensemble de la
physiologie. La force évolutive de l'œuf et des
cellules est donc le dernier rempart du vitalisme; mais en s'y réfugiant, il est aisé de voir
que le vitalisme se transforme en une conception métaphysique et brise le dernier lien qui
le rattache au monde physique, à la science
physiologique.

En disant que la vie est l'idée directrice ou la
force évolutive de l'être, nous exprimons simplement l'idée d'une unité dans la succession de

tous les changements morphologiques et chimiques accomplis par le germe depuis l'origine jusqu'à la fin de la vie. Notre esprit saisit cette unité comme une conception qui s'impose à lui, et il l'explique par une force; mais l'erreur serait de croire que cette force métaphysique est active à la façon d'une force physique. Cette conception ne sort pas du domaine intellectuel pour venir réagir sur les phénomènes pour l'explication desquels l'esprit l'a créée; quoique émanée du monde physique, elle n'a pas d'effet rétroactif sur lui.

En un mot, la force métaphysique évolutive par laquelle nous pouvons caractériser la vie est inutile à la science, parce qu'étant en dehors des forces physiques elle ne peut exercer aucune influence sur elles. Il faut donc ici séparer le monde métaphysique du monde physique phénoménal qui lui sert de base, mais qui n'a rien à lui emprunter. Leibniz a exprimé cette délimitation dans des paroles que nous rappelions au début de cette étude; la science la consacre aujourd'hui.

En résumé, si nous pouvons définir la vie à

l'aide d'une conception métaphysique spéciale,
il n'en reste pas moins vrai que les forces mécaniques, physiques et chimiques, sont seules
les agents effectifs de l'organisme vivant, et que
le physiologiste ne peut avoir à tenir compte
que de leur action.

Nous dirons avec Descartes : *on pense métaphy-
siquement, mais on vit et on agit physiquement.*

15 mai 1875.

LA CHALEUR ANIMALE

J'ai cherché à contrôler les expériences multiples qui ont été faites sur ce point de physiologie et je vais exposer le résultat de mes recherches[1].

Il y a dans cette question de la chaleur animale deux points. Je ne m'étendrai que sur un
seul, celui de la *topographie calorifique*.

A tour de rôle, on a placé le siége de la chaleur animale dans le poumon, dans les capillaires, dans le tissu musculaire, etc.

A mon avis, il n'existe pas de foyer unique:
la chaleur se fait partout, mais il y a des points

1. Voyez Cl. Bernard, *Leçons sur la chaleur animale,
sur les effets de la chaleur et sur la fièvre.* Paris, 1876.

où elle est plus élevée, tout en étant réglée par les lois définies.

Le premier point que l'on a discuté est celui de savoir si le sang artériel est plus chaud que le sang veineux, si le sang du cœur gauche est plus chaud que le sang du cœur droit. La théorie de Lavoisier était venue donner un solide appui à l'opinion qui défendait la température plus élevée du sang artériel. Mes recherches combattent absolument cette façon de voir, et les erreurs d'interprétation tiennent à des vices d'expérimentation.

Les méthodes et les procédés ont varié beaucoup. Voici celle que j'ai adoptée.

Je prends deux aiguilles galvano-électriques, construites d'une façon spéciale et introduites dans une sonde de gomme analogue à la vulgaire sonde chirurgicale. Cette sonde est destinée à empêcher le contact du liquide sanguin avec l'aiguille. Des observations comparées et répétées permettent d'affirmer que cette enveloppe protectrice ne gêne en rien l'exactitude de cet appareil thermométrique. Il se borne du reste à mesurer les 1/50 de degré.

Je prends un chien, auquel je découvre les artères et veines crurales, et j'introduis dans les deux vaisseaux ma sonde aiguillée. La sonde restant à l'entrée, j'ai constamment observé le résultat suivant : la température du sang artériel est plus élevée que celle du sang veineux. Aussi loin qu'on pousse la sonde dans l'artère (jusqu'à la crosse de l'aorte), la température reste invariable.

Si, au contraire, on fait remonter la sonde dans le conduit veineux, la température varie : à l'entrée de la veine, elle est au-dessous de celle du sang artériel; elle augmente progressivement, pour être égale au niveau des veines rénales et atteindre son maximum au niveau du diaphragme, au point où les veines sushépatiques s'abouchent dans la veine cave; au-dessus, elle diminue un peu, quoique restant toujours au-dessus de celle du sang artériel.

Cette différence entre les deux températures est fondamentale, et si l'on ne l'observe pas dans les vaisseaux des membres, c'est que le sang subit à la périphérie des déperditions multiples qui lui font perdre sa puissance calorique.

Au sujet de ces expériences, j'ai observé un fait intéressant.

J'avais gardé un chien sur lequel j'avais pratiqué ces recherches ; le lendemain, le chien était en proie à une fièvre des plus intenses. J'eus l'idée de rechercher si le rapport était le même dans cet état : il l'était en effet, mais avec des différences beaucoup plus prononcées.

Je lui fis prendre alors une forte dose d'opium : la température ne fut pas abaissée. Cependant à l'état normal l'opium amène un abaissement considérable de la chaleur.

Heidenhain avait observé qu'une excitation nerveuse amène un abaissement de température; si l'animal était fébricitant, la même excitation ne produisait aucune modification. Ces faits peuvent être rapprochés de mes expériences avec l'opium.

On peut tirer de ces recherches l'idée clinique suivante : c'est que la fièvre est un phénomène purement nerveux provenant des modifications, des troubles qui se passent du côté du système nerveux. Appuyé sur des investigations nom-

breuses, je crois qu'il existe des nerfs vaso-
moteurs de deux ordres, dilatateurs et con-
stricteurs. La fièvre n'est que la résultante de
modifications profondes du côté de ce système,
résultante qui a pour effet principal l'élévation
de la température.

Association française pour l'avancement des Sciences.
Session de Nantes, 20 août 1875.

LA SENSIBILITÉ

DANS LE RÈGNE ANIMAL ET DANS LE RÈGNE VÉGÉTAL

Mon but est de montrer que les plantes possèdent comme les animaux, au degré ou à la forme
près, la sensibilité, cet attribut essentiel de la vie.

Réunissant la sensibilité consciente, la sensibilité inconsciente, l'irritabilité, je crois établir, en m'appuyant de mes recherches nouvelles, que ce sont là trois expressions graduées
d'une seule et unique propriété, la *sensibilité*,
la possession de cette faculté commune démontrant l'unité fonctionnelle des êtres vivants,
depuis la plante la plus dégradée jusqu'à l'animal le plus élevé en organisation[1].

Les philosophes ne connaissent et n'admet-

---

1. Voy. Cl. Bernard, *Leçons sur les phénomènes de la
vie communs aux animaux et aux végétaux*. Paris, 1878.

tent en général que la sensibilité consciente,
celle qu'atteste le moi. C'est pour eux la modification psychique, plaisir, douleur, déterminée
par les modifications externes. Une telle définition ne s'applique guère qu'à l'homme seul,
puisqu'elle fait intervenir la conscience : le
phénomène qu'elle caractérise est sans analogue, sans pair, on pourrait dire sans signification, dès que l'on sort du sujet pensant.

Les physiologistes se placent nécessairement
à un autre point de vue. Il ne leur suffit pas
de définir, ils doivent étudier le phénomène
objectivement, sous toutes les formes qu'il revêt. Ils observent qu'au moment où un agent
modificateur vient agir sur l'homme, il ne provoque point seulement le plaisir ou la douleur,
il n'affecte pas seulement l'âme : il affecte le
corps, il détermine d'autres réactions que les
réactions psychiques, et ces réactions automatiques, loin d'être la partie accessoire du phénomène, en sont au contraire l'élément essentiel,
persistant, survivant aux autres réactions chez
l'homme même, seules saisissables chez les
autres animaux.

Le nom de *sensibilité* désigne donc, aux yeux du physiologiste, l'ensemble des modifications de toute nature, déterminées dans l'être vivant par les stimulants, ou mieux l'aptitude à répondre par ces modifications à la provocation des stimulants.

Quand l'œil, l'oreille ou les papilles de la peau subissent l'action des agents physiques, vibration lumineuse, vibration sonore, vibration calorifique ou contact, la modification physiologique qu'ils subissent, le physiologiste doit l'appeler sensibilité. La sensation n'est qu'un élément de ce complexus qui peut faire défaut, les autres subsistant.

Le musicien qui déchiffre machinalement un morceau de musique, emporté dans une distraction qui voile sa conscience, reçoit l'impression lumineuse et réagit de la même manière, au phénomène psychique près, que lorsque son attention est éveillée.

Les choses se passent de même quand les aliments pénètrent dans l'estomac et viennent irriter la membrane muqueuse qui le tapisse : l'observateur dont le regard pourrait pénétrer

jusque-là verrait, comme l'a vu le docteur
W. Beaumont, sur un Canadien dont l'estomac
était resté ouvert à la suite d'une blessure d'arme
à feu, il verrait, disons-nous, sous l'action des
aliments ou de toute substance introduite
dans la cavité, la muqueuse rougir, se tuméfier
et se couvrir d'une sécrétion particulière. Voilà
une réaction bien remarquable et bien évidente
dont le moi n'a pas connaissance.

Il en est de même pour le cœur qui réagit à
ses stimulants, sans que nous en soyons directement prévenus[1].

Il en est encore ainsi de tous les mouvements
organiques soustraits à notre connaissance et à
notre volonté.

Dans tous ces exemples, la nature des réactions vitales est variable, la propriété de réagir
est commune. En dehors du système nerveux, la
propriété de réagir, identique au fond, appartient à tous les tissus, à tous les éléments anatomiques de l'organisme. Les physiologistes,
depuis Haller et Glisson, ont désigné par le

---

1. Voy. *le Cœur*, p. 316.

nom d'*irritabilité* ce privilége commun des tissus animaux. Toutefois, bien des idées confuses ont obscurci la notion de l'irritabilité, jusqu'au jour où Bichat la présenta sous un aspect nouveau.

Bichat distinguait trois expressions de la sensibilité :

1° La *sensibilité consciente*, qui préside à la vie de relation ou aux mouvements extérieurs ;

2° La *sensibilité inconsciente*, qui se traduit par les mouvements internes ;

3° La *sensibilité insensible*, c'est-à-dire insaisissable à l'œil parce qu'elle se manifeste autrement que par des mouvements, par exemple par des actions nutritives ou trophiques.

Pour moi, me plaçant au point de vue de la conception des organismes vivants, telle que je l'ai exposée ailleurs, je considère la sensibilité comme une des propriétés fondamentales de tous les éléments organiques, de toute cellule vivante. Quand la sensibilité se traduit dans un élément isolé, nous ne lui connaissons pas d'appareils nerveux distincts ; quand elle est l'expression plus complexe de la sensibilité de divers éléments, tissus ou organes, qu'elle harmonise, elle emprunte des appareils nerveux qui se montrent eux-mêmes plus ou moins compliqués suivant la nature des phénomènes qu'ils expriment. Enfin, quand la sensibilité nous apparaît comme une réaction de l'organisme entier, elle représente le consensus vital le plus élevé, et c'est dans ce cas seulement qu'elle devient consciente dans l'homme et dans les organismes supérieurs.

A considérer les choses objectivement, on trouve donc tous les degrés et toutes les formes depuis la sensibilité consciente jusqu'à l'obscure réaction du tissu, le fait conscience qui vient compliquer le complexus sensibilité qui dépend de cette circonstance que l'irritation a porté sur une partie en relation avec le cerveau, siége du sensorium commun. En un mot, la sensibilité est la propriété de réagir d'une façon appréciable mais plus ou moins visible, sous l'influence d'une sollicitation extérieure.

Prise dans ce sens général, la sensibilité se confond avec l'irritabilité. La sensibilité proprement dite et l'irritabilité particulière du tissu ou de l'élément nerveux, comme l'irritabilité d'un tissu quelconque, peut être appelée la *sensibilité particulière de cet élément ou de ce tissu*

Toutes ces formes de la sensibilité se confondent et sont identiques. La communauté d'essence et l'identité fondamentale est démontrée par la communauté des anesthésiques de l'identité des circonstances qui la font disparaître ou l'abolissent.

C'est ainsi que la sensibilité nous apparaîtra maintenant comme la propriété la plus caractéristique et la plus générale de la vie. Tout ce qui vit sent et peut être anesthésié; tout ce qui ne sent pas ne vit pas et ne peut être anesthésié, dirons-nous [1].

La sensibilité ou irritabilité considérée ainsi comme l'attribut universel de la vie doit appartenir dès lors tout autant aux végétaux qu'aux animaux, sans quoi notre formule serait inexacte et notre généralisation illégitime.

Et en effet, les végétaux possèdent la sensi-

1. Voy. Claude Bernard, *Leçons sur les anesthésiques et sur l'asphyxie.* Paris, 1875.

bilité au même titre et aux mêmes conditions que tous les êtres animés. La diagnose exclusive de Linné : *vegetabilia crescunt et vivunt ; animalia crescunt, vivunt et sentiunt*, n'est pas exacte en ce qu'elle s'en tient aux apparences et comme à l'écorce des choses.

On sait depuis longtemps que certaines plantes réagissent quand on les touche : ainsi la sensitive ferme ses feuilles au contact des mains qui veulent les saisir.

Mais ces phénomènes étaient regardés comme tout à fait exceptionnels, et leur réalité ne passait même pas pour absolument démontrée.

La généralisation que j'ai présentée a pris un caractère tout nouveau parce qu'on connaît maintenant un véritable réactif de la vie et de la sensibilité qui permet d'en reconnaître partout avec certitude l'existence.

Ce réactif c'est l'agent anesthésique, soit l'éther, soit le chloroforme.

Tout le monde connaît l'emploi de l'éther ou du chloroforme pour suspendre momentanément la sensibilité consciente, et chacun sait que le but poursuivi est précisément la suppression de la douleur qui accompagne cette sensibilité consciente pendant les opérations chirurgicales.

On fait respirer les vapeurs d'éther ou de chloroforme qui arrivent dans les poumons, à travers les parois des vésicules pulmonaires, elles pénètrent alors dans le sang qui les conduit au contact des éléments nerveux de l'encéphale; c'est alors que le mot s'endort et avec lui la sensibilité consciente.

On ne pousse pas l'action plus loin parce qu'elle n'aurait plus aucune utilité chez le malade qu'on opère. Mais si nous éthérisons des animaux, comme des grenouilles, en continuant indéfiniment l'introduction des vapeurs d'éther, nous voyons successivement s'éteindre, après la sensibilité consciente, toutes les manifestations de la sensibilité inconsciente dans l'intestin et les glandes, et nous finissons par arrêter l'irritabilité musculaire et les agitations si vivaces des cils vibratils implantés en très-grand nombre comme les poils d'une brosse dans certaines membranes muqueuses, par exemple celle qui tapisse les voies respiratoires.

L'éther ou le chloroforme n'exercent donc pas seulement leur action sur les organes nerveux : quand on laisse leurs effets se compléter, ils agissent de la même manière en supprimant la propriété de réagir dans tous les tissus, quelle qu'en soit la nature et la forme. Il n'y a d'autre différence que celle même qui sépare l'intensité de ces diverses réactions ou le degré de leur rapidité.

Ce sont aussi des différences du même genre qui séparent les plantes des animaux, c'est-à-dire les simples différences de degré, et l'éther, comme le chloroforme, exerce sur elles une action identique à celle qu'on vient de constater chez les animaux. Soumettez aux vapeurs d'éther ou de chloroforme les feuilles d'une sensitive, et vous pourrez toucher ces feuilles sans qu'elles réagissent comme d'ordinaire : elles ne sentent plus le contact des mains (fig. 1).

Ce premier fait déjà constaté me conduisit à croire qu'on pouvait le reproduire sur les autres organes et à propos des autres fonctions des plantes ; comme on avait étendu chez les animaux l'anesthésie du cerveau, qui est le siége de la sensibilité consciente, à tous les autres tissus où résident la sensibilité inconsciente et l'irritabilité.

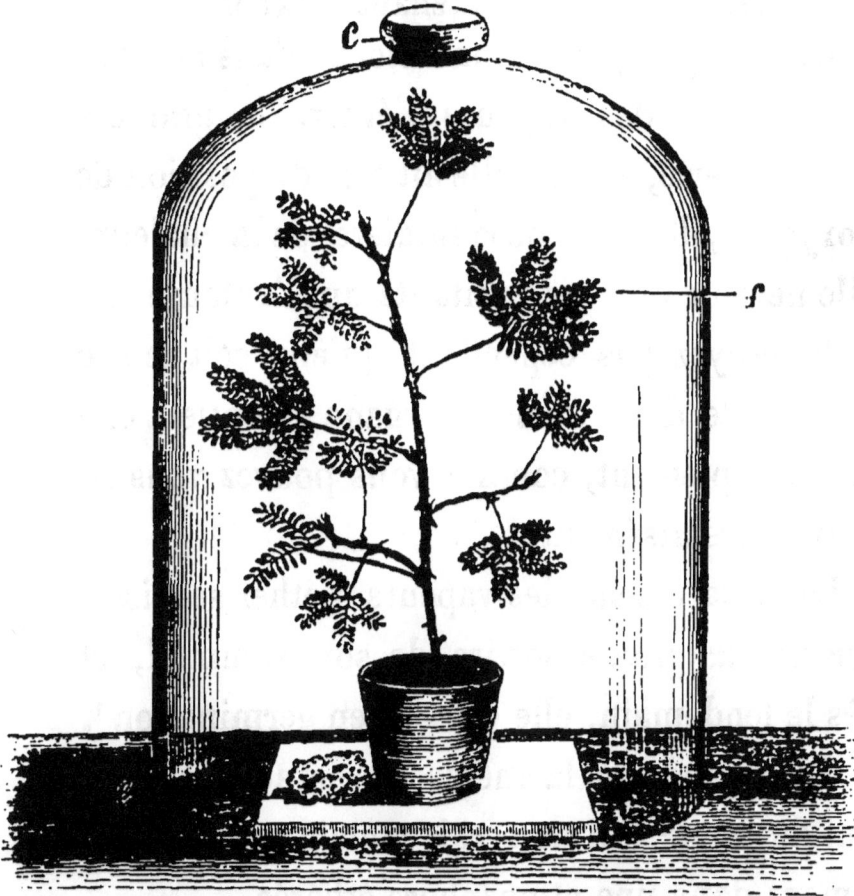

Fig. 1. Sensitive (*Mimosa pudica*) placée dans une atmosphère éthérée. — *c*, éponge imbibée d'éther [1].

Prenez une graine à germination très-rapide,

[1]. Les feuilles de la plante sont étalées, sont devenues insensibles, et ne se ferment plus quand on vient à les toucher.

comme celle de certains cressons, et placez-la
sur une éponge imbibée d'eau : le lendemain
elle aura déjà germé et poussé une tigelle et une
radicelle. Répétez maintenant l'expérience en
plaçant l'éponge sous une cloche dans laquelle
parviennent des vapeurs d'éther, la graine y
restera inerte, quoiqu'elle ait à sa disposition de
l'oxygène, de l'eau, de la lumière, de la chaleur;
elle ne sent plus les excitants qui l'entourent.

Ne croyez pas cependant qu'elle soit morte
ou atteinte dans quelque organe essentiel : elle
dort simplement, comme vous pouvez vous en
convaincre aisément.

Levez la cloche, les vapeurs d'éther se dissi-
peront, la graine sortira de son sommeil, et
dès le lendemain, elle entrera en germination [1].

On reproduira la même observation sur un
œuf de poule qui ne serait jamais couvé efficacement dans une atmosphère éthérée.

Passons maintenant à un autre phénomène
de la vie des plantes, celui qu'on appelle encore

1. Voy. *Leçons sur les phénomènes de la vie communs
aux animaux et aux végétaux.* Paris, 1878 p. 73.

improprement leur *respiration*, je veux parler de la fonction au moyen de laquelle la plante absorbe de l'acide carbonique et rejette dans l'air de l'oxygène.

Tout le monde sait que ce phénomène siégeant dans les parties vertes exige l'action de la lumière; il se produit ailleurs tout aussi bien, si ce n'est mieux, dans les feuilles des plantes aquatiques plongées sous l'eau, que dans les feuilles des plantes aériennes.

Eh bien, prenez une plante aquatique et placez-la dans un bocal que vous aurez rempli d'eau tenant en dissolution de l'éther ou du chloroforme. C'est une expérience que chacun peut répéter aisément, sans aucun appareil spécial; il suffit d'agiter dans une carafe un mélange d'eau et d'éther ou de chloroforme, puis de séparer par une simple décantation la matière en excès qui surnage au-dessus de l'eau, si c'est de l'éther, et s'accumule au fond, si c'est du chloroforme.

En plaçant alors une cloche au-dessus de la plante plongée dans l'eau anesthésique, il sera facile de constater par les moyens ordinaires qu'elle n'absorbe plus d'acide carbonique et n'émet plus d'oxygène. Elle reste cependant parfaitement verte et ne paraît pas souffrir.

Bien plus, elle respire alors à la manière des animaux, c'est-à-dire en absorbant de l'oxygène et en exhalant de l'acide carbonique. C'est là une respiration véritable, marquée auparavant par le phénomène prédominant de l'assimilation du carbone et l'exhalation d'oxygène.

Voulez-vous maintenant réveiller votre plante pour vous convaincre qu'elle vit toujours, placez-la dans une eau non éthérée, et elle recommencera à s'assimiler de l'acide carbonique et à dégager de l'oxygène sous l'influence des rayons solaires.

On peut aller plus loin encore et s'attaquer à un des phénomènes les plus intimes de la vie végétale, les *fermentations*.

La fermentation alcoolique du jus de la vigne ou du moût de la bière en offre des exemples bien connus. Ces fermentations sont produites par une sorte de petit champignon microscopique, la levûre du vin, ou la levûre de la bière.

Ce champignon décompose la matière sucrée pour s'en nourrir; il la dédouble en alcool qui reste dans la liqueur, et en acide carbonique qui, grâce à son état gazeux, peut s'échapper dans l'atmosphère.

Eh bien, plongez la levûre de bière avec une matière sucrée dans un appareil convenablement préparé, contenant de l'eau éthérée comme tout à l'heure, elle ne fermentera plus. Elle dort et ne sent plus la présence du sucre qui doit la nourrir. Quand votre conviction sera faite, retirez cette levûre, jetez-la sur un filtre pour la laver à l'eau ordinaire, et mettez-la ensuite dans une autre eau que l'éther n'a pas rendue soporifique, elle fermentera bientôt.

Mais si vous examinez la matière sucrée qui est restée avec la levûre de bière dans l'eau éthérée, vous y constaterez un phénomène singulier. Vous aviez mis du sucre de canne, vous retirez du sucre de raisin qui possède sans doute la même composition en poids, mais avec un autre groupement moléculaire.

Cette transformation bien connue est produite par un ferment inversif non organisé, qui accompagne dans la levûre de bière le ferment-champignon organisé dont nous avons seul parlé jusqu'ici. En effet, ce ferment-champignon n'est pas capable de s'assimiler le sucre de canne en nature; il faut que ce sucre soit digéré et transformé en sucre de raisin, exactement d'ailleurs comme cela se passe dans notre propre intestin. Le ferment-champignon a donc à côté de lui, dans la levûre même, une sorte de domestique donné par la nature pour opérer cette digestion à son profit, c'est le ferment inorganisé inversif. Ce ferment est soluble, ce n'est plus une plante, et comme il n'est pas organisé et qu'il n'a pas de sensibilité, il ne s'est pas endormi sous l'action de l'éther, et il a continué à remplir sa tâche, sans savoir que le sommeil de son maître le rendait pour le moment inutile.

Puisque les animaux et les plantes possèdent tous une même sensibilité révélée par l'action des anesthésiques, il faut que cette sensibilité réside dans quelque chose de matériel, dans une substance qui se trouve chez tous ces êtres.

Pour atteindre ce siége de la sensibilité, il

faut d'abord savoir que tous les tissus organiques, animaux ou végétaux, sont uniformément
composés de cellules microscopiques infiniment
petites, qui constituent le véritable siége de la
vie et des phénomènes vitaux élémentaires.

C'est là que résident en réalité toutes les propriétés qui se manifestent ensuite dans les tissus organiques, simples agglomérations de ces
individus cellulaires.

C'est dans ces cellules qu'est le siége de la
sensibilité. Il s'y trouve une matière protéique,
le *protoplasma*, qu'un naturaliste anglais,
Th. Huxley, a nommé avec raison *la base physique de la vie*[1]. Cette matière se trouve partout,
élément de la cellule dans les êtres complexes, formant à elle seule l'être tout entier, lorsque celui-
ci est réduit au dernier degré de simplicité. On
trouve de ces êtres protoplasmiques même au
fond des mers, êtres bizarres, dont on ne peut
dire s'ils sont animaux ou végétaux, car ils
n'ont aucune forme déterminée et peuvent les

---

1. Huxley, *Les sciences naturelles et les problèmes
qu'elles font surgir*. Paris, 1877, p. 167.

preudre toutes successivement. Huxley en a
trouvé, à un millier de mètres au-dessous de la
surface de l'Océan, un type fort curieux qu'il
a nommé *Bathybius Hæckelii*, et Hæckel a même
fait de ces êtres étranges un règne nouveau,
celui des *protistes*.

Ce protoplasma, qui constitue seul certains
protistes, se trouve dans toutes les cellules
animales ou végétales; sous l'influence de l'é-
ther, la cellule perd sa transparence, prend
une légère opacité comme la vapeur d'eau qui
se dépose sur un globe de verre; puis quand
l'action de l'éther a cessé, le protoplasma, sans
doute, redevient fluide, à peu près comme la
vapeur déposée sur le globe de verre à l'état vé-
siculeux lui laisse de nouveau sa transparence
en s'évaporant.

La sensibilité reparaît alors. On peut donc
croire que c'est dans cette substance primordiale protoplasmique que réside l'irritabilité ou
la sensibilité initiale de l'être. Si l'unité du
protoplasma établit l'unité physiologique des
deux règnes organiques, en leur donnant à tous
les deux un substratum de sensibilité, cela

n'empêche pas que chacun ne réagisse suivant sa nature propre, et il est bien clair que le végétal fixé au sol et dépourvu de fibres motrices ne pourra pas réagir en s'enfuyant comme la plupart des animaux.

De là les différences qui séparent les êtres si variés de la nature.

Mais ces différences ne sont pas incompatibles avec l'unité qu'on remarque dans les phénomènes fondamentanx de la vie, parmi lesquels la sensibilité doit occuper le premier rang.

Ainsi la sensibilité est en quelque sorte le point de départ de la vie ; elle est le grand phénomène initial d'où dérivent tous les autres, aussi bien dans l'ordre physiologique que dans l'ordre intellectuel et moral.

Association française pour l'avancement des Sciences.
Session de Clermont-Ferrand. 1876.

ÉTUDES PHYSIOLOGIQUES

SUR QUELQUES POISONS AMÉRICAINS

LE CURARE

I

Les poisons peuvent être employés comme agents de destruction de la vie ou comme moyens de guérison des maladies ; mais, outre ces deux usages bien connus de tout le monde, il en est un troisième qui intéresse particulièrement le physiologiste. Pour lui, le poison devient un instrument qui dissocie et analyse les phénomènes les plus délicats de la machine vivante, et, en étudiant attentivement le mécanisme de la mort dans les divers empoisonnements, il s'instruit par voie indirecte sur le mécanisme physiologique de la vie. Telle est la manière dont j'ai envisagé depuis longtemps l'action des substances toxiques[1], et suivant laquelle je voudrais considérer ici les effets singuliers produits par quelques poisons américains encore peu connus.

Je commencerai ces études physiologiques par l'histoire du *curare*, le premier de ces poisons qu'il m'a été donné de soumettre à des investigations expérimentales.

Le curare[2] est une substance dont se servent certaines peuplades sauvages de l'Amérique du Sud pour empoisonner leurs flèches, d'où le nom de *poison de flèches* qui lui a aussi été donné. Toutefois, la dénomination de poison de flèches comprenant des agents vénéneux très-divers, nous conserverons le nom de *curare*, généralement admis en Europe, pour désigner un poison américain qui est décrit dans les ré-

---

1. Voy. mes *Leçons sur les effets des substances toxiques et médicamenteuses*. Paris, 1856.

2. Encore nommé *woorara, voorara, worari, wourari, wouraru, wurali, urari, ourari, ourary*, etc., ou simplement *veneno*.

cits des voyageurs, et qui se caractérise d'ailleurs par ses effets physiologiques, ainsi qu'on le verra plus loin.

Le curare est connu depuis la découverte de la Guyane par Walter Raleigh, en 1595. Raleigh, le premier, rapporta ce poison en Europe, sur des flèches empoisonnées, sous le nom de *curari*.

Beaucoup d'anciens voyageurs ont jugé à propos d'orner l'histoire du curare d'une foule de récits plus ou moins fabuleux, que nous devons passer sous silence pour ne nous arrêter qu'aux renseignements qui ont un caractère scientifique.

Dans un voyage fait en Amérique de 1799 à 1804, M. de Humboldt a pu assister à la fabrication du curare. C'est une sorte de fête comparable à celle des vendanges, *la fiesta de las juvias.* Les sauvages vont chercher dans les forêts les lianes du venin (*juvias*), après quoi ils font fête et s'enivrent avec de grandes quantités de boissons fermentées que les femmes préparent en leur absence. « Pendant deux jours, dit M. de Humboldt, on ne rencontre que des hommes ivres... » Lorsque tout dort dans l'ivresse, le maître du curare, qui est en même temps le sorcier et le médecin de la tribu, se retire seul, broie les lianes, en fait cuire le suc et prépare le poison. D'après ce qu'il a vu, M. de Humboldt admet que la composition du curare est exclusivement végétale, et que la propriété vénéneuse qu'il renferme est due à une plante de la famille des strychnées.

MM. Boussingault et Roulin, qui ont visité l'Amérique du Sud vingt-cinq ans plus tard, ont émis la même opinion.

Mais Ch. Watterton, qui parcourut en 1812 les contrées de Démérary et d'Essequibo, fait entrer dans la préparation du curare, outre les substances végétales, des fourmis venimeuses de deux espèces et des crochets de serpents broyés.

De même M. Goudot, qui a habité le Brésil pendant dix années, regarde le suc de liane épaissi comme jouant simplement le rôle d'un excipient dans lequel on introduit ensuite du venin de serpent. A son retour en France en 1844, il a remis à M. Pelouze, qui me l'a communiquée, une note sur la préparation du curare, que je crois utile de transcrire ici.

« Le curare est préparé par quelques-unes des tribus les plus reculées qui habitent les forêts qui bornent le Haut-Orénoque, le Rio-Negro et l'Amazone, et qui, toutes ou presque toutes, sont anthropophages....

« La manière de préparer le curare varie dans chacune des tribus où il se fabrique, et celui qui est réputé le plus actif vient des nations voisines de l'empire du Brésil.

« Le procédé employé par les Indiens du Mesaya, qui ne sont éloignés que de vingt journées de la frontière de la Nouvelle-Grenade, est le seul à peu près connu, et encore ne l'est-il que très-imparfaitement, car ces Indiens en font un grand secret, et il n'y a que leurs devins qui aient l'art de le préparer.

« Ces hommes, qui sont en même temps les prêtres et les médecins ou guérisseurs de sorts, emploient pour la préparation du poison une liane nommée *curari*, d'où le nom de *curare* donné au poison. Cette liane, coupée en tronçons et broyée, donne un suc laiteux abondant et très-âcre. Les tronçons écrasés sont mis en macération dans de l'eau pendant quarante-huit heures, puis on exprime et on filtre soigneusement le liquide, qui est soumis à une lente évaporation jusqu'à concentration convenable. Alors on le répartit dans plusieurs petits vases de terre (figure 2), qui sont eux-mêmes

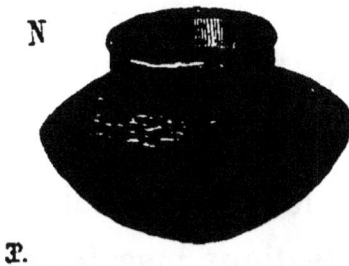

Fig. 2. Pot dans lequel s'opère la concentration du curare.

placés sur des cendres chaudes, et l'évaporation se continue avec plus de soin encore.

« Lorsque le poison est arrivé à la consistance d'extrait mou, on y laisse tomber quelques gouttes de venin recueilli dans les vésicules des serpents les plus venimeux, et l'opération se trouve achevée lorsque l'extrait est parfaitement sec. »

Dans la relation d'une *Expédition dans les parties centrales de l'Amérique du Sud,* faite de

1843 à 1847 sous la direction de M. F. de Castelnau, il est encore fait mention de la composition du curare. Les auteurs de cette relation reviennent à l'opinion de MM. de Humboldt, Boussingault et Roulin, savoir que le curare est un poison végétal ; mais ils assurent en outre que les Indiens ne mettent aucun secret dans cette préparation.

Enfin le dernier voyageur qui, à ma connaissance, ait écrit sur le curare, M. Émile Carrey, met tout le monde d'accord. Suivant lui, chez toutes les tribus, le curare aurait pour base un poison végétal identique : seulement il est des Indiens qui préparent le curare sans mystère et en y employant simplement les plantes actives, tandis que d'autres y ajoutent des substances plus ou moins singulières et entourent la fabrication de pratiques plus ou moins bizarres ; mais ce serait par superstition ou par pur charlatanisme que les *maîtres du curare* de certaines tribus en agiraient ainsi, afin d'augmenter le prestige de leur puissance ou de cacher la composition du poison aux étrangers.

Les Indiens se servent du curare pour em-

F

L

K

B

Fig. 3. Flèche
de chasse [1].

Fig. 4. Flèches de guerre [2].

1. Le dard est mobile.

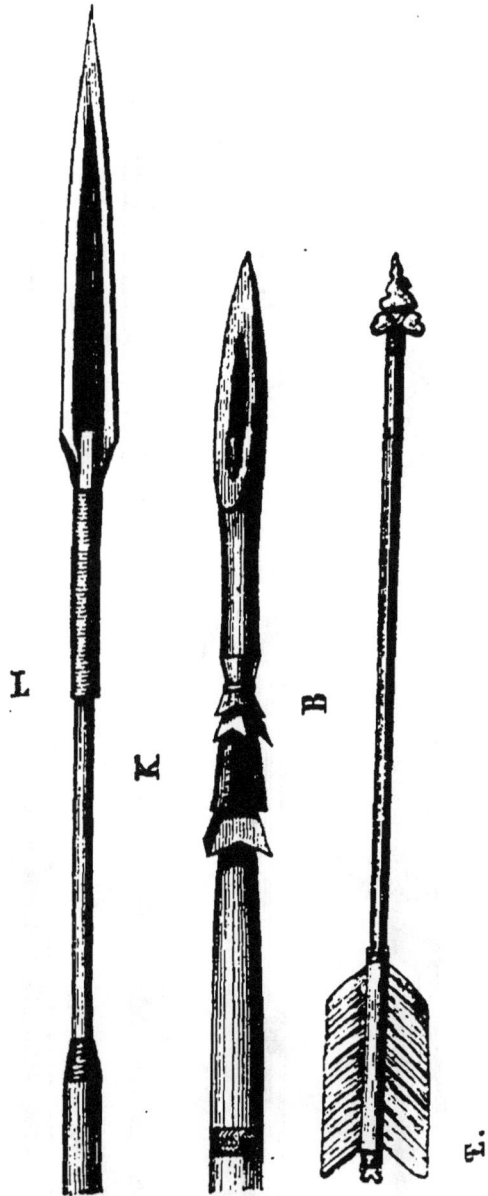

2. L, K, flèches taillées dans les os d'animaux; B, flèche
dont la pointe est formée d'une lame de silex.

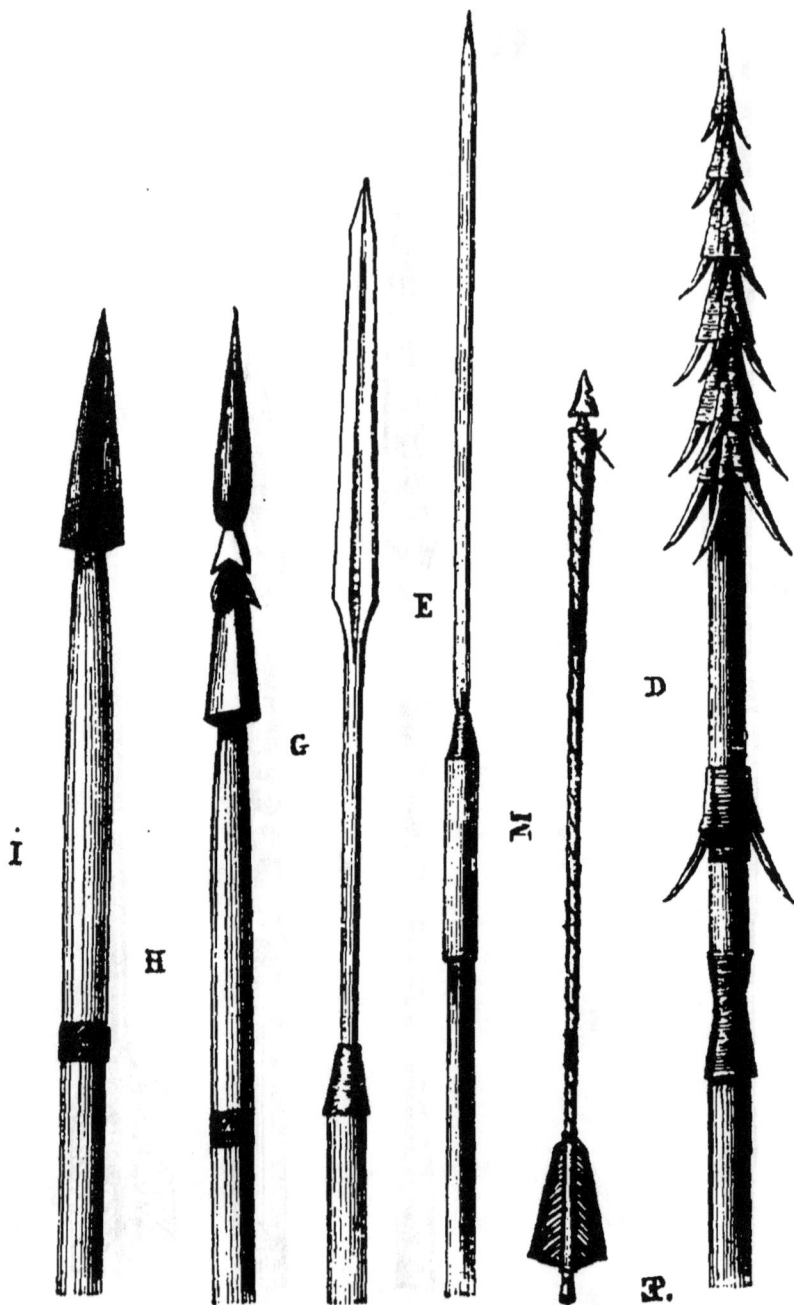

Fig. 5. Flèches de guerre¹.

1. E, H, G, I, M, flèches dont l'extrémité est taillée dans du bois très-dur ; D, flèche apportée de Polynésie : autour de la flèche en bois de fer sont fixées, en sens inverse, des épines qui empêchent de retirer l'arme de la blessure.

poisonner leurs flèches de chasse ou leurs flèches de guerre.

Les flèches de chasse (fig. 3), destinées à être
lancées au moyen d'un arc, sont pourvues d'un
dard mobile; celles qui doivent être lancées au
moyen d'une sarbacane sont très-petites, et ne
forment en quelque sorte qu'un simple dard en
bois de fer très-effilé et muni d'une pointe très-
aiguë qui porte le poison.

Les flèches de guerre (fig. 4 et 5) ont un dard
fixe très-acéré, formé par des os d'animaux ou
par du bois très-dur; quelquefois le dard est
garni d'épines disposées en sens inverse, de
manière à empêcher le trait de sortir de la blessure.

Outre ces armes toutes préparées, les Indiens
ont encore leur provision de curare, qu'ils tiennent renfermée dans des petits pots de terre
cuite ou dans des calebasses.

Le poison américain nous parvient en Europe sous ces trois formes. On ne peut se le
procurer que par l'entremise des voyageurs; il
n'existe pas dans le commerce européen, et les
Indiens en font l'objet d'un échange, soit entre

eux, soit avec les étrangers. « Les Indiens de Mesaya, dit M. Goudot, une des tribus les plus féroces, préparent le curare et en font un commerce d'échange avec les habitants de la frontière de la Nouvelle-Grenade, qui, bravant les fièvres et les dangers de toute espèce, se hasardent à pénétrer jusqu'au fond des forêts qu'ils habitent, et leur portent des haches, des couteaux, des ciseaux, des aiguilles et quelques étoffes de coton grossier. Ils reçoivent en payement du poison, de la cire d'abeilles presque aussi blanche que celle de Cuba, des fécules colorantes et du vernis qui peut être comparé à celui du Japon. »

Le curare contenu dans les petits pots de terre cuite et dans les calebasses est un extrait noir à cassure brillante, présentant assez bien l'aspect de l'extrait du jus de réglisse noir de nos droguistes.

Le principe actif du poison est soluble dans l'eau, dans le sang et dans toutes les humeurs animales; mais il est mélangé de beaucoup d'impuretés qui restent en suspension dans le liquide, et où le microscope fait reconnaître en grande partie des débris de végétaux. Le vrai curare paraît conserver son activité d'une manière indéfinie, même à l'état de solution dans l'eau. J'en conserve ainsi depuis plus de dix ans qui semble n'avoir rien perdu sensiblement de ses propriétés toxiques, bien qu'il se soit produit des moisissures en grande quantité à la surface du liquide. Comme l'eau, le sang et les humeurs animales, l'alcool dissout le venin curarique; l'éther et l'essence de térébenthine au contraire le précipitent. MM. Boussingault et Roulin ont préparé, sous le nom de *curarine*, le principe actif du curare. Toutefois le corps qu'ils ont obtenu n'est point cristallisable et défini; la curarine est une substance d'apparence cornée, très-hygrométrique, très-soluble dans l'eau et dans l'alcool.

Les caractères qui viennent d'être indiqués, de même que l'inaltérabilité du curare à l'ébullition et aux agents chimiques, ne sauraient permettre aucune induction sur la nature animale ou végétale du poison. En effet, c'est par erreur que l'on a cru jusqu'ici que tous les agents toxiques animaux se distinguaient des agents

toxiques végétaux par une altérabilité plus
grande; le venin de crapaud, par exemple, résiste à l'ébullition et se dissout dans l'alcool
et l'éther. Il faudrait donc, pour résoudre la
question de la composition du curare, saisir sur
place l'agent réellement actif et le débarrasser
de tous les ingrédients inutiles. Jusqu'ici les
voyageurs, il est vrai, nous ont fourni le curare,
mais avec lui ils ne nous ont rapporté que des
récits et des descriptions contradictoires de
procédés de préparation. Aucun n'a essayé sur
les lieux d'expérimenter par lui-même, pour
savoir quelle était réellement la plante vénéneuse qui le constituait, afin de la caractériser et de la rapporter en Europe.

Le curare, à l'égal de beaucoup d'autres poisons énergiques, entrera certainement dans le
domaine de la médecine; mais il serait nécessaire pour cela d'en connaître exactement la
composition dans un temps assez rapproché.
En effet, M. Émile Carrey nous apprend, dans
l'intéressante relation de son voyage, que beaucoup de peuplades indiennes ont déjà renoncé
à l'arme empoisonnée de l'homme primitif pour

la remplacer par l'arme à feu de l'homme civi-
lisé. Les flèches empoisonnées et le curare ne
se trouvent plus aujourd'hui que chez les tribus les plus farouches de l'Amérique du Sud,
et il pourrait bien se faire que d'ici à un demi-
siècle l'usage de ce poison et les procédés de
préparation fussent complétement perdus.

Quant à son action sur les êtres vivants, le
curare a toujours été représenté comme un poison violent dès qu'on l'introduit en contact avec
le sang au moyen d'une plaie, mais inoffensif
lorsqu'il est avalé et déposé dans les voies digestives. Les chairs des animaux tués par le
curare sont en effet bonnes à manger et ne déterminent aucun accident.

On a dit que le curare était un poison aussi
bien pour les végétaux que pour les animaux;
cela est inexact. D'autres ont admis, sur la foi
des récits, que les exhalaisons de curare sont
vénéneuses. Vers le milieu du siècle dernier,
La Condamine racontait que la cuisson du poison était confiée à une vieille femme : si cette
femme mourait, le curare était jugé de bonne
qualité; si elle ne mourait pas, on la battait de

verges. M. Émile Carrey, avec sa verve naturelle, nous a décrit des pratiques analogues dont il avait entendu parler.

Comme on le voit, l'esprit s'est plu à entourer de merveilleux l'histoire de ce poison, dont l'origine et l'action étaient mal connues. Ici notre tâche sera de dépouiller les faits de toutes les interprétations mystérieuses pour n'admettre que ce que l'expérience nous prouvera directement; mais peut-être trouvera-t-on qu'on n'y aura rien perdu, et que les vérités scientifiques, quand nous pouvons les entrevoir, ne sont pas moins merveilleuses que les créations romanesques de notre imagination.

II

En 1844, je reçus de M. Pelouze des flèches empoisonnées ainsi que du curare qui avait été acheté par M. Goudot chez les Indiens Andaquies au mois d'août 1842.

En 1848, un jeune Brésilien qui suivait mes cours, le docteur Edwards, me donna du curare que l'on retira d'une calebasse en l'exposant à la chaleur pour ramollir et extraire le poison qui en tapissait les parois.

Plus tard, j'ai expérimenté avec du curare qui nous avait été rapporté à M. Magendie et à moi par M. Émile Carrey, et qui provenait des bords de l'Amazone, avec du curare du Venezuela que m'avait remis M. Rayer, et avec du curare de Para dont M. Boussingault m'avait fait part.

J'ai constaté pour tous ces curares de diverses provenances des effets toxiques tout à fait semblables, sauf peut-être des nuances dans l'intensité du poison qu'il serait difficile de bien caractériser.

Un des faits qui paraît avoir le plus frappé tous ceux qui ont parlé du curare est l'innocuité de ce poison dans les voies digestives. Les Indiens, en effet, se servent du curare comme poison sous la peau et comme médicament dans l'estomac. J'ai entendu souvent raconter à M. Boussingault qu'il avait connu dans son voyage en Amérique un général colombien atteint d'épilepsie, qui, pour éviter les accès de sa terrible maladie, avalait des pilules assez volumineuses de curare. Les expériences sur les animaux ont confirmé les observations faites sur l'homme. On peut mélanger aux aliments d'un chien ou d'un lapin du curare en quantité beaucoup plus considérable qu'il ne serait nécessaire pour l'empoisonner par une plaie, et cela sans que l'animal en éprouve aucun inconvénient.

Toutefois il ne faudrait pas croire qu'il y ait là une propriété merveilleuse particulière au curare. C'est une simple question de dose et de rapidité de l'absorption.

Je me suis assuré par des expériences nombreuses que chez les jeunes animaux à jeun (mammifères et oiseaux), lorsque l'absorption intestinale est devenue plus active, le curare ne peut plus être aussi impunément introduit dans l'estomac, de sorte que cela se réduit simplement à dire qu'il faut des quantités beaucoup plus grandes de curare pour agir par les voies digestives que par une piqûre sous-cutanée.

C'est un cas commun, à des degrés divers, à beaucoup d'autres substances toxiques et médicamenteuses ; la différence s'explique physiologiquement par la propriété que présentent les substances non cristalloïdes d'être absorbées très-lentement à la surface des membranes muqueuses.

Mais nous n'avons pas à nous arrêter à ces particularités qui concerneraient l'histoire thérapeutique du curare : je me hâte d'arriver à l'empoisonnement par piqûre, qui fait pénétrer rapidement le venin dans le sang, et amène la mort avec un cortége de symptômes particuliers que nous avons pour objet d'examiner et d'expliquer dans cette étude.

Le curare, introduit dans les tissus vivants à l'aide d'une flèche ou d'un instrument empoisonné, détermine la mort d'autant plus rapidement que le venin pénètre plus vite dans le sang. C'est pourquoi la mort est plus prompte quand on emploie une solution de curare au lieu de poison sec. Le degré de vitalité des animaux et la rapidité de la circulation qui en est la conséquence agissent dans le même sens.

C'est ce qui fait que les animaux vigoureux sont plus faciles à empoisonner que les animaux languissants, et que, toutes choses égales d'ailleurs (taille de l'animal, dose du poison), les animaux à sang chaud meurent plus vite que les animaux à sang froid, et parmi les premiers les oiseaux plus vite que les mammifères.

La plaie empoisonnée par le curare n'est le siége d'aucune douleur ni d'aucune irritation particulière, le venin ne possède par lui-même aucune propriété caustique, de sorte que si la piqûre a été rapide, l'animal est empoisonné sans s'en apercevoir.

M. Boussingault m'a dit que, lorsque les Indiens blessent des oiseaux à la chasse avec les petites flèches qu'ils lancent à l'aide d'une sarbacane, et dont la pointe est acérée comme celle d'une aiguille, il arrive souvent que l'animal ne sent pas la blessure et qu'il meurt sur place en une minute ou deux.

Il n'en est pas ainsi quand on emploie de plus grandes flèches sur des animaux qui fuient; néanmoins la paralysie due à l'action du poison arrive assez vite pour que l'animal s'arrête et

n'échappe jamais au chasseur. Watterton raconte qu'en traversant les terres qui séparent
l'Essequibo du Démérary, lui et ses compa-
gnons rencontrèrent une troupe. de sangliers.
Un Indien banda son arc et frappa l'un d'eux
d'une flèche empoisonnée; elle entra dans la
mâchoire et se rompit. Le sanglier fut trouvé
mort à cent soixante-dix pas du lieu où il avait
été frappé, et leur fournit un souper succulent.

Les symptômes de la mort par le curare
offrent un aspect caractéristique sur lequel
s'accordent tous les observateurs.

On ne pourrait guère constater ces symptômes chez les petits oiseaux, dont la mort a
lieu parfois en quelques secondes; mais chez
les oiseaux plus gros, chez les mammifères
et chez les animaux à sang froid, la mort arrive
dans un espace de temps qui varie en général
entre cinq et douze minutes quand on a employé un excès de poison. Je rapporterai seulement trois ou quatre exemples; ils seront
l'expression exacte de ce que j'ai toujours vu
se reproduire dans les expériences en quelque

sorte innombrables que j'ai répétées depuis vingt ans.

A l'aide d'une petite flèche empoisonnée, j'ai fait sur le dos d'un lapin une piqûre si peu douloureuse qu'il n'en a pas pour cela interrompu son repas; mais après deux ou trois minutes l'animal a cessé de manger et est allé se placer dans un coin du laboratoire : il s'est tapi contre le mur et a baissé ses oreilles sur son dos, comme s'il eût voulu dormir. Puis il est resté parfaitement tranquille et peu à peu s'est affaissé; ses jambes ont d'abord cédé en même temps que la tête a fléchi; enfin il est tombé sur le flanc complétement paralysé. Après six minutes, à partir du moment de la piqûre, l'animal était mort, c'est-à-dire que la respiration avait cessé.

Un jeune chien piqué à la cuisse avec un instrument empoisonné s'aperçut à peine de sa blessure; il courait et sautait comme de coutume, mais au bout de trois ou quatre minutes l'animal se coucha sur le ventre comme s'il eût été fatigué; il avait conservé toute son intelligence et ne semblait nullement souffrir; seulement il répugnait au mouvement. Bientôt le chien posa sa tête par terre entre ses deux jambes de devant, comme s'il eût été encore plus fatigué et qu'il eût voulu s'endormir. Cependant ses yeux restaient toujours ouverts et tranquilles en même temps que son corps s'affaissait sur lui-même; l'animal était alors complétement paralysé. Bientôt les yeux devinrent ternes, les mouvements respiratoires cessèrent, et l'animal était mort huit minutes après la piqûre empoisonnée.

Les grenouilles, les crapauds et les couleuvres meurent avec des symptômes semblables.

Les animaux ne manifestent aucune agitation ni aucune expression de douleur. Ils sont pris d'une paralysie progressive qui éteint successivement toutes les fonctions vitales. C'est là le caractère particulier de la mort par le curare.

Dans tous les genres de mort que l'on connaît, il y a toujours vers l'agonie des convulsions, des cris ou des râles indiquant une souffrance et une sorte de lutte entre la vie et la mort.

Dans la mort par le curare, rien de pareil; il n'y a pas d'agonie, la vie paraît s'éteindre.

Tous les voyageurs qui ont vu périr des animaux par le curare décrivent la mort avec des symptômes pareils à ceux que nous venons d'indiquer. « La mort arrive, dit M. Carrey, comme si un fluide vital s'écoulait. » Watterton, qui nous a donné le plus de détails sur les effets du curare raconte que lorsqu'un oiseau est blessé à la chasse par une flèche empoisonnée, il reste environ trois minutes avant de tomber, mais que sa chute n'est précédée par aucun signe de douleur, qu'il y a seulement une sorte de stupeur qui se manifeste par une répugnance apparente au mouvement.

« Ayant empoisonné, dit-il, une jeune poule pleine de vie au moyen d'une piqûre faite à la cuisse avec une flèche empoisonnée, la poule n'en parut nullement incommodée. Pendant la première minute, elle marcha tranquillement; pendant la deuxième minute, elle resta calme et becqueta la terre. Moins d'une demi-minute après, elle ouvrit et ferma souvent le bec; sa queue était abaissée, et ses ailes tombaient presque à terre. A la fin de la troisième minute, elle était courbée, ne pouvant plus soutenir sa tête, qui tombait, se relevait, et chaque fois tombait plus bas, comme celle d'un voyageur fatigué qui sommeille debout; ses yeux s'ouvraient et se fermaient. Au bout de cinq minutes, la poule était morte. »

Dans un autre exemple, il s'agit d'un paresseux dont la vie céda sans le moindre combat apparent, sans un cri ni un gémissement. C'était un aï ou paresseux à trois doigts; il appartenait à un naturaliste qui, voulant le tuer pour conserver sa peau, avait eu recours au curare. L'aï fut blessé à la jambe et mis sur le plancher, à peu de distance d'une table. Il s'efforça d'en atteindre le pied et s'y accrocha, comme s'il eût voulu monter; mais ce furent ses derniers efforts : sa vie s'éteignit rapidement, quoique graduellement.... D'abord une de ses jambes de devant lâcha prise et tomba de côté, incapable de se mouvoir; l'autre fit bientôt de même. Les membres antérieurs ayant perdu toute force, le paresseux se coucha lentement et mit sa tête entre ses jambes de derrière, qui tenaient encore à la table; mais lorsqu'elles furent atteintes à leur tour, il tomba à terre si doucement qu'on n'eût pas pu distinguer cette chute d'un mouvement ordinaire. Si l'on avait ignoré la circonstance de sa blessure, on n'eût jamais pensé qu'il succombait. La bouche était fermée; on n'y voyait ni écume, ni salive. On n'observa ni tressaillement, ni altération visible de la respiration. Au bout de dix minutes, il fit un léger mouvement, et une minute après il était mort. « En un mot, dit Watterton, depuis le moment où l'action du poison commença à se montrer chez le paresseux, on aurait cru que le sommeil l'accablait. »

Watterton nous donne encore le récit de la mort d'un homme empoisonné par le curare.

Deux Indiens couraient la forêt pour chercher du gibier. L'un d'eux prit une flèche empoisonnée et la lança sur un singe rouge qui était au-dessus de lui, dans un arbre. Le coup était presque perpendiculaire. La flèche manqua le singe, et en retombant frappa l'Indien au bras, un peu au-dessus du coude. Il fut convaincu que tout était fini pour lui. « Jamais, dit-il à son camarade d'une voix entrecoupée et regardant son arc pendant qu'il parlait, jamais je ne ban-

derai plus cet arc. » Ayant dit ces mots, il ôta
la petite boîte de bambou contenant le poison
qui était suspendue à son épaule, et, l'ayant
mise à terre avec son arc et ses flèches, il s'é-
tendit auprès, dit adieu à son compagnon et
cessa de parler pour toujours. « Ce sera une
consolation pour les âmes compatissantes, remarque ailleurs Watterton, de savoir que la
victime n'a pas souffert, car le *wourali* détruit
doucement la vie. »

Ainsi toutes les descriptions nous offrent un
tableau doux et tranquille de la mort par le
curare. Un simple sommeil paraît être la tran-
sition de la vie à la mort. Cependant il n'en
est rien; l'apparence extérieure est trompeuse.
Cette étude sera donc propre à montrer combien
nous pouvons être dans l'erreur relativement à
l'interprétation des phénomènes naturels, tant
que la science ne nous en a pas appris la cause
et dévoilé le mécanisme. Si en effet, abordant
maintenant la partie essentielle de notre sujet,
nous entrons, au moyen de l'expérimentation,
dans l'analyse organique de l'extinction vitale,
nous verrons que cette mort, qui nous paraît

survenir d'une manière si calme et si exempte
de douleur, est au contraire accompagnée des
souffrances les plus atroces que l'imagination
de l'homme puisse concevoir.

III

Le corps d'un animal vivant est un assem-
blage admirable de particules, qui sont d'autant plus délicates et plus variées dans leurs
propriétés physiologiques, que l'être occupe un
rang plus élevé dans l'échelle de l'organisation.
Or, il importe, pour la clarté de notre sujet,
que nous descendions un instant dans cette machine vivante qui va devenir le théâtre des actions délétères que nous nous proposons de définir et d'expliquer.

Les manifestations vitales que nous aperce-
vons au dehors ont une cause intérieure, cachée
à nos regards. Elles ne sont toutes que des ré-

sultantes de l'action réciproque et simultanée
d'un grand nombre de particules organiques
élémentaires, de même que dans la nature
brute les phénomènes ne sont aussi que des
résultantes complexes des propriétés des corps
simples inorganiques. C'est donc dans les éléments organiques, c'est-à-dire dans les parties
les plus déliées de l'organisme, que siégent les
conditions intimes de la vie et de la mort. Le
poison n'envahit jamais l'organisme d'emblée
et dans sa totalité; mais il porte son action
toxique et paralysante sur un élément organique essentiel à la vie. Ensuite il amène la dislocation de l'édifice vital par un mécanisme qui
variera en raison de l'élément primitivement
atteint, de la nature et de l'importance de ses
rapports physiologiques avec l'ensemble des
phénomènes de la vie.

La chimie connaît aujourd'hui soixante-dix
corps simples environ, dont seize seulement
entrent dans la composition de l'organisme
vivant le plus compliqué, qui est celui de
l'homme; mais ce n'est point en leur qualité
de corps chimiquement simples que ces sub-

stances viennent agir ici : elles se sont préalablement combinées et groupées sous l'influence
de la force vitale, pour constituer les particules
les plus ténues de notre organisme. Ces particules, bien que complexes chimiquement, sont
élémentaires au point de vue physiologique en
ce sens qu'elles sont douées de propriétés vitales
simples et définies qui ne persistent pas après
la division ou l'altération de l'élément. Telle
est en quelques mots l'idée qu'on doit se faire
des parties microscopiques de notre corps, auxquelles il convient de donner le nom d'*éléments
anatomiques* ou peut-être mieux celui d'*organismes élémentaires.* En effet, les éléments
anatomiques sont de véritables organismes élémentaires, et ce sont ces organismes élémentaires qui, par leur réunion et leurs groupe-
ments, sont ensuite appelés à constituer un
organisme total d'autant plus complexe et d'autant plus élevé dans l'organisation que la variété physiologique de ses éléments se montre
plus grande. Nous pouvons donc considérer
que notre corps est composé par des millions de
milliards de petits êtres ou individus vivants et

d'espèce différente. Il en est qui sont libres comme les globules du sang; mais la plupart sont unis et soudés. Les éléments de même espèce se réunissent pour constituer nos tissus, et nos tissus se mélangent pour former nos organes; les éléments d'espèce différente se soudent entre eux afin de pouvoir réagir les uns sur les autres et concourir avec harmonie à un même but physiologique. Néanmoins, dans toutes ces réunions ou soudures, aucun élément ne se confond avec son voisin; ils s'unissent et restent distincts comme des hommes qui se donneraient la main. Chaque espèce d'éléments représente ainsi une véritable espèce d'individus qui dépend d'un tout auquel il est associé, mais qui a toujours son indépendance et sa vie propre, qui a sa manière particulière de se nourrir et d'être excité, qui a ses poisons spéciaux et sa manière spéciale de mourir. Enfin, comme on peut le dire d'un seul mot, chaque élément a son *autonomie*, mais autonomie inconsciente et enchaînée par un déterminisme absolu aux conditions physico-chimiques du milieu organique intérieur.

A part les éléments organiques qu'on peut appeler *passifs*, parce que, par leur réunion, ils constituent la charpente osseuse du corps, ainsi que tous les *tissus conjonctifs* qui donnent la solidité, l'élasticité et la cohésion à nos organes, il existe deux autres classes d'éléments organiques qui nous manifestent une activité constante et nécessaire.

Dans la première classe, nous placerons tous les éléments organiques qui, sous la forme de vésicules ou de cellules soit libres, soit fixées ou agglomérées, constituent les tissus *glandulaires*, *muqueux* et *épithéliaux*. Les propriétés de ces éléments groupés en tissus se manifestent plus particulièrement dans l'accomplissement des phénomènes de la vie nutritive.

Nous placerons dans la seconde classe les éléments organiques qui, généralement sous la forme de fibres ou de tubes réunis ou soudés les uns aux autres, constituent les tissus *musculaires* et *nerveux*. En raison de leurs propriétés, ces derniers éléments président aux fonctions de sensibilité et de mouvement qui sont

propres aux animaux et constituent les manifestations les plus élevées des êtres vivants.

L'objet de la physiologie générale est d'analyser chaque fonction et chaque acte de l'économie, afin de les ramener à leur élément organique.

Le phénomène de la respiration, malgré ses
variétés apparentes, se réduit finalement pour
tous les animaux à la propriété de l'élément ou
globule sanguin qui, au contact de l'air, absorbe l'oxygène et exhale l'acide carbonique.

La digestion, avec les sécrétions qui y con-
courent, se ramène à l'élément glandulaire ou
épithélial, qui, sous l'influence de certains excitants déterminés, laisse suinter un liquide
qu'il a la propriété de préparer et d'accumuler
en lui.

De même, quand nous voyons apparaître
dans un animal un phénomène de sensibilité ou
de mouvement, nous devons nous reporter par
l'analyse physiologique aux propriétés des fibres
nerveuses et musculaires qui constituent ses
conditions élémentaires.

La fibre musculaire (fig. 6) représente un

tube microscopique à parois élastiques; ce tube
est rempli d'une substance contractile, c'est-à-
dire d'une matière qui, pendant la vie, jouit de
la propriété de se contracter sous l'influence

Fig. 6. Fibres musculaires [1].

nerveuse de façon à raccourcir le tube musculaire et à entraîner dans son mouvement les parties auxquelles il est fixé.

Nous trouvons dans le système nerveux des
éléments producteurs et conducteurs, les uns

1. Fort grossies au microscope (d'après Dalton).

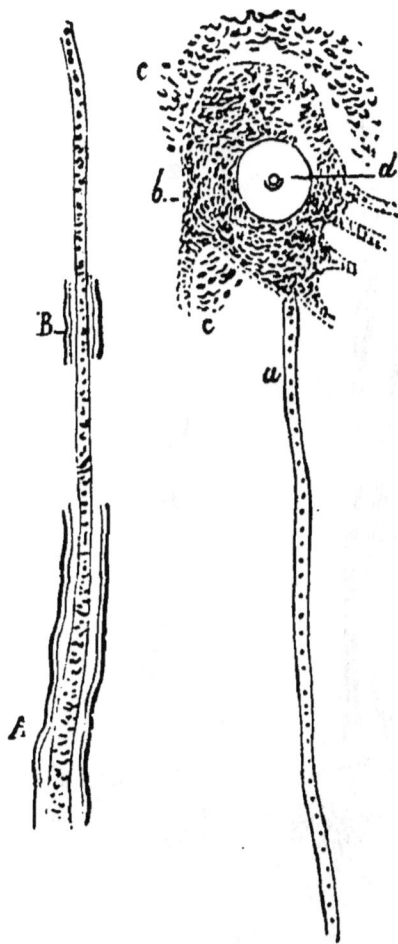

Fig. 7. Tubes nerveux [1].

1. A, tube nerveux composé par ses trois éléments, l'enveloppe à double contour, la moelle nerveuse et le cylinder axis. Dans un point, l'enveloppe A a été rompue, et le cylinder axis est resté seul. — A côté, un fragment des enveloppes B, qui ont été conservées. — d, noyau d'une cellule nerveuse cérébrale multipolaire. — a. Tube nerveux réduit à son axis; — c, c, granulations moléculaires entourant la cellule nerveuse (d'après R. Wagner).

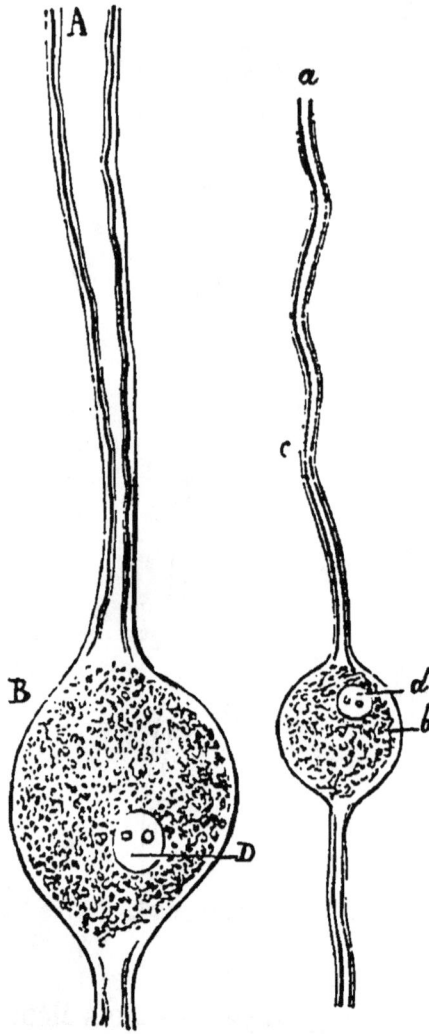

Fig. 8. Cellules nerveuses rachidiennes [1].

1. A, tube nerveux gros, composé de ses trois parties ;
B, cellule nerveuse ; D, noyau de la cellule ; *a*, petit tube
nerveux ; *b*, petite cellule ; *c*, *d*, noyaux de la petite cellule.

pour la sensibilité, les autres pour la motricité
(fig. 7 et 8). Les conducteurs nerveux représentent de véritables fils électriques organiques;
ils sont constitués par un tube rempli d'une
substance appelée *moelle nerveuse*, destinée à
protéger un filament central. Ce filament est la
partie physiologiquement essentielle du nerf, et
qu'on appelle l'axe du cylindre nerveux ou le
cylinder axis. Le tube nerveux sensitif s'unit au
tube moteur au moyen d'un renflement nerveux
appelé *cellule nerveuse*, et le tube moteur se ter-
mine dans la fibre musculaire en présentant
une nouvelle intumescence particulière.

Tous ces éléments organiques qui composent
notre corps sont d'une grande ténuité microscopique, car la grandeur en varie entre des centièmes
et des millièmes de millimètres. On pourra par
conséquent avoir une idée de leur nombre par
leur masse, quand on saura que les cellules et
les tubes nerveux, par leur réunion, forment le
cerveau, la moelle épinière et les cordons nerveux, et que toutes les fibres musculaires ensemble constituent essentiellement la viande ou
la chair qui représente la plus grande partie du

poids du corps de l'homme et des animaux.

Quelles que soient la complication et la variété de nos opérations intellectuelles, de nos sentiments et de nos mouvements, ils ne sont jamais exprimés que par l'activité vitale de trois éléments organiques formant une chaîne à anneaux distincts, mais dont les propriétés sont cependant physiologiquement et hiérarchiquement subordonnés.

Ces trois éléments sont l'élément nerveux *sensitif*, l'élément nerveux *moteur*, et l'élément *musculaire*. Le point de départ de l'action physiologique se trouve dans l'élément nerveux sensitif ou intellectuel; sa vibration se transmet suivant son axe, et, arrivée à la cellule nerveuse, véritable relais, la vibration sensitive se transforme en vibration motrice. Cette dernière se propage à son tour dans l'élément nerveux moteur, et, arrivée à son extrémité périphérique, elle fait vibrer la fibre musculaire, qui, réagissant en vertu de sa propriété élémentaire, opère la contraction ou le mouvement.

Ces trois éléments organiques jouent ainsi le rôle d'*excitant* les uns par rapport aux autres;

l'élément nerveux sensitif excite l'élément nerveux moteur, et l'élément nerveux moteur excite la fibre musculaire, d'où résulte finalement
la contraction. Dans leur action d'ensemble, ces
éléments ont des relations tellement connexes
que, les uns sans les autres, ils n'auraient point
de raison d'être. En effet, l'élément sensitif n'a
pas de raison d'être sans l'élément moteur qui
indique sa présence, et l'élément moteur n'aurait pas de raison d'être sans l'élément musculaire sur lequel son influence doit se manifester.

Toutefois, malgré cette connexion intime et
nécessaire, chacun de ces trois éléments n'en
reste pas moins indépendant et distinct organi-
quement. L'élément sensitif vit et meurt à sa
manière, il a ses poisons qui lui sont propres.
L'élément moteur peut vivre et mourir séparément, il a également ses poisons spéciaux. Enfin l'élément musculaire a de même des conditions de vie et de mort qui n'appartiennent qu'à
lui.

Si cette indépendance organique est réelle
pour la vie nutritive des éléments, elle n'est

plus qu'une illusion au point de vue des manifestations vitales qu'ils doivent accomplir dans
l'organisme. Ces manifestations n'étant qu'une
résultante d'activités diverses, elles exigent le
concours de toutes. Si l'un des trois éléments,
sensitif, moteur et musculaire, vient à être supprimé, les deux autres continuent de vivre sans
doute, mais ils n'ont plus de sens, de même
qu'une phrase perd sa signification dès qu'un
de ses membres vient à lui manquer.

La loi fondamentale de la vie est l'échange de
matières continuel entre le corps vivant et le
milieu cosmique qui l'entoure. De là résulte
un véritable *circulus* ou tourbillon rénovateur
du corps dont la rapidité mesure l'intensité de
la vie. Les conditions des phénomènes vitaux
ne sont absolument constituées ni par l'organisme, ni par le milieu; il faut le concours des
deux. Malgré l'intégrité de l'organisme, la vie
cessera, si le milieu est supprimé ou vicié;
malgré la présence d'un milieu favorable, la vie
s'éteindra, si l'organisme est lésé ou détruit.

Notre corps entier ou notre organisme n'est,
nous le répétons, qu'un agrégat d'éléments or-

ganiques, ou mieux d'organismes élémentaires innombrables, véritables infusoires qui vivent, meurent et se renouvellent chacun à sa manière. Cette comparaison exprime exactement ma pensée, car cette multitude inouïe d'organismes élémentaires associés qui composent notre organisme total existent, comme des infusoires, dans un milieu liquide qui doit être doué de chaleur et contenir de l'eau, de l'air et des matières nutritives. Les infusoires libres et disséminés à la surface de la terre trouvent ces conditions dans les eaux où ils vivent. Les infusoires organiques de notre corps, plus délicats, groupés en tissus et en organes, trouvent ces conditions, entourés de protecteurs spéciaux, dans notre fluide sanguin, qui est leur véritable liquide nourricier. C'est dans ce liquide, qui ne les imbibe pas, mais qui les baigne, que s'accomplissent tous les échanges matériels, solides, liquides ou gazeux, que leur vie exige; ils y prennent leurs aliments et y rejettent leurs excréments, absolument comme des animaux aquatiques. D'ailleurs la vie ne s'accomplit jamais que dans un milieu liquide. Ce n'est que

par des artifices de construction que les organismes de l'homme, ainsi que ceux d'autres
animaux, peuvent vivre dans l'air; mais tous
les éléments actifs de leurs fonctions vivent
sans exception, à la façon des infusoires, dans
un milieu liquide intérieur. C'est pourquoi j'ai
donné le nom de *milieu intérieur organique* au
sang et à tous les liquides blastématiques qui
en dérivent.

Le système circulatoire n'est autre chose qu'un
ensemble de canaux destinés à conduire l'eau,
l'air et les aliments aux éléments organiques de
notre corps, de même que des routes et des
rues innombrables serviraient à mener les ap-
provisionnements aux habitants d'une ville immense. Les canaux veineux n'ont pas, à proprement parler, de rapports physiologiques actifs
avec les éléments organiques; ils ne leur portent rien, ils ne font qu'emmener le sang qui a
servi à les nourrir; mais le système veineux
présente une autre origine périphérique de la
plus haute importance, car c'est par cette origine que le courant veineux, dont la direction
est centripète, vient se répandre sur les diver-

ses surfaces de l'organisme et puiser l'air dans
les poumons, de l'eau et des aliments dans les
intestins, ainsi que d'autres liquides intersti-
tiels. Tous ces éléments constitutifs du milieu
intérieur sont ensuite portés au cœur, centre du
mouvement circulatoire. Ici commence le
système artériel qui lance le sang dans une direction inverse à celle qui précède, c'est-à-dire
du centre à la périphérie. Le sang ainsi poussé
par le cœur dans les artères va se purifier en
tout ou en partie de divers produits d'élimination et par des mécanismes divers, suivant les
organismes ; mais ce qu'il importe de savoir
ici, c'est que le sang artériel est celui qui se
dirige vers nos organismes élémentaires et qui
leur distribue toutes les substances capables de
réagir sur eux. Le sang artériel porte la vie aux
éléments organiques, parce qu'il contient en
dissolution de l'oxygène et les autres éléments
d'un milieu organique propre à entretenir la vie ;
mais le sang artériel peut aussi apporter la
mort, s'il est introduit dans les voies circulatoires, c'est-à-dire dans le milieu intérieur organique, des substances qui l'ont vicié. Or c'est

le cas qui se présente dans tous les empoisonnements.

Lorsqu'un animal est piqué par une flèche
empoisonnée avec du curare, nous avons vu
qu'il ne meurt qu'après un certain temps. Il y
a en effet trois étapes nécessaires que le poison
doit parcourir. Premièrement le poison doit
être dissous dans la plaie par les humeurs animales qui s'y trouvent ; deuxièmement, il doit
pénétrer dans les veines et être porté jusqu'au
cœur ; troisièmement, il doit être amené en contact avec les éléments organiques au moyen du
système artériel. Ce n'est point encore tout : il
faut que la substance toxique s'accumule dans
le sang par suite d'une disproportion qui doit
s'établir entre l'absorption et l'élimination du
poison. Tout cela demande, ainsi que nous le
savons, un maximum de dix à douze minutes
pour s'accomplir. Nous concevons maintenant
que le curare puisse ne pas agir si, avant d'arriver au système artériel, il rencontre sur sa
route quelque voie d'élimination rapide, ou s'il
se trouvait, par un obstacle quelconque, retenu
dans le système veineux. En effet dans ce cas

le poison ne parvient pas jusqu'aux voies qui
conduisent aux éléments organiques.

Trois ans après le retour de Watterton en
Angleterre, Brodie fit quelques expériences qu'il
importe de mentionner. On inocula du curare à
la jambe d'un âne, et il mourut en douze minutes. Sur un autre âne, on inocula le même
poison, et de la même manière, mais après avoir
placé un bandage autour de la jambe au-dessus
de l'endroit où l'inoculation avait été pratiquée.
l'âne marcha librement, comme à l'ordinaire,
et il continua à manger sans s'apercevoir de
rien. Au bout d'une heure on délia le bandage,
et dix minutes après la mort avait saisi cet animal. Ces expériences, qui sont imitées de celles
que Magendie avait faites pour d'autres poisons
et qui ont été bien souvent confirmées, s'expliquent physiologiquement d'une manière très-
simple : tant que le poison restait sous la peau
de la jambe au-dessous de la ligature, il ne pouvait pas arriver au cœur, parce que cette ligature empêchait le sang veineux de passer et de
l'y transporter. Le poison, avons-nous dit, n'est
actif que lorsque, étant parvenu au cœur, il

peut se répandre par les artères, et arriver ainsi
à tous les éléments organiques; mais là encore
nous pouvons, à l'aide d'un artifice expérimental, empêcher le poison de se généraliser. Si
nous lions l'artère d'un membre par exemple,
nous empêcherons le sang empoisonné d'être
porté aux éléments organiques de ce membre,
et nous leur conserverons la vie, tandis que
tout le reste du corps aura ressenti les atteintes
délétères de la substance toxique. En un mot,
en arrêtant le poison dans les veines, on sauve
tout l'individu ; en arrêtant le poison dans les
artères, on ne sauve que la partie du corps à
laquelle l'artère oblitérée portait le sang.

Après cet exposé sommaire de quelques notions physiologiques qu'il était nécessaire de
rappeler, revenons aux effets du poison américain. Nous aurons à rechercher d'abord sur
quel élément organique particulier du corps il
a porté son action toxique, et à déterminer ensuite le mécanisme par lequel la mort de cet
élément a pu amener la mort de tout l'organisme.

IV

Dans le mois de juin 1844, je fis ma première expérience sur le curare : j'insinuai sous
la peau du dos d'une grenouille un petit fragment de curare sec, et j'observai l'animal. Dans
les premiers moments, la grenouille allait et
sautait comme avant avec la plus grande agilité,
puis elle resta tranquille. Au bout de cinq minutes, les jambes de devant cédèrent, le corps
s'aplatit et s'affaissa peu à peu. Après sept minutes, la grenouille était morte, c'est-à-dire
qu'elle était devenue molle, flasque, et que le
pincement de la peau ne déterminait plus chez
elle aucune réaction vitale.

Je procédai alors à ce que j'appelle l'*autopsie
physiologique* de l'animal.

Des mesures sages, et que tout le monde
approuve, empêchent de faire chez l'homme les

autopsies avant qu'il se soit écoulé vingt-quatre heures depuis le moment de la mort. Cette circonstance diminue considérablement l'importance scientifique des *autopsies cadavériques*. En effet, la vie ne cesse pas parce que tout notre corps est mort à la fois, mais seulement parce que un ou plusieurs de ses éléments organiques ont perdu leurs propriétés vitales. En faisant l'autopsie au moment même de la mort, on doit donc toujours rencontrer des éléments organiques qui ont perdu leurs propriétés physiologiques ; mais d'autres qui les possèdent encore, et qui ne finissent par les perdre et par mourir à leur tour qu'à cause de la dislocation des fonctions nécessaires à leur existence. Quand on pratique l'autopsie vingt-quatre heures après la mort, tous les éléments organiques sont éteints, rigides et froids. On ne trouve plus que des lésions chroniques qui nous font connaître les diverses métamorphoses pathologiques des tissus, mais qui ne nous expliquent en rien le mécanisme de la mort, car l'individu vivait quelques heures auparavant avec cette même lésion. Dans d'autres cas,

on ne trouve rien, et on croit que la cause de la
mort est insaisissable.

C'est ce qui nous serait arrivé, si nous eus-
sions fait l'autopsie de notre grenouille le lendemain : nous aurions eu un cadavre empoisonné par le curare qui ne nous aurait offert
aucune lésion, qu'il nous eût été impossible de
distinguer sous aucun rapport du cadavre d'une
grenouille morte d'une tout autre manière.

Il en est autrement, ainsi qu'on le verra,
lorsqu'on fait l'autopsie physiologiquement,
c'est-à-dire en ouvrant l'animal aussitôt après
la mort. C'est là un avantage des plus importants que présente seule la pathologie expérimentale, car ce que la morale interdit de faire
sur nos semblables, la science nous autorise à
le faire sur les animaux. L'homme, qui a le
droit de se servir des animaux pour ses usages
domestiques et pour son alimentation, a également le droit de s'en servir pour s'instruire
dans une science utile à l'humanité.

En ouvrant la grenouille empoisonnée (fig. 9),
je vis que son cœur continuait à battre. Son
sang rougissait à l'air et présentait ses pro-

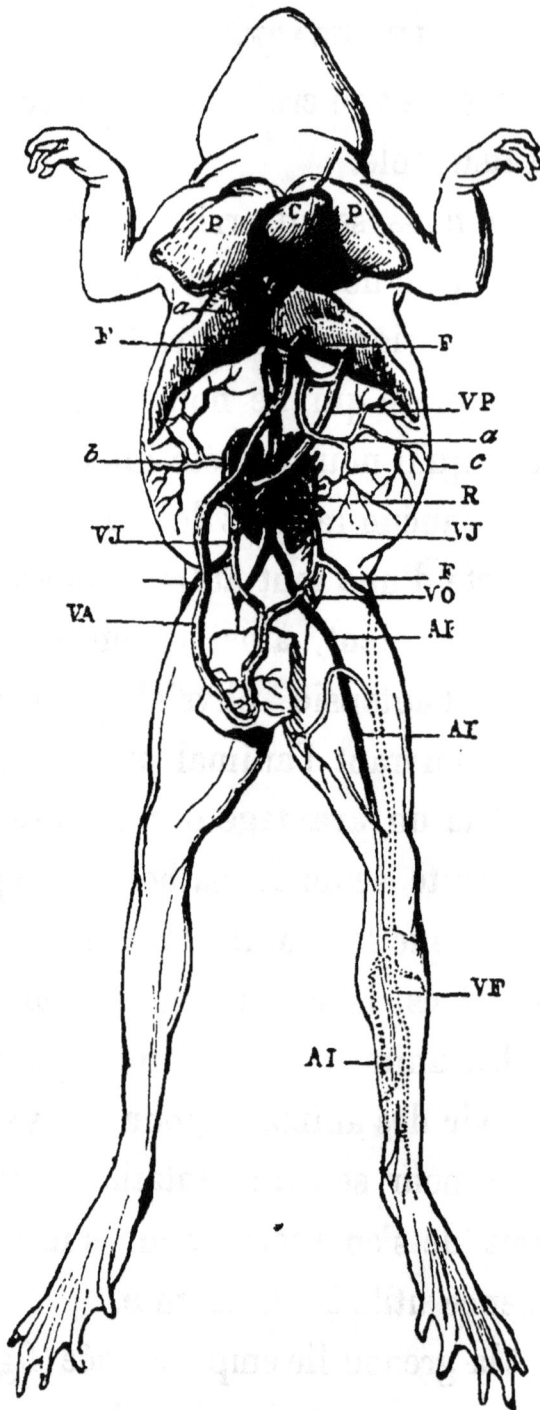

Fig. 9. Système vasculaire de la grenouille [1].

I. A, veine allant de la veine cave au cœur en traver-

priétés physiologiques normales. Je me servis
ensuite de l'électricité comme de l'excitant le
plus convenable pour réveiller et provoquer la
réaction physiologique des éléments nerveux
et musculaires. En agissant directement sur les
muscles, l'excitant électrique produisait des
contractions violentes dans toutes les parties du
corps; mais en agissant sur les nerfs eux-
mêmes il n'y avait plus aucune réaction. Les
nerfs, c'est-à-dire les tubes nerveux qui les
composent, étaient donc complétement morts,
tandis que les autres éléments organiques des
muscles, du sang, des muqueuses, etc., étaient
très-vivants et conservaient encore leurs propriétés physiologiques pendant un grand nombre d'heures, ainsi que cela se voit surtout chez
les animaux à sang froid.

Il est maintenant facile de comprendre que

sant le péricarde; PP, poumon; C. cœur; F, foie; VP,
veine porte; bc, veines épiloïques; R, reins; VJ, veines
de Jacobson; F, veine crurale; AI, artère iliaque allant
constituer l'aorte au niveau du bord inférieur des reins;
VA, veines abdominales allant se rendre au foie; AL, artère crurale; VF, veine fémorale.

l'extinction vitale des éléments nerveux qui font contracter les muscles doive amener la mort de l'organisme tout entier par la cessation successive de tous les mouvements. L'arrêt des mouvements respiratoires produit particulièrement ce résultat en empêchant dans le milieu organique sanguin l'aération, qui est indispensable pour entretenir la vie de tous les éléments organiques qui nous composent. Si le cœur conserve encore ses mouvements, cela prouve, ainsi qu'on le savait déjà, qu'il n'est pas influencé par le système nerveux comme les autres muscles, ce qui lui permet d'être, suivant l'expression de Haller, l'organe *primum vivens* et l'organe *ultimum moriens*. En outre la démonstration de cette action nette et caractéristique du curare, qui tue l'élément nerveux et respecte l'élément musculaire, a résolu la question de ce qu'on appelait l'*irritabilité hallérienne*, en prouvant expérimentalement que la propriété contractile du muscle est distincte de la propriété du nerf qui l'excite, puisque le poison parvient à les séparer immédiatement l'une de l'autre.

Cette première expérience analytique faite sur la grenouille a ensuite été répétée de la même manière sur d'autres animaux plus rapprochés de l'homme et appartenant à la classe des oiseaux et des mammifères. J'ai constaté des résultats tout à fait semblables, et l'*autopsie physiologique* me montra que, comme chez la grenouille, l'élément nerveux moteur avait été seul atteint par le curare, tandis que les autres éléments organiques avaient conservé leurs propriétés physiologiques.

L'observation attentive des symptômes de l'empoisonnement sur les animaux élevés vint me révéler des particularités intéressantes relatives à la sensibilité et à l'intelligence.

Un chien d'une humeur douce avait été blessé par une flèche empoisonnée. D'abord l'animal ne s'en aperçut pas : il courait, gambadait joyeusement comme à l'ordinaire; mais bientôt, comme s'il eût été fatigué, il se coucha sur le ventre, dans une attitude très-naturelle. Quand on appelait le chien, il répondait à l'appel; il se levait et venait, après des sommations réitérées et avec une sorte de lassitude.

Peu de temps après, le chien ne pouvait plus se lever malgré ses efforts ; il avait conservé toute son intelligence et ne paraissait nullement souffrir ; seulement ses jambes, et particulièrement celles du train de derrière, n'obéissaient plus à sa volonté. Lorsqu'on parlait à l'animal, il répondait parfaitement bien par les mouvements de la tête, par l'expression des yeux et par l'agitation de la queue ; mais un peu plus tard la tête tomba, l'animal ne pouvait plus la soutenir. Le chien était alors couché et respirait avec calme, comme un animal qui aurait reposé tranquillement ; si on l'appelait, sa queue seule pouvait s'agiter, et ses yeux se tourner encore et sans aucune expression de souffrance, pour montrer qu'il entendait. Enfin les mouvements respiratoires cessèrent peu à peu, et les yeux étaient déjà devenus ternes et sans vie que des mouvements légers de la queue venaient témoigner que le chien entendait encore celui qui lui parlait.

Un autre chien d'une nature féroce, et cherchant à mordre tous ceux qui l'approchaient, fut piqué par une flèche empoisonnée. Pendant les premiers moments, l'animal farouche, blotti dans son coin, faisait entendre des grondements mêlés d'aboiements toutes les fois qu'on se dirigeait vers lui. Après six ou sept minutes, l'animal se coucha, ses jambes ne pouvaient plus le soutenir, et ses cris s'éteignirent, mais il n'en était pas moins furieux. Toutes les fois qu'on approchait, il montrait les dents et roulait des yeux flamboyants. Quand on lui présentait un bâton, il le mordait avec force et avec une rage silencieuse. Cette rage ne s'éteignit qu'avec la vie, et lorsque le chien ne pouvait plus la manifester par ses lèvres et par ses dents, elle était encore dans ses regards, qui, les derniers, exprimèrent sa furie.

Les deux expériences qui précèdent nous montrent que dans la mort par le curare l'intelligence n'est point anéantie; chacun de nos animaux a conservé son caractère jusqu'au bout, et si les manifestations caractéristiques ont disparu, ce n'est pas parce qu'elles se sont réellement éteintes, mais parce qu'elles se sont trouvées successivement refoulées et comme envahies par l'action paralytique du poison. En effet, dans ce corps sans mouvement, derrière cet œil terne, et avec toutes les apparences de la mort, la sensibilité et l'intelligence persistent encore tout entières. Le cadavre que l'on a devant les yeux entend et distingue ce que l'on fait autour de lui, il ressent des impressions douloureuses quand on le pince ou qu'on l'excite. En un mot, il a encore le sentiment et la volonté, mais il a perdu les instruments qui servent à les manifester : c'est ce que nous allons montrer en poussant plus loin notre analyse physiologique.

Rappelons-nous pour un instant que le curare ne peut exercer son action toxique qu'après avoir été porté par les artères et mis en contact avec nos éléments organiques. Rappelons-nous encore qu'en liant ou en obstruant une artère d'un membre ou d'une autre partie du corps, on peut ainsi préserver cette partie de l'empoisonnement qui envahira tout le reste de l'organisme. Or à l'aide de ce membre ou de cette partie réservée, ne fût-ce même que d'une fibre musculaire, l'animal pourra manifester ce qu'il sent et montrer que son intelligence, qui

avait été en quelque sorte saisie dans un cadavre, n'avait pas été abolie. Ces expériences ana-
lytiques se démontrent particulièrement bien
chez les animaux à sang froid à cause de la
persistance plus longue des propriétés élémentaires des tissus après l'arrêt de la circulation
artérielle.

Sur une grenouille très-vivace j'ai intercepté
le passage du sang artériel dans les jambes du
train de derrière par la ligature des artères, en
ayant grand soin de laisser intacts les nerfs qui
font communiquer ces membres avec la moelle
épinière (fig. 10). Après cette opération, la grenouille avait conservé toute son agilité, sautait
et nageait comme à l'ordinaire. Alors je l'em-
poisonnai en lui insinuant un petit fragment de
curare sous la peau du dos. Après cinq minutes, la grenouille s'affaissa, ses jambes de devant, ayant perdu leur ressort, s'écartèrent, et
la mâchoire inférieure de l'animal reposait sur
la table. Après sept ou huit minutes, la grenouille était morte et sans mouvement. Quand
on pinçait la peau de la tête, du corps ou des
pattes de devant, il n'y avait aucun mouvement

ni aucune réaction vitale dans ces parties empoisonnées; mais la grenouille agitait aussitôt

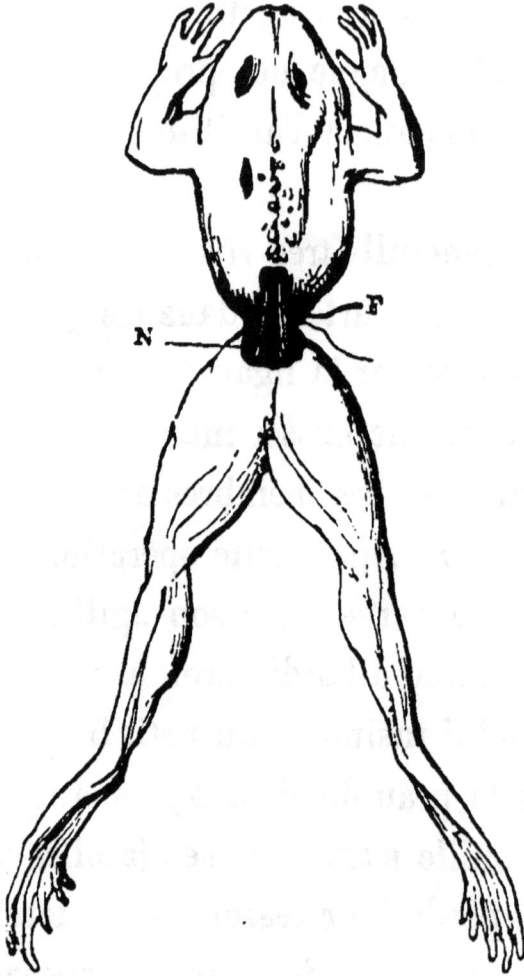

Fig. 10. Grenouille préparée pour l'expérimentation [1].

avec violence ses deux pattes de derrière, qui

1. F, fil de la ligature; N, nerfs lombaires.

avaient été préservées de l'empoisonnement par la ligature des artères. Ce résultat était constant même après les plus légères piqûres dans la partie du corps empoisonnée. Quand on mettait la grenouille dans l'eau et qu'on excitait une partie quelconque de son corps, elle nageait parfaitement avec ses deux jambes de derrière, qui poussaient devant elles le reste du corps complétement immobile, quoique sensible; mais non-seulement notre grenouille avait conservé la sensibilité dans le train antérieur de son corps paralysé par le poison, elle y avait encore conservé ses sens et sa volonté. En effet, si l'on couvrait le vase où l'on avait introduit la grenouille de manière à la placer dans l'obscurité, et si ensuite on faisait subitement pénétrer un rayon de soleil en déplaçant le couvercle, on apercevait le tronçon de la grenouille flasque et incliné en bas s'avancer volontairement vers le soleil à l'aide des deux jambes de derrière.

J'ai répété l'expérience très-souvent; elle a toujours réussi.

Si, au lieu des deux jambes, on n'en préserve

qu'une de l'empoisonnement, le résultat est le même (fig. 11); seulement il n'y a qu'une jambe qui se meut quand on pince l'animal, et

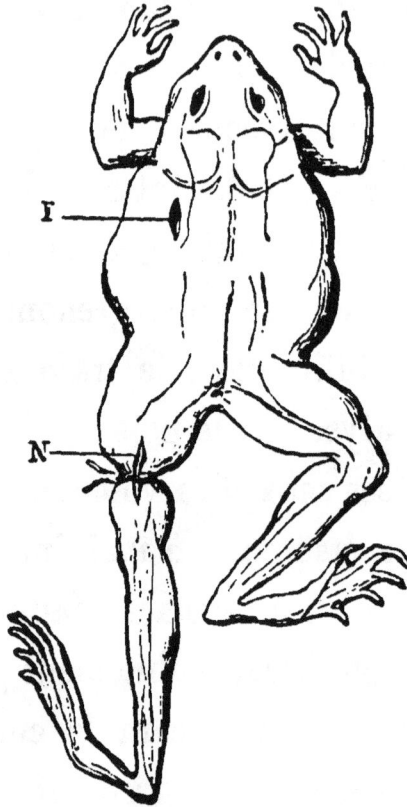

Fig. 11. Grenouille pour l'expérimentation[1].

cette jambe pousse tout le reste du corps devant elle quand on place l'animal dans l'eau.

1. I, incision pour l'introduction du curare; N, nerf sciatique isolé.

Quand, au lieu d'une jambe, on ne préserve de l'empoisonnement qu'un seul doigt, ce doigt s'agite et exprime le sentiment de tout le corps réduit à l'état de cadavre.

Le spectacle intéressant que je viens de tracer peut s'observer parfois pendant une heure ou deux dans les saisons favorables. Il ne cesse que lorsque l'asphyxie et la mort de l'organisme sont arrivées par suite de la suppression trop prolongée des mouvements respiratoires.

Chez les animaux à sang chaud, ces phénomènes se passent en un temps beaucoup plus court, mais ils n'en existent pas moins.

Lorsqu'un mammifère ou un homme est empoisonné par le curare, l'intelligence, la sensibilité et la volonté ne sont point atteintes par le poison, mais elles perdent successivement les instruments du mouvement, qui refusent de leur obéir. Les mouvements les plus expressifs de nos facultés disparaissent les premiers, d'abord la voix et la parole, ensuite les mouvements des membres, ceux de la face et du thorax, et enfin les mouvements des yeux qui, comme chez les mourants, persistent les derniers.

Peut-on concevoir une souffrance plus horrible que celle d'une intelligence assistant ainsi à la soustraction successive de tous les organes qui, suivant l'expression de M. de Bonald, sont destinés à la servir, et se trouvant en quelque sorte enfermée toute vive dans un cadavre? Dans tous les temps, les fictions poétiques qui ont voulu émouvoir notre pitié nous ont représenté des êtres sensibles renfermés dans des corps immobiles. Notre imagination ne saurait rien concevoir de plus malheureux que des êtres pourvus de sensation, c'est-à-dire pouvant éprouver le plaisir et la peine, quand ils sont privés du pouvoir de fuir l'un et de tendre vers l'autre. Le supplice que l'imagination des poëtes a inventé se trouve produit dans la nature par l'action du poison américain. Nous pouvons même ajouter que la fiction est restée ici au-dessous de la réalité. Quand le Tasse nous dépeint Clorinde incorporée vivante dans un majestueux cyprès, au moins lui a-t-il laissé des pleurs et des sanglots pour se plaindre et attendrir ceux qui la font souffrir en blessant sa sensible écorce.

Le poison est donc, ainsi que nous l'avons dit en commençant cette étude, un instrument qui nous a fait pénétrer dans les replis les plus cachés de notre organisation, et nous a permis d'en saisir les phénomènes les plus délicats. En parcourant les diverses phases de l'empoisonnement, nous avons vu que le curare détruit le mouvement en laissant persister la sensibilité. De plus, nous avons prouvé qu'il n'atteint qu'un des éléments efficaces du mouvement, le nerf moteur, car le cœur continue à battre, et les muscles ont conservé leur faculté contractile intacte.

La conclusion physiologique qui ressort de ces expériences est très-claire : l'élément nerveux sensitif, l'élément nerveux moteur et l'élément musculaire ont chacun leur autonomie, puisque le curare les sépare et n'est toxique que pour un seul d'entre eux. Rappelons-nous pourtant que, malgré leur indépendance, les éléments organiques n'ont d'effet physiologique que par l'ensemble de leurs rapports. La manifestation motrice chez l'homme ou chez un animal exige le concours de trois termes ou éléments anatomiques. L'élément nerveux, sensitif ou volontaire est le point de départ de la détermination motrice. Ensuite l'élément nerveux moteur transmet cette détermination au muscle qui l'exécute, ou autrement dit qui la manifeste. Si un seul des trois termes précédents vient à manquer, l'acte n'a plus lieu. Dans l'empoisonnement par le curare, la sensibilité ainsi que la volonté du mouvement existent, la contractilité et par conséquent la possibilité d'exécution du mouvement existent ; mais par cela seul que l'élément nerveux moteur qui forme le trait d'union de la sensibilité au mouvement est détruit par le poison, tout nous semble anéanti. En effet, la sensibilité, comme toutes les facultés qui ont pour siége le système nerveux, n'a aucune possibilité de se manifester par elle-même. Il faut absolument à ces facultés le système contractile ou musculaire sous une forme quelconque pour signaler leur présence ou se traduire à l'extérieur. Par conséquent nous ne pouvons juger des sensations des hommes et des animaux que par leurs mouvements. Cependant, chez les animaux empoisonnés par le curare, nous aurions été dans l'erreur la plus complète, si de l'absence du mouvement nous avions conclu à l'absence de la sensibilité. Cet exemple prouvera une fois de plus que nous n'avons de criterium absolu que dans notre conscience, et que dès que nous nous livrons aux interprétations des phénomènes qui sont en dehors de nous, nous ne sommes entourés que de causes d'erreur et d'illusions.

V

La science s'arrête aux causes prochaines des phénomènes; la recherche des causes premiè- res n'est pas de son domaine. Le savant a donc atteint son but quand, par une analyse expéri- mentale successive, il est parvenu à rattacher la manifestation des phénomènes à des condi- tions matérielles exactement définies. De cause en cause il arrive finalement, suivant l'expression de Bacon, à une *cause sourde* qui n'entend plus nos questions et ne répond plus. Toutefois la cause prochaine à laquelle nous devons nous arrêter ne peut jamais être considérée comme la limite absolue de nos connaissances; elle n'est sourde qu'à nos trop faibles moyens actuels d'investigation.

Dans notre analyse physiologique, nous sommes arrivés à localiser l'action du poison américain sur l'élément nerveux moteur et déterminer, comme conséquence, un mécanisme de la mort propre à cet agent toxique; mais devons-nous nous arrêter là et sommes-nous parvenus à la limite que la science actuelle nous permet d'atteindre? Je ne le pense pas. Non-seulement il y aurait encore lieu d'isoler chimiquement le principe actif du curare des matières étrangères auxquelles il est mélangé; il y aurait en outre à déterminer quel genre de modification physique ou chimique la substance toxique imprime à l'élément organique pour en paralyser l'action. Quant à présent, nous ignorons complétement quelle peut être la nature de cette influence. Cependant nous savons à

ce sujet une chose importante, c'est que,
loin de produire une altération toxique définitive qui détruise pour toujours l'élément
organique, ainsi que le font beaucoup de poisons, le curare ne détermine qu'une sorte
d'inertie ou d'engourdissement de l'élément
nerveux moteur. Il en résulte une paralysie de
cet élément qui dure tant que le curare reste
dans le sang en contact avec lui, mais qui peut
cesser quand le poison est éliminé. De là il résulte cette conséquence importante, que la mort
par le curare n'est point sans appel, et qu'il est
possible de faire revenir à la vie un animal ou
un homme qui aurait été empoisonné par cet
agent toxique.

Pour comprendre le mécanisme du retour à
la vie, il faut nous rappeler le mécanisme de la
mort, et si la théorie que nous en avons donnée
est bonne, les deux mécanismes doivent se contrôler réciproquement et pouvoir se déduire
l'un de l'autre.

Le curare introduit avec le sang va se mettre
en contact avec les éléments organiques et
paralyser d'une manière successive tous les

mouvements volontaires. D'abord les nerfs moteurs des organes de la voix sont paralysés; mais la vie n'en continue pas moins, parce que l'animal respire toujours. Ce n'est que quand les mouvements respiratoires du thorax viennent à cesser que la mort réelle de l'organisme commence. Tous les éléments organiques du corps vont alors être atteints, parce qu'un élément indispensable à tous, l'air ou l'oxygène, va manquer dans le sang, leur milieu organique. Sans doute le cœur, qui continue à battre, fait circuler le sang, mais ce sang ne prend plus d'oxygène dans les poumons paralysés, et l'asphyxie de tous les éléments organiques arrivera avec une rapidité plus ou moins grande suivant la nature des animaux, mais d'une manière infaillible pour tous. Nous voyons ainsi que la destruction de l'élément nerveux moteur ne tue pas directement, comme si cet élément seul représentait le principe de la vie. La soustraction de l'élément nerveux moteur tue parce que, les autres éléments qui avaient des rapports avec lui ne pouvant plus fonctionner, il en résulte une dislocation de la machine vivante tout entière. De même un édifice s'écroule quand on enlève une de ses pierres fondamentales.

En résumé, c'est donc le manque d'oxygène ou l'asphyxie qui amène la mort dans l'empoisonnement par le curare. S'il en est ainsi, c'est l'oxygène qu'il faut rendre pour rappeler à la vie, et le contre-poison sera simplement la *respiration artificielle*, c'est-à-dire un soufflet qui, remplaçant les mouvements respiratoires éteints, introduira graduellement, et avec les précautions convenables, de l'air pur dans les poumons. On peut dire alors qu'on tient dans ses mains l'existence de l'individu empoisonné, et la vie nous apparaît comme un pur mécanisme dont nous pouvons faire mouvoir les rouages, mais que nous ne pouvons localiser dans aucun d'eux exclusivement; elle n'est nulle part et se rencontre partout.

Sous l'influence de la respiration artificielle, le sang continuera donc à circuler et à se charger d'oxygène : de cette manière, les éléments organiques que le curare n'a pas atteints continueront à vivre; mais le poison lui-même, en circulant avec le sang, finira par s'éliminer

par les divers émonctoires et particulièrement
par les urines, de sorte qu'après un temps suf-
fisant tout le curare sera sorti du sang, et l'élément nerveux moteur, qui n'avait été qu'en-
gourdi par son contact, mais non désorganisé,
se réveillera en quelque sorte et reprendra ses
fonctions dès que l'agent qui le paralysait aura
disparu. Alors le rouage vital brisé sera raccom-
modé, et la machine pourra reprendre et entretenir seule son mouvement naturel.

Telle est l'explication très-simple du retour
à la vie des animaux empoisonnés par le curare
au moyen de la respiration artificielle.

En 1815, Watterton et Brodie inoculèrent du
curare à une ânesse, qui mourut en dix minutes. On lui fit alors une incision à la trachée
artère, et on lui gonfla régulièrement les poumons pendant deux heures avec un soufflet.
La vie suspendue revint : l'ânesse leva la tête
et regarda autour d'elle; mais, l'introduction
de l'air ayant été interrompue, elle retomba
dans la mort apparente. On recommença aussitôt la respiration artificielle et on la continua
sans interruption pendant deux heures encore.

Ce moyen sauva l'ânesse; elle se leva et marcha sans paraître éprouver ni agitatôn ni douleur. La blessure du cou et celle par laquelle le poison était entré guérirent facilement. Après un peu de fatigue, l'animal se rétablit tout à fait et devint par la suite gras et pétulant.

D'autres expérimentateurs, M. Virchow de Berlin entre autres, ont observé des faits semblables sur des chiens, des chats et des lapins.

J'ai souvent moi-même répété ces expériences et constaté que chez l'animal sauvé le poison était passé dans l'urine, de sorte qu'en concentrant ce liquide, on y retrouvait le curare avec ses propriétés toxiques ordinaires.

L'insufflation artificielle peut très-bien être appliquée à l'homme, et il existe des appareils pour la pratiquer.

Si un homme était empoisonné par le curare, la seule manière connue de le sauver consisterait à le faire respirer artificiellement.

Mais, quand on peut agir aussitôt après la blessure, il y a d'autres moyens d'empêcher l'empoisonnement d'avoir lieu, non par des médications empiriques et illusoires, mais par des procédés physiologiques dont la science comprend et règle l'action. Si la blessure a eu lieu dans un membre, la première chose à faire est de poser une ligature sur ce membre au-dessus de la plaie empoisonnée. Nous savons qu'en empêchant ainsi le curare d'arriver au cœur, on s'oppose à l'empoisonnement de l'organisme; mais que faire ensuite? Le poison est toujours là, et si l'on enlève le bandage, l'intoxication, que l'on a retardée ou suspendue, n'en arrivera pas moins. Il n'y aurait à prendre qu'un parti extrême, qui du reste a été conseillé : à l'aide d'un couteau, enlever toute la surface empoisonnée ou, pour plus de sûreté encore, retrancher le membre au-dessous de la ligature. Sans doute, l'amputation serait préférable à une mort certaine; mais on peut mieux faire, car si nous réfléchissons aux notions expérimentales que nous avons acquises, nous verrons que la physiologie nous fournit la possibilité d'éviter à la fois la mort et la perte du membre.

Rappelons-nous qu'un animal empoisonné par le curare n'est pas privé de tous ses mouve-

ments à la fois : on les voit s'éteindre successivement, en commençant par les mouvements des
extrémités et en finissant par les mouvements
respiratoires. Cet envahissement progressif de
l'appareil locomoteur provient de l'action d'une
dose graduellement croissante de poison introduite dans le sang par l'absorption, car lorsqu'on injecte d'un seul coup dans la circulation
une forte proportion de curare, l'animal est
comme foudroyé et meurt instantanément. Ceci
nous prouve en outre qu'il y a des éléments
nerveux moteurs qui sont plus accessibles à
l'action du curare que d'autres. En effet, bien
qu'il s'agisse d'éléments organiques de même
nature, il y a entre eux une hiérarchie physiologique, de même qu'il y a une classification
zoologique qui exprime la hiérarchie des organismes. La quantité de curare arrivée dans le
sang et capable d'empoisonner les nerfs moteurs des membres ne suffit pas pour agir sur
les nerfs moteurs de la tête : la quantité qui paralyse les nerfs moteurs de la tête n'atteint pas
encore les nerfs respiratoires thoraciques et
diaphragmatiques, mais d'un autre côté cette

différence dans la susceptibilité des éléments
pour le poison coïncide avec une vibration moins
rapide de leur substance, de telle sorte que
ceux qui sont les plus longs à s'empoisonner
sont en même temps les plus tardifs à se débarrasser de la substance toxique. Les nerfs
moteurs des membres et de la tête, qui sont
empoisonnés avant les nerfs respiratoires, reprennent leurs fonctions avant ces derniers.
C'est ce qui nous explique comment l'ânesse de
Watterton, qui a pu relever la tête et regarder
autour d'elle, est retombée morte quand on a
arrêté le soufflet qui la faisait vivre en remplaçant ses nerfs respiratoires encore engourdis.

De cet ensemble d'observations il résulte que
nous pouvons, en variant les doses du curare,
passer en quelque sorte du poison au médicament, empoisonner l'animal complétement
ou incomplétement, et même l'empoisonner au
tiers, au quart, etc., de manière à obtenir des
effets qui non-seulement ne soient pas mortels,
mais qui soient gradués et déterminés d'avance.

J'ai institué depuis longtemps un grand nombre d'expériences de ce genre : j'ai pu ainsi

amener des animaux à avoir seulement les quatre membres paralysés, ou bien les quatre membres et la tête. Enfin j'ai pu aller plus loin et
paralyser les mouvements thoraciques en ne
conservant intègre que le nerf diaphragmatique,
qui suffit pour empêcher l'asphyxie.

Le curare sert ainsi de moyen contentif au
physiologiste, car les animaux, exactement
comme s'ils étaient solidement attachés sur une
table de laboratoire (fig. 12 et 13), sont véritablement enchaînés pendant plusieurs heures
dans de telles expériences, qui offrent d'ailleurs
de l'intérêt à beaucoup d'autres points de vue.
On observe alors, quand le curare agit en petite
proportion, des sortes d'agitation non douloureuses dans les membres, par suite de cette loi
que toute substance qui, à haute dose, éteint les
propriétés d'un élément organique, les excite à
petite dose. Quand l'action du curare est arrivée à son *summum*, l'élimination fait peu à peu
disparaître le poison du sang; en même temps
et parallèlement cessent tous les symptômes pa-
ralytiques; puis, aussitôt qu'ils sont dissipés,
l'animal se lève et court alerte absolument

comme avant, et sans qu'il en résulte jamais aucun inconvénient ultérieur pour sa santé.

Fig. 12. Poulet sur la table du laboratoire.

Revenons maintenant à notre blessé, dont il s'agit de sauver la vie et de conserver le membre.

Fig. 13. Lapin sur la table du laboratoire.

La ligature est en place, et le poison est retenu au-dessous d'elle. On devine ce qu'il faut faire : délier le bandage et laisser pénétrer le poison dans le sang; mais dès que les membres seront pris et que la paralysie se manifestera, resserrer aussitôt la ligature ; puis, quand l'élimination aura chassé le poison et fait disparaître les effets toxiques, défaire aussitôt le bandage et laisser entrer une quantité non mortelle qui sera chassée à son tour, et ainsi de suite, jusqu'à élimination complète. Cela n'est point aussi long qu'on pourrait le penser, et en moins d'une demi-journée j'ai pu sauver des chiens de moyenne taille qui avaient été piqués avec une flèche empoisonnée.

Quand on place une ligature sur un membre pour arrêter le poison, il n'est pas nécessaire de serrer le lien outre mesure, ce qui pourrait amener l'engorgement et même la gangrène du membre; il suffit de comprimer modérément pour empêcher le retour du sang veineux. On peut même dire qu'on n'arrête pas d'une manière absolue le passage du sang empoisonné ; mais il s'en échappe si peu à la fois que la petite quantité de poison introduite dans l'organisme est éliminée à mesure, sans pouvoir s'ac-

cumuler assez pour produire ses effets toxiques.
Cela explique comment j'ai pu empêcher des
animaux d'être empoisonnés en laissant la ligature appliquée pendant vingt-quatre ou quarante-
huit heures. Après ce temps on peut délier le
membre sans danger, parce que le poison et la
mort ont pu s'enfuir d'une manière imperceptible.

Le poison américain dont nous venons d'esquisser l'histoire physiologique est destiné,
comme tous les poisons violents, à entrer dans
la classe des remèdes héroïques ; mais l'action
thérapeutique des poisons, qui est encore aujourd'hui à peu près complétement dans les
mains de l'empirisme, ne pourra en sortir et
être compris scientifiquement que par l'étude
physiologique des empoisonnements. L'action
médicamenteuse n'est au fond qu'un empoisonnement incomplet.

C'est aux éléments intimes de notre organisation qu'il faut remonter pour saisir le mécanisme
de toutes ces actions. Ces recherches sont longues et entourées de difficultés innombrables ;
mais les phénomènes de la vie ont leur déter-

minisme absolu, comme tous les phénomènes
naturels.

La science vitale existe, elle n'a d'entraves
que dans sa complexité, et s'il arrive un jour,
ce qui n'est pas douteux, qu'à force de travail
et de patience la physiologie soit définitivement
fondée comme science, alors nous pourrons, par
des modifications du milieu sanguin, exercer
notre empire sur tout ce monde d'organismes
élémentaires qui constituent notre être; en connaissant les lois qui régissent leurs rapports divers, nous pourrons régler et modifier à notre
gré les manifestations vitales.

Sans doute le principe des choses nous échappera toujours, et nous ne cherchons pas à connaître l'origine première de tous ces éléments
organiques, pas plus que le physicien et le chimiste ne cherchent à trouver la cause créatrice
de la matière minérale dont ils étudient les
propriétés. Seulement nous connaîtrons la loi
des phénomènes de la substance vivante et organisée, et en nous soumettant à ces lois nous
pourrons faire varier les actions qui en dépendent. Les physiciens et les chimistes n'agissent

pas autrement quand ils gouvernent les phénomènes des corps bruts. C'est par métaphore
qu'ils se disent les maîtres de la nature, car ils
savent parfaitement bien qu'ils ne font qu'obéir
à ses lois.

1ᵉʳ septembre 1864.

ÉTUDE

LA PHYSIOLOGIE DU CŒUR

Pour le physiologiste, le cœur est l'organe central de la circulation du sang, et à ce titre c'est un organe essentiel à la vie; mais par un privilége singulier, qui ne s'est vu pour aucun autre appareil organique, le mot *cœur* est passé, comme les idées que l'on s'est faites de ses fonctions, dans le langage du physiologiste, dans le langage du poëte, du romancier et de l'homme du monde, avec des acceptions fort différentes. Le cœur ne serait pas seulement un moteur vital qui pousse le liquide sanguin dans toutes les parties de notre corps qu'il anime;

le cœur serait aussi le siége et l'emblème des sentiments les plus nobles et les plus tendres de notre âme. L'étude du cœur humain ne serait pas uniquement le partage de l'anatomiste et du physiologiste; cette étude devrait aussi servir de base à toutes les conceptions du philosophe, à toutes·les inspirations du poëte et de l'artiste.

Il s'agira ici, bien entendu, du cœur anatomique, c'est-à-dire du cœur étudié au point de vue de la science physiologique purement expérimentale; mais cette étude rapide que nous allons faire des fonctions du cœur devra-t-elle renverser les idées généralement reçues? La physiologie devra-t-elle nous enlever des illusions, et nous montrer que le rôle sentimental que dans tous les temps on a attribué au cœur n'est qu'une fiction purement arbitraire? En un mot, aurons-nous à signaler une contradiction complète et péremptoire entre la science et l'art, entre le sentiment et la raison?...

Je ne crois pas, quant à moi, à la possibilité de cette contradiction. La vérité ne saurait différer d'elle-même, et la vérité du savant ne sau-

rait contredire la vérité de l'artiste. Je crois au
contraire que la science qui coule de source pure
deviendra lumineuse pour tous, et que partout
la science et l'art doivent se donner la main en
s'interprétant et en s'expliquant l'un par l'autre. Je pense enfin que, dans leurs régions élevées, les connaissances humaines forment une
atmosphère commune à toutes les intelligences
cultivées, dans laquelle l'homme du monde,
l'artiste et le savant doivent nécessairement se
rencontrer et se comprendre.

Dans ce qui va suivre, je ne chercherai donc
pas à nier systématiquement au nom de la
science tout ce que l'on a pu dire au nom de
l'art sur le cœur comme organe destiné à exprimer nos sentiments et nos affections.

Je désirerais au contraire, si j'ose ainsi dire,
pouvoir affirmer l'art par la science en essayant
d'expliquer par la physiologie ce qui n'a été
jusqu'à présent qu'une simple intuition de l'esprit. Je forme, je le sais, une entreprise très-
difficile, peut-être même téméraire, à cause de
l'état actuel encore si peu avancé de la science
des phénomènes de la vie. Cependant la beauté

de la question et les lueurs que la physiologie me semble déjà pouvoir y jeter, tout cela me détermine et m'encourage. Il ne s'agira pas d'ailleurs de parler ici de la physiologie du cœur en entrant dans tous les détails d'une étude analytique expérimentale complète et impossible pour le moment : c'est une simple tentative, et il me suffira d'exprimer mes idées physiologiques en les appuyant par les faits les plus clairs et les plus précis de la science. J'envisagerai ainsi la physiologie du cœur d'une manière générale, mais en m'attachant plus particulièrement aux points qui me semblent propres à éclairer la physiologie du cœur de l'homme.

I

Avant tout, le cœur est une machine motrice vivante, une véritable pompe foulante destinée à distribuer le fluide nourricier et excitateur des

fonctions à tous les organes de notre corps. Ce
rôle mécanique caractérise le cœur d'une manière absolue, et partout où le cœur existe, quel
que soit le degré de simplicité ou de complication qu'il présente dans la série animale, il
accomplit constamment et nécessairement cette
fonction d'irrigateur organique.

Pour un anatomiste pur, le cœur de l'homme
est un *viscère*, c'est-à-dire un des organes qui
font partie des appareils de nutrition situés dans
les cavités splanchniques. Tout le monde sait
que le cœur (fig. 14) est placé dans la poitrine,
entre les deux poumons, qu'il a la forme d'un
cône dont la base est fixée par de gros vaisseaux qui charrient le liquide sanguin, et dont
la pointe libre est inclinée en bas et à gauche,
de façon à venir se placer entre la cinquième et
la sixième côte au-dessous du sein gauche.
Quant à la nature du tissu qui le compose, le
cœur rentre dans le système musculaire : il est
creusé à l'intérieur de cavités qui servent de ré-
servoir au sang ; c'est pourquoi les anatomistes
ont encore appelé le cœur un *muscle creux*.

Dans le cœur de l'homme, on voit quatre

compartiments ou cavités : deux cavités for-

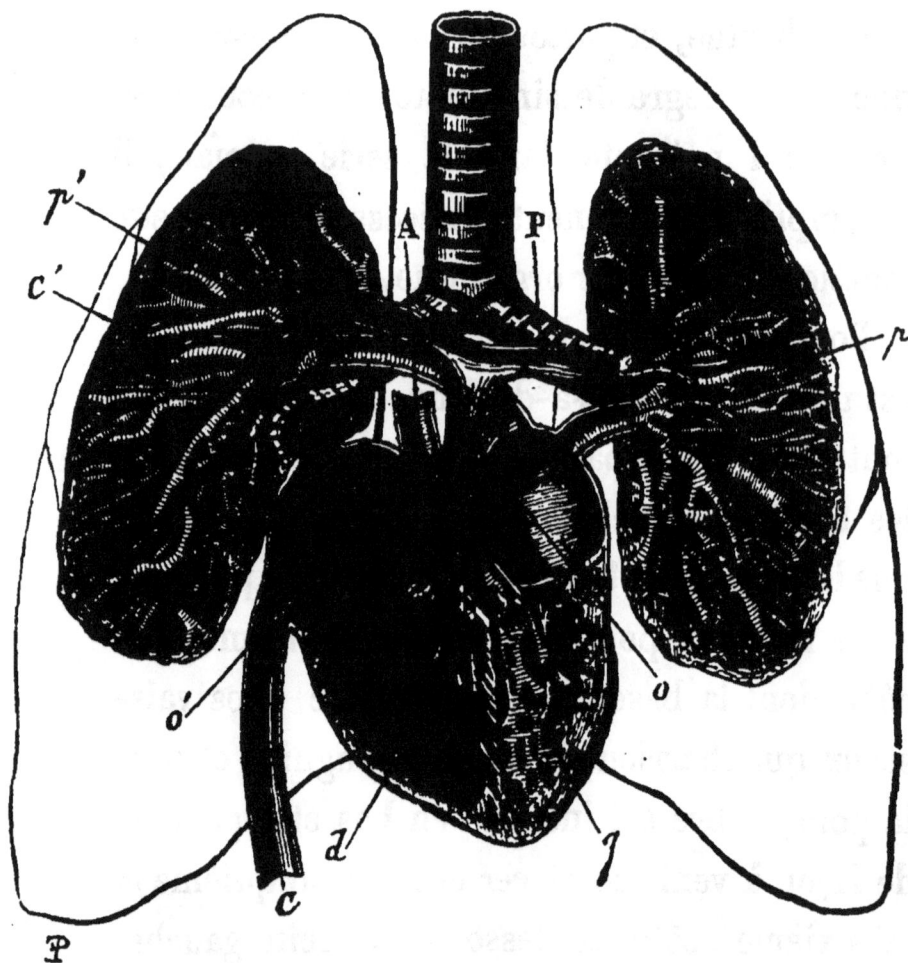

Fig. 14. Circulation du sang dans le cœur et dans le poumon [1].

1. A, artère aorte sortant du cœur gauche ; P, artère pulmonaire partant du ventricule droit ; c, c', veines caves inférieure et supérieure se rendant dans l'oreillette droite ; p, p', veines pulmonaires droite et gauche se rendant dans l'oreillette gauche ; o, oreillette gauche ; o', oreillette droite ; d, ventricule droit ; g, ventricule gauche.

ment la partie supérieure ou *base du cœur*, appelées *oreillettes* et recevant le sang de toutes les
parties du corps au moyen de gros tuyaux nommés *veines;* deux cavités forment la partie inférieure ou la *pointe du cœur*, appelées *ventricules* et destinées à chasser le liquide sanguin
dans toutes les parties du corps au moyen de
gros tuyaux nommés *artères*.

Chaque oreillette du cœur communique avec
le ventricule qui est au-dessous d'elle du même
côté; mais une cloison longitudinale sépare la-
téralement les oreillettes et les ventricules, de
telle sorte que le cœur de l'homme, qui est
réellement double, se décompose en deux cœurs
simples formés chacun d'une oreillette et d'un
ventricule, et situés l'un à droite, l'autre à
gauche de la cloison médiane.

Chaque cavité ventriculaire du cœur est mu-
nie de deux soupapes appelées *valvules*. L'une
placée à l'orifice d'entrée du sang de l'oreillette
dans le ventricule, est nommée valvule *auriculo-
ventriculaire;* l'autre, située à l'orifice de sortie du sang du ventricule par l'artère, s'appelle
valvule *sigmoïde*.

Le cœur de l'homme, ainsi que celui des mammifères et des oiseaux, est donc un cœur anatomiquement double et composé de deux cœurs simples, appelés l'un le *cœur droit*, l'autre le *cœur gauche*. Chacun de ces cœurs a un rôle bien différent. Le cœur gauche, nommé encore *cœur à sang rouge*, est destiné à recevoir dans son oreillette par les veines pulmonaires le sang pur et rutilant qui vient des poumons, pour le faire passer ensuite dans son ventricule, qui le lance dans toutes les parties du corps, où il devient impur et noir. Le cœur droit, appelé aussi *cœur à sang noir*, est destiné à recevoir dans son oreillette par les veines caves le sang impur qui revient de toutes les parties du corps et à le faire passer ensuite dans son ventricule pour le lancer dans le poumon, où il devient pur et rutilant. En un mot, le cœur gauche est le cœur qui préside à la distribution du liquide vital dans tous nos organes et dans tous nos tissus, et le cœur droit est le cœur qui préside à la révivification du sang dans les poumons, pour le restituer au cœur gauche, et ainsi de suite (fig. 15).

Fig. 15. Appareil de la grande et de la petite circulations.

1. *oo*, oreillettes; *vv*, ventricules; *aa*, système aortique; *e*, capillaires généraux; *ve*, veines à sang noir; *ap*, artère pulmonaire; *p*, capillaire du poumon; *vp*, veines à sang rouge.

Ces prémisses étant établies, nous n'aurons plus ici à considérer le cœur que comme un organe qui distribue la vie à toutes les parties de notre corps, parce qu'il leur envoie le liquide nourricier qui leur est indispensable pour vivre et manifester leurs fonctions.

Quant au liquide nourricier, il est représenté par le sang lui-même, qui est sensiblement identique chez tous les animaux vertébrés quelles que soient d'ailleurs la diversité de l'espèce animale et la variété de son alimentation. Dans les phénomènes extérieurs de la préhension des aliments, le zoologiste distingue le carnassier féroce qui se nourrit de chairs palpitantes, le ruminant paisible qui se repaît de l'herbe des prés, le frugivore et le granivore qui se nourrissent plus spécialement de fruits et de graines; mais, quand on descend dans le phénomène intime de la nutrition, la physiologie générale nous apprend que ce qui se nourrit, à proprement parler, dans les animaux, ce n'est pas le type spécifique et individuel, qui varie à l'infini, mais seulement les organes élémentaires et les tissus, qui partout se détruisent et vivent d'une manière identique. La nature, suivant l'expression de Gœthe, est un grand artiste. Les animaux sont constitués par des matériaux organiques semblables; c'est l'arrangement et la disposition relative des matériaux qui déterminent la variété de ces véritables monuments organisés, c'est-à-dire les formes et les propriétés animales spécifiques. De même, dans les monuments de l'homme, les matériaux se ressemblent par leurs propriétés physiques, et cependant l'arrangement différent peut réaliser des idées diverses et donner naissance à un palais ou à une chaumière. En un mot, le type spécifique existe, mais seulement à l'état d'une idée réalisée. Pour la physiologie, ce n'est pas le type animal qui vit et meurt, ce sont les matériaux organiques ou les tissus qui le composent; de même, dans un édifice qui se dégrade, ce n'est pas le type idéal du monument qui se détériore, mais seulement les pierres qui le forment.

En physiologie générale, on ne saurait donc déduire de la grande variété d'alimentation des animaux aucune différence de nutrition organique essentielle. Chez l'homme et chez tous les animaux, les organes élémentaires et les tissus vivants sont sanguinaires, c'est-à-dire qu'ils se repaissent du sang dans lequel ils sont plongés. Ils y vivent comme les animaux aquatiques dans l'eau, et de même qu'il faut renouveler l'eau qui s'altère et perd ses éléments nutritifs, de même il faut renouveler, au moyen de la circulation, le sang qui perd son oxygène et se charge d'acide carbonique. Or c'est précisément là le rôle qui incombe au cœur. Le système du cœur gauche apporte aux organes le sang qui les anime ; le système du cœur droit emporte le sang qui les a fait vivre un instant.

Quand en physiologie on veut comprendre les fonctions d'un organe, il faut toujours remonter aux propriétés vitales de la substance qui le compose ; c'est par conséquent dans les propriétés du tissu du cœur que nous pourrons trouver l'explication de ses fonctions. Cela ne nous offrira d'ailleurs aucune difficulté, car, ainsi que nous l'avons déjà dit, le cœur est un muscle, et il en possède toutes les propriétés

physiologiques. Or il me suffira de rappeler
que ce tissu charnu ou musculaire est constitué
par des fibres qui ont la propriété de se raccourcir, c'est-à-dire de se contracter.

Quand les fibres musculaires sont disposées
de manière à former un muscle allongé dont les
deux extrémités viennent s'insérer sur deux os
articulés ensemble, l'effet nécessaire de la contraction ou du raccourcissement du muscle est
de faire mouvoir les deux os l'un sur l'autre
en les rapprochant.

Mais quand les fibres musculaires sont disposées de manière à former les parois d'une
poche musculaire, comme cela a lieu dans le
cœur, l'effet nécessaire de la contraction du
tissu musculaire est de rétrécir et de faire disparaître plus ou moins complétement la cavité
en expulsant le contenu. Cela nous fera comprendre comment, à chaque contraction des
cavités du cœur, le sang qu'elles contiennent
se trouve expulsé suivant une direction déterminée par la disposition des valvules ou soupapes cardiaques.

Quand l'oreillette se contracte, le sang est

poussé dans le ventricule parce que la valvule auriculo-ventriculaire s'abaisse (fig. 16); quand le ventricule se contracte, le sang est chassé dans les artères parce que la valvule sygmoïde

Fig. 16. Oreillette et ventricule droits [1].

ou artérielle s'abaisse pour laisser passer le liquide sanguin en même temps que la valvule auriculo-ventriculaire se relève pour empêcher

1. Valvules ventriculaires ouvertes; valvules semi-lunaires fermées.

le sang de refluer dans l'oreillette (fig. 17). La
contraction des cavités du cœur, qui les vide de
sang, est suivie d'un relâchement pendant le-

Fig. 17. Oreillette et ventricule droits[1].

quel de nouveau elles se remplissent de liquide
sanguin, puis d'une nouvelle contraction qui
les vide encore, et ainsi de suite. Il en résulte

1. Valvules ventriculaires fermées; valvules semi-lunaires ouvertes.

que le mouvement du cœur est constitué par une succession de mouvements alternatifs de contraction et de relâchement de ses cavités. On appelle *systole* le mouvement de contraction et *diastole* le mouvement de relâchement.

Les quatre cavités du cœur se contractent et se relâchent successivement deux à deux : d'abord les deux oreillettes, puis les deux ventricules. Un intervalle de repos très-court sépare la contraction des oreillettes de la contraction des ventricules, puis un intervalle un peu plus long succède à la contraction du ventricule.

Il serait complétement hors de notre objet de décrire ici en détail le mécanisme de la circulation dans les différentes cavités du cœur. Dans nos explicatons ultérieures, nous aurons seulement à tenir compte du ventricule gauche, qui, ainsi que nous l'avons déjà dit, est le ventricule nourricier qui alimente et anime tous les organes du corps. Il nous suffira donc de dire qu'au moment de la contraction de ce ventricule le cœur se projette en avant, et vient frapper comme le battant d'une cloche entre la cinquième et la sixième côte au-dessous du sein

gauche; c'est ce qu'on appelle le *battement du
cœur*. A ce même instant de la contraction du
ventricule gauche, le sang est lancé dans l'aorte
et dans les artères du corps avec une pression
capable de soulever une colonne mercurielle
d'environ 150 millimètres de hauteur. C'est ce
qui produit le soulèvement observé dans toutes
les artères, et qu'on appelle le *pouls*.

Toute la mécanique des mouvements du
cœur a été l'objet de travaux extrêment appro-
fondis, et la science moderne a étudié les phénomènes de la circulation à l'aide de procédés
graphiques qui donnent aux recherches une
très-grande exactitude.

Le seul point que nous tenions à rappeler,
c'est que le cœur est une véritable machine vivante, qui fonctionne comme une pompe foulante dans laquelle le piston est remplacé par la
contraction musculaire.

La question que nous désirons plus particulièrement examiner dans cette étude est celle
de savoir comment le cœur, ce simple moteur
de la circulation du sang, peut, en réagissant
sous l'influence du système nerveux, coopérer

au mécanisme si délicat des sentiments qui se passent en nous.

II

Le cœur nous apparaît immédiatement comme un organe étrange par son activité exceptionnelle.

Dans le développement du corps animal, chaque appareil vital n'entre en général en fonction qu'après avoir achevé son évolution et acquis sa texture définitive. Il y a même des organes, particulièrement ceux destinés à la propagation de l'espèce, qui ne se montrent sur la scène organique que longtemps après la naissance pour en disparaître ensuite et rentrer de nouveau dans la torpeur pendant la dernière période de la vie de l'individu.

Le cœur au contraire manifeste son activité dès l'origine de la vie, bien longtemps avant de posséder sa forme achevée et sa structure carac-

téristique. Ce fait n'est pas seulement remarquable comme caractère de la précocité des
fonctions du cœur, mais il est de nature à faire
réfléchir profondément le physiologiste sur le
rapport réel qui doit exister entre les formes
anatomiques et les propriétés vitales des tissus.

Rien n'est beau comme d'assister à la naissance du cœur.

Chez le poulet (fig. 18), dès la vingt-sixième
ou trentième heure de l'incubation, on voit apparaître sur le champ germinal un très-petit
point, *punctum saliens*, dans lequel on finit par
constater des mouvements rares et à peine per-
ceptibles.

Peu à peu ces mouvements se prononcent
davantage et deviennent plus fréquents; le cœur
se dessine mieux, des artères et des veines se
forment, le liquide sanguin se manifeste plus
distinctement, et tout un système vasculaire
provisoire (*area vasculosa*) s'est étalé en rayon-
nant autour du cœur, désormais constitué physiologiquement comme organe de circulation
embryonnaire. A ce moment, les linéaments
fondamentaux du corps de l'animal ont déjà

paru; le cœur, alors en pleine activité, représente un moteur sanguin isolé, antérieur à l'organisation, et destiné à transporter sur le chantier de la vie les matériaux nécessaires à la formation du corps animal. Chez l'oiseau, le cœur va chercher les matériaux dans les éléments de l'œuf : chez le mammifère, il les puise dans les éléments du sang maternel.

Pendant que cet organe sert ainsi à la construction et au développement du corps tout entier, il s'accroît et se développe lui-même. A son origine, ce n'est qu'une simple vésicule obscurément contractile, comme la vésicule circulatoire d'un infusoire; mais cette vésicule s'allonge bientôt et bat avec rapidité; la partie inférieure reçoit le liquide sanguin et représente une oreillette, tandis que la partie supérieure constitue un véritable ventricule qui lance le sang dans un bulbe aortique se divisant en arcs branchiaux : c'est alors un vrai cœur de poisson. Plus tard, ce cœur subit un mouvement combiné de torsion et de bascule qui ramène en haut sa partie auriculaire et en bas sa partie ventriculaire; avant que le mouve-

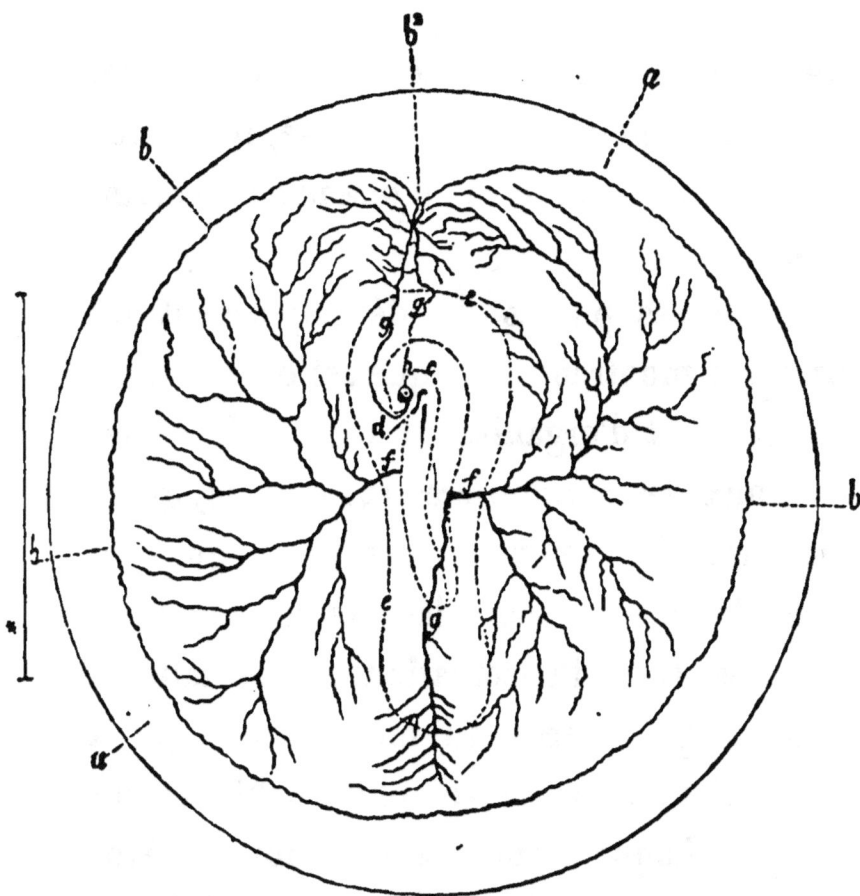

Fig. 18. Jaune d'œuf de poule [1].

1. Plus que doublé de grandeur, pour faire voir la circulation du sang dans le blastoderme : *a*, jaune; *b*, sinus terminal ; b^2, immersion supérieure du sinus terminal; *e*, aorte; *d*, points pulsatifs du cœur; *ff*, artères du blastoderme ; *ggg*, veines du blastoderme (une inférieure et deux supérieures; celle-ci est parfois simple); *ce, arca pellucida*, en forme de biscuit.; *h*, l'œil. On a omis les ramifications les plus déliées et   s anastomoses avec le sinus terminal. (Wagner.)

ment de bascule soit complet, l'organe représente un cœur à trois cavités, cœur de reptile, et dès que le mouvement est achevé, il possède les quatre cavités du cœur d'oiseau ou de mammifère.

Les diverses phases de développement du cœur nous montrent donc que cet organe n'arrive à son état d'organisation le plus élevé chez les oiseaux, les mammifères et l'homme, qu'en passant transitoirement par des formes qui sont restées définitives pour des classes animales inférieures. C'est l'observation de ces faits et de beaucoup d'autres du même genre qui a donné naissance à l'idée philosophiquement vraie que chaque animal reflète dans son évolution embryonnaire les organismes qui lui sont inférieurs.

Le cœur diffère ainsi de tous les muscles du corps en ce qu'il agit dès qu'il apparaît, et avant d'être complétement développé.

Une fois achevé dans son organisation, il continue encore de former une exception dans le système musculaire : en effet, tous les appareils musculaires nous présentent dans leurs

fonctions des alternatives d'activité et de repos;
le cœur au contraire ne se repose jamais. De
tous les organes du corps il est celui qui agit
le plus longtemps; il préexiste à l'organisme,
il lui survit, et dans la mort successive et naturelle des organes il est le dernier à manifester
ses fonctions. En un mot, suivant l'expression
du grand Haller, le cœur vit le premier (*primum
vivens*) et meurt le dernier (*ultimum moriens*).
Dans cette extinction de la vie de l'organisme,
le cœur agit encore quand déjà les autres organes font silence autour de lui. Il veille le dernier, comme s'il attendait la fin de la lutte
entre la vie et la mort, car tant qu'il se meut,
la vie peut se rétablir; lorsque le cœur a cessé
de battre, elle est irrévocablement perdue, et de
même que son premier mouvement a été le
signe certain de la vie, son dernier battement
est le signe certain de la mort.

Les notions qui précèdent étaient nécessaires
à donner, car elles nous aideront à mieux faire
comprendre l'action du système nerveux sur le
cœur.

Nous devons déjà pressentir que cet organe

musculaire possède la propriété de se contracter sans l'intervention de l'influence nerveuse; il entre en fonction bien avant que le système nerveux ait donné signe de vie. Il y a même plus, les nerfs peuvent être très-développés et constitués anatomiquement sans agir encore sur aucun des organes musculaires qui sont eux-mêmes déjà développés. En effet, j'ai constaté par des expériences directes que les extrémités nerveuses ne se soudent physiologiquement aux systèmes musculaires que dans les derniers temps de la vie embryonnaire. Lorsque, après la naissance, le système nerveux a pris son empire sur tous les organes musculaires du corps, le cœur se passe néanmoins de son influence pour accomplir ses fonctions de moteur circulatoire central. On paralyse les muscles des membres en coupant les nerfs qui les animent, on ne paralyse jamais les mouvements du cœur en divisant les nerfs qui se rendent dans son tissu; au contraire, ses mouvements n'en deviennent que plus rapides. Les poisons qui détruisent les propriétés des nerfs moteurs abolissent les mouvements dans tous les organes

musculaires du corps, tandis qu'ils sont sans
action sur les battements du cœur. J'ai décrit [1]
les effets du curare, le poison paralyseur par
excellence des systèmes nerveux moteurs; on se
souvient que le cœur continue de battre et de
faire circuler le sang dans le corps d'un animal absolument privé de toute influence nerveuse motrice.

De tout cela devons-nous conclure que le
cœur ne possède pas de nerfs? Cette opinion, à
laquelle s'étaient arrêtés d'anciens physiologistes, est aujourd'hui contredite par l'anatomie, qui nous montre que le cœur reçoit dans
son tissu un grand nombre de rameaux nerveux. Ce n'est donc pas à l'absence de nerfs
qu'il faut attribuer toutes les anomalies que le
cœur nous a offertes jusqu'à présent, c'est à
l'existence d'un mécanisme nerveux tout particulier, qu'il nous reste à examiner.

1. Voy. *le Curare*, p. 237.

III

La réaction bien connue des nerfs moteurs sur les muscles en général se résume en cette proposition fondamentale : tant que le nerf n'est point excité, le muscle reste à l'état de relâchement et de repos; dès que le nerf vient à être excité naturellement ou artificiellement, le muscle entre en activité et en contraction.

L'observation de l'influence de notre volonté sur les mouvements de nos membres suffirait pour nous prouver ce que je viens d'avancer; mais rien n'est en outre plus facile à démontrer par des expériences directes faites sur des animaux vivants ou récemment morts.

Si par vivisection on prépare une grenouille (fig. 19), de manière à isoler un nerf qui se rend dans les muscles d'un membre, on voit que, tant qu'on ne touche pas à ce nerf, les musles du membre restent relâchés et en repos,

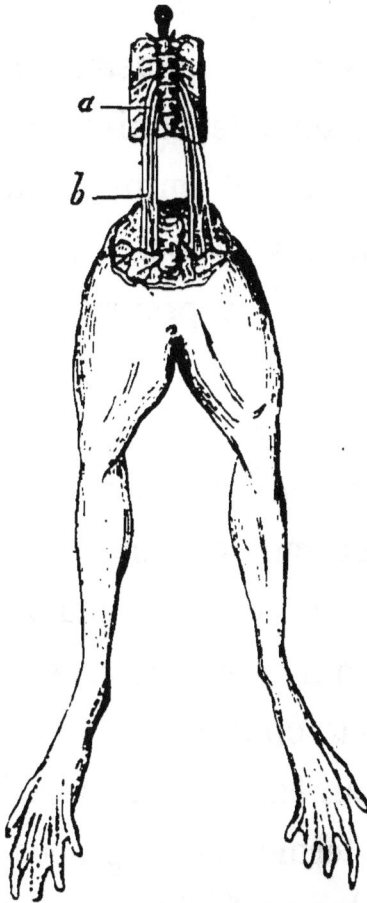

Fig. 19. Grenouille tuée par décapitation. Train postérieur [1].

et qu'aussitôt qu'on vient à exciter ce nerf par

1. La colonne vertébrale est coupée de manière que le fragment supérieur *a* serve à fixer un crochet et que sa séparation d'avec le fragment inférieur laisse un espace libre, dans lequel apparaissent les nerfs lombaires *b*.

le pincement ou mieux par un courant électrique, les muscles entrent en une contraction
énergique et rapide. C'est là un fait général qui
peut se constater expérimentalement chez
l'homme et chez tous les animaux vertébrés,
soit pendant la vie, soit immédiatement après
la mort, tant que les systèmes musculaires et
nerveux conservent leurs propriétés vitales res-
pectives.

Si maintenant nous agissons par des procédés
analogues sur les nerfs du cœur, nous verrons
que cet organe musculaire paradoxal nous présente encore à ce point de vue une exception, et
je dirai même, pour être plus exact, qu'il nous
offre une complète opposition avec les muscles
des membres. Pour être dans la vérité, il suffira
de renverser les termes de la proposition et de
dire : Tant que les nerfs du cœur ne sont pas
excités, le cœur bat et reste à l'état de fonction ;
dès que les nerfs du cœur viennent à être
excités naturellement ou artificiellement, le
cœur entre en relâchement et à l'état de repos.
Si on prépare par vivisection une grenouille ou
un autre animal vivant ou récemment mort de

manière à observer le cœur et à isoler les nerfs pneumo-gastriques qui vont dans son tissu, on constate que, tant qu'on n'agit pas sur ces nerfs, le cœur continue à battre comme à l'ordinaire, et qu'aussitôt qu'on vient à les exciter par un courant électrique puissant, le cœur s'arrête en diastole, c'est-à-dire en relâchement.

Ce résultat est également général; il existe chez tous les vertébrés depuis la grenouille jusqu'à l'homme.

Il faudra toujours avoir présent à l'esprit le fait de cette influence singulière et paradoxale des nerfs sur le cœur, parce que c'est ce résultat qui nous servira de point de départ pour expliquer ultérieurement comme l'organe central de la circulation peut réagir sur nos sentiments; mais, avant d'en arriver là, il est nécessaire d'examiner de plus près les diverses formes que peut nous présenter l'arrêt du cœur sous l'influence de l'excitation galvanique des nerfs.

L'excitation des nerfs pneumo-gastriques ou nerfs du cœur par un courant électrique très-

actif arrête aussitôt les battements de cet organe. Toutefois il y a dans le phénomène quelques variétés qui dépendent de la sensibilité
de l'animal. Si l'on agit sur des mammifères
très-sensibles, le cœur s'arrête instantanément,
tandis que chez des animaux à sang froid et
surtout pendant l'hiver le cœur ne ressent pas
immédiatement l'influence nerveuse; plusieurs
battements peuvent encore avoir lieu avant
qu'il s'arrête. Après la cessation de l'excitation
galvanique violente des nerfs, les battements
reparaissent assez vite, plus ou moins facilement toutefois, suivant l'état de vigueur ou de
sensibilité de l'animal. Il peut même arriver
que chez des animaux très-sensibles ou affaiblis
les battements ne reparaissent plus; alors l'arrêt du cœur est définitif, et la mort s'ensuit
immédiatement.

L'excitation galvanique des nerfs pneumo-
gastriques a pour effet d'arrêter le cœur d'autant
plus énergiquement que l'application en est plus
soudaine et qu'elle a été moins répétée. Quand
on reproduit plusieurs fois de suite ou qu'on prolonge trop l'excitation, la sensibilité du cœur

et de ses nerfs s'émousse au point que l'électricité ne peut plus arrêter ses battements ; il en
est de même quand on irrite graduellement les
nerfs : on peut arriver successivement à employer des courants très-violents sans arrêter
le cœur. Lorsqu'on applique des excitations
faibles sur les nerfs du cœur, les résultats sont
toujours les mêmes au fond, seulement la différence d'intensité leur donne une apparence
tout autre. En effet, l'excitation galvanique
faible et instantanée des pneumo-gastriques
amène bien chez un animal très-sensible un arrêt subit du cœur, mais de si courte durée qu'il
serait souvent imperceptible pour un observateur non prévenu. En outre, à la suite de ces
actions légères ou modérées, les battements
cardiaques reparaissent aussitôt avec plus d'é-
negie et de rapidité. On voit ainsi que l'excitation énergique des nerfs du cœur amène un
arrêt prolongé de l'organe, avec un retour lent et
plus ou moins difficile de ses battements, tandis
que les actions modérées ne provoquent qu'un
arrêt extrêmement fugace du cœur, suivi immédiatement d'une accélération dans ses batte-

ments avec augmentation de l'énergie des contractions ventriculaires.

Tous les résultats que nous avons mentionnés jusqu'ici, soit relativement à l'excitation des nerfs des muscles des membres, soit relativement à l'excitation des nerfs du cœur, ont été fournis par des expériences de vivisection dans lesquelles on avait appliqué l'excitant sur les nerfs moteurs eux-mêmes ; mais dans l'état naturel les choses ne sauraient se passer ainsi : ce sont des excitants physiologiques qui viennent irriter les nerfs moteurs, afin de déterminer leur réaction sur les muscles. Ces excitants physiologiques sont au nombre de deux : la *volonté* et la *sensibilité*. La volonté ne peut exercer son influence sur tous les nerfs moteurs du corps ; les nerfs du cœur par exemple sont en dehors d'elle. La sensibilité au contraire exerce une influence qui est générale, et tous les nerfs moteurs, qu'ils soient volontaires ou involontaires, subissent son action réflexe. On a appelé *réflexes* toutes les actions sensitives qui réagissent sur les nerfs moteurs en donnant lieu à des mouvements involontaires, parce qu'on suppose que l'impression sensitive venue de la périphérie est réfléchie dans le centre nerveux sur le nerf moteur.

Il serait inutile de nous étendre davantage sur le mécanisme des actions nerveuses réflexes, qui forment aujourd'hui une des bases importantes de la physiologie du système nerveux[1]. Il nous suffira de savoir que tous les mouvements involontaires sont le résultat de la simple action de la sensibilité ou du nerf sensitif sur le nerf moteur, qui réagit ensuite sur le muscle. Tous les mouvements involontaires du cœur que nous aurons à observer n'ont pas d'autre source que la réaction de la sensibilité sur les nerfs pneumo-gastriques moteurs de cet organe, et quand nous dirons par exemple qu'une impression douloureuse arrête les mouvements du cœur, cela signifiera simplement qu'un nerf sensitif primitivement excité a transmis son impression au cœur en excitant le pneumo-gastrique, qui, à son tour, a fait

1. Voyez Claude Bernard, *Leçons sur la physiologie et la pathologie du système nerveux*. Paris, 1858.

ressentir son influence motrice au cœur absolument comme quand nous agissons dans nos expériences avec le courant galvanique. Quand le physiologiste excite un nerf moteur à réagir sur les muscles au moyen d'un courant galvanique ou à l'aide du pincement, il substitue un excitant artificiel à l'excitant naturel, qui est la volonté ou la sensibilité ; mais les résultats de l'action nerveuse motrice sont toujours les mêmes. On verra bientôt en effet toutes les formes d'arrêt du cœur que nous avons observées en agissant directement avec un courant galvanique sur les nerfs pneumo-gastriques se reproduire par les influences sensitives diverses. Comme nous savons maintenant que les influences sensitives ne peuvent agir sur le cœur qu'en excitant ses nerfs moteurs, nous sous-entendrons désormais cet intermédiaire dans le langage, et quand nous dirons : la sensibilité ou les sentiments réagissent sur le cœur, nous saurons ce que cela signifie physiologiquement.

Nos expériences directes sur l'excitation des nerfs pneumo-gastriques nous ont montré que le cœur est d'autant plus prompt à recevoir l'impression nerveuse et à s'arrêter que l'animal est plus sensible ; il en est de même pour les réactions des nerfs de la sensibilité sur le cœur.

Chez la grenouille, on n'arrête pas le cœur en pinçant la peau : il faut des actions beaucoup plus énergiques.

Mais chez des animaux élevés, chez certaines races de chiens par exemple, les moindres excitations des nerfs sensitifs retentissent sur le cœur. Si l'on place un hémomètre sur l'artère de l'un de ces animaux afin d'avoir sous les yeux par l'oscillation de la colonne mercurielle l'expression des battements du cœur (fig. 20), on constate qu'au moment où l'on excite rapidement un nerf sensitif il y a arrêt du cœur en diastole, ce qui détermine une suspension de l'oscillation avec abaissement léger de la colonne mercurielle. Aussitôt après, les battements reparaissent considérablement accélérés et plus énergiques, car le mercure s'élève quelquefois de plusieurs centimètres pour redescendre à son point primitif lorsque le cœur calmé a repris son rhythme normal.

Le cœur est quelquefois si sensible chez certains animaux que des excitations très-légères des nerfs sensitifs peuvent amener des réactions, lors même que l'animal ne manifeste aucun signe de douleur. Ce sont là des expériences

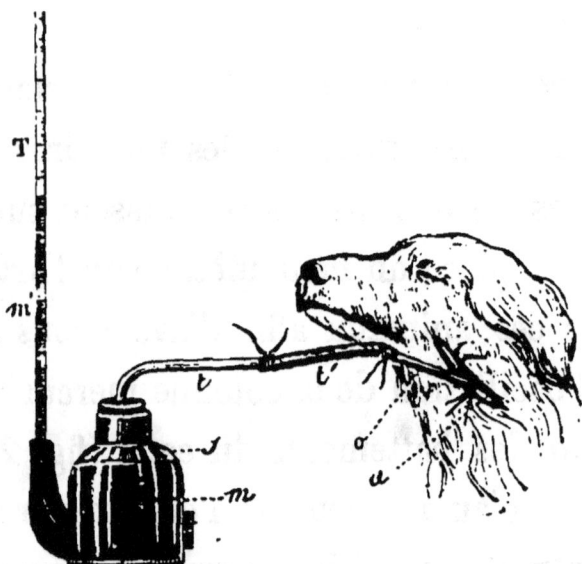

Fig. 20. Chien curarisé par ingestion. — La branche horizontale d'un manomètre est engagée dans l'artère carotide [1].

que nous avons faites, mon maître Magendie et moi, il y a bien longtemps, et qui depuis ont été souvent répétées et vérifiées par des procédés divers.

[1]. *a*, carotide ; *m*, mercure ; *m'*, mercure dans le tube ; T, branche verticale ; *t*, *t'*, branche horizontale.

A mesure que l'organisation animale s'élève, le cœur devient donc un réactif de plus en plus délicat pour trahir les impressions sensitives qui se passent dans le corps, et il est naturel de penser que l'homme doit être au premier rang sous ce rapport. Chez lui, le cœur n'est plus seulement l'organe central de la circulation du sang, mais il est devenu en outre un centre où viennent retentir toutes les actions nerveuses sensitives. Les influences nerveuses qui réagissent sur le cœur arrivent soit de la périphérie par le système cérébro-spinal, soit des organes intérieurs par le grand sympathique, soit du centre cérébral lui-même, car au point de vue physiologique il faut considérer le cerveau comme la surface nerveuse la plus délicate de toutes : d'où il résulte que les actions sensitives qui proviennent de cette source sont celles qui exerceront sur le cœur les influences les plus énergiques.

IV

Comment est-il possible de concevoir le mécanisme physiologique à l'aide duquel le cœur se lie aux manifestations de nos sentiments?

Nous savons que cet organe peut recevoir le contre-coup de toutes les vibrations sensitives qui se passent en nous, et qu'il peut en résulter tantôt un arrêt violent avec suspension momentanée et ralentissement de la circulation, si l'impression a été très-forte, tantôt un arrêt léger avec réaction et augmentation du nombre et de l'énergie des battements cardiaques, si l'impression a été légère ou modérée; mais comment cet état peut-il ensuite traduire nos sentiments? C'est ce qu'il s'agit d'expliquer.

Rappelons-nous que le cœur ne cesse jamais d'être une pompe foulante, c'est-à-dire un moteur qui distribue le liquide vital à tous les or-

ganes de notre corps. S'il s'arrête, il y a nécessairement suspension ou diminution dans l'arrivée du liquide vital aux organes, et par suite
suspension ou diminution de leurs fonctions;
si au contraire l'arrêt léger du cœur est suivi
d'une intensité plus grande dans son action, il
y a distribution d'une plus grande quantité du
liquide vital dans les organes, et par suite surexcitation de leurs fonctions.

Cependant tous les organes du corps et tous
les tissus organiques ne sont pas également
sensibles à ces variations de la circulation artérielle, qui peuvent diminuer ou augmenter
brusquement la quantité du liquide nourricier
qu'ils reçoivent. Les organes nerveux et surtout
le cerveau, qui constituent l'appareil dont la
texture est la plus délicate et la plus élevée dans
l'ordre physiologique, reçoivent les premiers
les atteintes de ces troubles circulatoires. C'est
une loi générale pour tous les animaux : depuis
la grenouille jusqu'à l'homme, la suspension
de la circulation du sang amène en premier
lieu la perte des fonctions cérébrales et nerveuses, de même que l'exagération de la circula-

tion exalte d'abord les manifestations cérébrales et nerveuses.

Toutefois ces réactions de la modification circulatoire sur les organes nerveux demandent pour s'opérer un temps très-différent selon les espèces.

Chez les animaux à sang froid, ce temps est très-long, surtout pendant l'hiver; une grenouille reste plusieurs heures avant d'éprouver les conséquences de l'arrêt de la circulation; on peut lui enlever le cœur, et pendant quatre ou cinq heures elle saute et nage sans que sa volonté ni ses mouvements paraissent le moins du monde troublés.

Chez les animaux à sang chaud, c'est tout différent : la cessation d'action du cœur amène très-rapidement la disparition des phénomènes cérébraux, et d'autant plus facilemeut que l'animal est plus élevé, c'est-à-dire possède des organes nerveux plus délicats.

Le raisonnement et l'expérience nous montrent qu'il faut encore placer, sous ce rapport, l'homme au premier rang. Chez lui, le cerveau est si délicat qu'il éprouvera en quelques secondes, et pour ainsi dire instantanément, le retentissement des influences nerveuses exercées sur l'organe central de la circulation, influences qui se traduisent comme nous allons le voir bientôt, tantôt par une émotion, tantôt par une syncope.

Les phénomènes physiologiques suivent partout une loi identique, mais la nature plus ou moins délicate de l'organisme vivant peut leur donner une expression toute différente. Ainsi la loi de réaction du cœur sur le cerveau est la même chez la grenouille et chez l'homme; cependant jamais la grenouille ne pourra éprouver une émotion ni une syncope, parce que le temps qu'il faut à son cœur pour ressentir l'influence nerveuse, et à son cerveau pour éprouver l'influence circulatoire, est si long que la relation physiologique entre les deux organes disparaît.

Chez l'homme, l'influence du cœur sur le cerveau se traduit par deux états principaux entre lesquels on peut supposer beaucoup d'intermédiaires : la *syncope* et l'*émotion*.

La *syncope* est due à la cessation momentanée des fonctions cérébrales par cessation de l'arrivée du sang artériel dans le cerveau.

On pourrait produire la syncope en liant ou en comprimant directement toutes les artères qui vont au cerveau ; mais ici ne nous occupons que de la syncope qui survient par une influence sensitive portée sur le cœur et assez énergique pour arrêter ses mouvements. L'arrêt du cœur qui produit la perte de connaissance en privant le cerveau du sang amène aussi la pâleur des traits et une foule d'autres effets accessoires dont il ne peut être question ici. Toutes les impressions sensitives énergiques et subites sont dans le cas d'amener la syncope, quelle qu'en soit d'ailleurs la nature. Des impressions physiques sur les nerfs sensitifs ou des impressions morales, des sensations douloureuses ou des sensations de volupté, conduisent au même résultat et amènent l'arrêt du cœur.

La durée de la syncope est naturellement liée à la durée de l'arrêt du cœur. Plus l'arrêt a été intense, plus en général la syncope se prolonge, et plus difficilement se rétablissent les battements cardiaques, qui d'abord reviennent irrégulièrement pour ne reprendre que lentement leur rhythme normal.

Quelquefois l'arrêt du cœur est définitif et la syncope mortelle; chez les individus faibles et en même temps très-sensibles, cela peut arriver. On a constaté expérimentalement que, sur des colombes épuisées par l'inanition, il suffit parfois de produire une douleur vive, en pinçant un nerf de sentiment, pour amener un arrêt du cœur définitif et une syncope mortelle.

L'émotion dérive du même mécanisme physiologique que la syncope, mais elle a une manifestation bien différente. La syncope, qui enlève le sang au cerveau, donne une expression négative, en prouvant seulement qu'une impression nerveuse violente est allée se réfléchir sur le cœur pour revenir frapper le cerveau. L'émotion au contraire, qui envoie au cerveau une circulation plus active, donne une expression positive, en ce sens que l'organe cérébral reçoit une surexcitation fonctionnelle en harmonie avec la nature de l'influence nerveuse qui l'a déterminée. Dans l'émotion, il y a toujours une impression initiale qui surprend en

quelque sorte et arrête très-légèrement le cœur,
et par suite une faible secousse cérébrale
qui amène une pâleur fugace; aussitôt le cœur,
comme un animal piqué par un aiguillon, réagit, accélère ses mouvements et envoie le sang
à plein calibre par l'aorte et par toutes les artères. Le cerveau, le plus sensible de tous les
organes, éprouve immédiatement et avant tous
les autres les effets de cette modification circulatoire. Le cerveau a été sans doute le point de
départ de l'impression nerveuse sensitive; mais
par l'action réflexe sur les nerfs moteurs du
cœur l'influence sensitive a provoqué dans le
cerveau les conditions qui viennent se lier à la
manifestation du sentiment.

En résumé, chez l'homme, le cœur est le
plus sensible des organes de la vie végétative;
il reçoit le premier de tous l'influence nerveuse
cérébrale. Le cerveau est le plus sensible
des organes de la vie animale; il reçoit le premier de tous l'influence de la circulation du
sang. De là résulte que ces deux organes culmi-
nants de la machine vivante sont dans des rapports incessants d'action et de réaction. Le

cœur et le cerveau se trouvent dès lors dans
une solidarité d'actions réciproques des plus intimes, qui se multiplient et se resserrent d'autant plus que l'organisme devient plus développé et plus délicat.

Ces rapports peuvent être constants ou passagers, varier avec le sexe et avec l'âge. C'est
ainsi qu'à l'époque de la puberté, lorsque des
organes, jusqu'alors restés inertes ou engourdis, s'éveillent et se développent, des sentiments nouveaux prennent naissance dans le
cerveau et apportent au cœur des impressions
nouvelles.

Les sentiments que nous éprouvons sont
toujours accompagnés par des action réflexes
du cœur; c'est du cœur que viennent les conditions de manifestation des sentiments, quoique le cerveau en soit le siége exclusif. Dans
les organismes élevés, la vie n'est qu'un échange
continuel entre le système sanguin et le système
nerveux. L'expression de nos sentiments se
fait par un échange entre le cœur et le cerveau,
les deux rouages les plus parfaits de la machine
vivante. Cet échange se réalise par des relations

anatomiques très-connues, par les nerfs pneumo-gastriques qui portent les influences nerveuses au cœur, et par les artères carotides et vertébrales qui apportent le sang au cerveau. Tout ce mécanisme merveilleux ne tient donc qu'à un fil, et si les nerfs qui unissent le cœur au cerveau venaient à être détruits, cette réciprocité d'action serait interrompue, et la manifestation de nos sentiments profondément troublée.

Toutes ces explications, me dira-t-on, sont bien empreintes de matérialisme.

A cela je répondrai que ce n'est pas ici la question. Si ce n'était m'écarter du but de ces recherches, je pourrais montrer facilement qu'en physiologie le matérialisme ne conduit à rien et n'explique rien; mais un concert en est-il moins ravissant parce que le physicien en calcule mathématiquement toutes les vibrations? Un phénomène physiologique en est-il moins admirable parce que le physiologiste en analyse toutes les conditions matérielles? Il faut bien que cette analyse, que ces calculs se fassent, car sans cela il n'y aurait pas de science. Or la science physiologique nous apprend que, d'une part, le cœur reçoit réellement l'impression de tous nos sentiments, et que, d'autre part, le cœur réagit pour renvoyer au cerveau les conditions nécessaires de la manifestation de ces sentiments, d'où il résulte que le poëte et le romancier qui, pour nous émouvoir, s'adressent à notre cœur, que l'homme du monde qui à tout instant exprime ses sentiments en invoquant son cœur, font des métaphores qui correspondent à des réalités physiologiques.

Quelquefois un mot, un souvenir, la vue d'un événement, éveillent en nous une douleur profonde. Ce mot, ce souvenir ne sauraient être douloureux par eux-mêmes, mais seulement par les phénomènes qu'ils provoquent en nous.

Quand on dit que *le cœur est brisé par la douleur*, il y a des phénomènes réels dans le cœur. Le cœur a été arrêté, si l'impression douloureuse a été trop soudaine; le sang n'arrivant plus au cerveau, la syncope, des crises nerveuses en sont la conséquence. On a donc bien raison, quand il s'agit d'apprendre à quelqu'un une de ces nouvelles terribles qui bouleversent notre âme, de ne la lui faire connaître qu'avec ménagement.

Nous savons par nos expériences sur les nerfs du cœur que les excitations graduées émoussent ou épuisent la sensibilité cardiaque en évitant l'arrêt des battements.

Quand on dit qu'*on a le cœur gros*, après avoir longtemps été dans l'angoisse et avoir éprouvé des émotions pénibles, cela répond encore à des conditions physiologiques particulières du cœur. Les impressions douloureuses prolongées, devenues incapables d'arrêter le cœur, le fatiguent et le lassent, retardent ses battements, prolongent la diastole, et font éprouver dans la région précordiale un sentiment de plénitude ou de resserrement.

Les impressions agréables répondent aussi à des états déterminés du cœur.

Quand une femme est surprise par une douce émotion, les paroles qui ont pu la faire naître ont traversé l'esprit comme un éclair, sans s'y arrêter; le cœur a été atteint immédiatement et avant tout raisonnement et toute réflexion. Le sentiment commence à se manifester après un léger arrêt du cœur, imperceptible pour tout le monde, excepté pour le physiologiste; le cœur, aiguillonné par l'impression nerveuse, réagit par des palpitations qui le font bondir et battre plus fortement dans la poitrine, en même temps qu'il envoie plus de sang au cerveau, d'où résultent la rougeur du visage et une expression particulière des traits correspondant au sentiment de bien-être éprouvé.

Ainsi dire que l'*amour fait palpiter le cœur* n'est pas seulement une forme poétique; c'est aussi une réalité physiologique.

Quand on dit à quelqu'un qu'*on l'aime de tout son cœur*, cela signifie physiologiquement que sa présence ou son souvenir éveille en nous une impression nerveuse qui, transmise au cœur par les nerfs pneumo-gastriques, fait réagir notre cœur de la manière la plus convenable pour provoquer dans notre cerveau un sentiment ou une émotion affective. Je suppose ici, bien entendu, que l'aveu est sincère; sans cela, le cœur n'éprouverait rien et le sentiment ne serait que sur les lèvres.

Chez l'homme, le cerveau doit, pour exprimer ses sentiments, avoir le cœur à son service.

Deux *cœurs unis* sont des cœurs qui battent à l'unisson sous l'influence des mêmes impressions nerveuses, d'où résulte l'expression harmonique de sentiments semblables.

Les philosophes disent qu'on peut *maîtriser son cœur* et *faire taire ses passions*. Ce sont encore des expressions que la physiologie peut interpréter. On sait que par sa volonté l'homme peut arriver à dominer beaucoup d'actions réflexes dues à des sensations produites par des causes physiques. La raison parvient sans doute à exercer le même empire sur les sentiments moraux. L'homme peut arriver par la raison à empêcher les actions réflexes sur son cœur; mais plus la raison pure tendrait à triompher, plus le sentiment tendrait à s'éteindre.

La puissance nerveuse capable d'arrêter les actions réflexes est en général moindre chez la femme que chez l'homme : c'est ce qui lui donne la suprématie dans le domaine de la sensibilité physique et morale, c'est ce qui a fait dire qu'*elle a le cœur plus tendre que l'homme.*

Mais je m'arrête dans ces considérations, qui nous entraîneraient trop loin, et je terminerai par une conclusion générale.

La science ne contredit point les observations et les données de l'art, et je ne saurais admettre l'opinion de ceux qui croient que le positivisme scientifique doit tuer l'inspiration. Suivant moi, c'est le contraire qui arrivera nécessairement. L'artiste trouvera dans la science des bases plus stables, et le savant puisera dans l'art une intuition plus assurée. Il peut sans doute exister des époques de crise dans lesquelles la science, à la fois trop avancée et encore trop imparfaite, inquiète et trouble l'artiste plutôt qu'elle ne l'aide. C'est ce qui peut arriver aujourd'hui pour la physiologie à l'égard du poëte et du philosophe; mais ce n'est là qu'un état transitoire, et j'ai la conviction que quand la physiologie sera assez avancée, le poëte, le philosophe et le physiologiste s'entendront tous.

DES FONCTIONS DU CERVEAU

I

Le premier soin de la physiologie a été de localiser les fonctions de la vie dans les différents organes du corps qui leur servent d'instruments.

C'est ainsi qu'on a rattaché la digestion à l'estomac, la circulation au cœur, la respiration au poumon ; c'est encore de même qu'on a placé le siége de l'intelligence et de la pensée dans le cerveau.

Toutefois, relativement à ce dernier organe, on a cru devoir faire des réserves et ne pas admettre que l'expression métaphysique des facultés intellectuelles et morales fût la manifestation pure et simple de la fonction cérébrale.

Descartes, qu'il faut mettre au nombre des promoteurs de la physiologie moderne, parce qu'il a très-bien compris que les explications des phénomènes de la vie ne peuvent relever que des lois de la physique et de la mécanique générales, s'est clairement exprimé à cet égard. Adoptant les idées de Galien sur la formation des esprits animaux dans le cerveau, il leur donne pour mission de se répandre au moyen des nerfs dans toute la machine animée, afin de porter à chacune des parties l'impulsion nécessaire à son activité spéciale. Cependant, au-dessus et distincte de cette fonction physiologique du cerveau, Descartes admet l'âme, qui donne à l'homme la faculté de penser; elle aurait son siége dans la glande pinéale, et dirigerait les esprits animaux qui en émanent et lui sont subordonnés.

Les opinions de Descartes touchant les fonctions du cerveau ne pourraient aujourd'hui

supporter le moindre examen physiologique;
ses explications, fondées sur des connaissances
anatomiques insuffisantes, n'ont pu enfanter
que des hypothèses empreintes d'un grossier
mécanisme. Néanmoins elles ont pour nous
une valeur historique, elles nous montrent que
ce grand philosophe reconnaissait dans le cerveau deux choses : d'abord un mécanisme
physiologique, puis, au-dessus et en dehors de
lui, la faculté pensante de l'âme.

Ces idées sont à peu près celles qui ont régné
ensuite parmi beaucoup de philosophes et parmi
certains naturalistes; le cerveau, où s'accomplissent les fonctions les plus importantes du
système nerveux, serait non pas l'organe réel
de la pensée, mais seulement le *substratum* de
l'intelligence. Bien souvent en effet on entend
faire cette objection, que le cerveau forme une
exception physiologique à tous les autres organes du corps, en ce qu'il est le siége de manifestations métaphysiques qui ne sont pas du
ressort du physiologiste. On conçoit que l'on
puisse ramener la digestion, la respiration, la
locomotion, etc., à des phénomènes de mécani-

que, de physique et de chimie; mais on n'admet pas que la pensée, l'intelligence, la volonté se soumettent à de semblables explications. Il y a là, dit-on, un abîme entre l'organe et la fonction, parce qu'il s'agit de phénomènes métaphysiques et non plus de mécanismes physico-chimiques.

De Blainville, dans ses cours de zoologie, insistait beaucoup sur la définition de l'*organe* et du *substratum*. « Dans l'organe, disait-il, il y a un rapport visible et nécessaire entre la structure anatomique et la fonction; dans le cœur, organe de la circulation, la conformation et la disposition des orifices et de leurs valvules rend parfaitement compte de la circulation du sang. Dans le substratum, rien de pareil ne s'observe : le cerveau est le substratum de la pensée ; elle a son siége en lui, mais la pensée ne saurait se déduire de l'anatomie cérébrale. »

C'est en se fondant sur de pareilles considérations qu'on s'est cru autorisé à prétendre que la raison pouvait être, chez les aliénés, troublée d'une manière dite *essentielle*, c'est-à-dire sans qu'il existât aucune lésion matérielle du cerveau. La réciproque a été de même soutenue, et on trouve cités dans des *traités de physiologie* des cas où l'intelligence se serait manifestée intègre chez des individus dont le cerveau était ramolli ou pétrifié.

Aujourd'hui les progrès de la science ont ruiné toutes ces doctrines ; cependant il faut reconnaître que les physiologistes qui se sont autorisés des recherches modernes les plus délicates sur la structure du cerveau pour localiser la pensée dans une substance particulière ou dans des cellules nerveuses d'une forme et d'un ordre déterminés n'ont pas davantage résolu la question, car ils n'ont fait en réalité qu'opposer des hypothèses matérialistes à d'autres hypothèses spiritualistes.

De tout ce qui précède, je tirerai la seule conclusion légitime qui en découle : c'est que le mécanisme de la pensee nous est inconnu, et je crois que tout le monde sera d'accord sur ce point.

La question fondamentale que nous avons posée n'en subsiste pas moins, car ce qui nous importe, c'est de savoir si l'ignorance

où nous sommes à ce sujet est une ignorance
relative qui disparaîtra avec les progrès de la
science, ou bien si c'est une ignorance absolue
en ce sens qu'il s'agirait là d'un problème vital
qui doit à jamais rester en dehors de la physiologie.

Je repousse, tant qu'à moi, cette dernière
opinion, parce que je n'admets pas que la vérité scientifique puisse ainsi se fractionner.
Comment comprendre en effet qu'il soit donné
au physiologiste de pouvoir expliquer les phénomènes qui s'accomplissent dans tous les organes du corps, excepté une partie de ceux qui
se passent dans le cerveau? De semblables dis-
tinctions ne peuvent exister dans les phénomènes de la vie. Ces phénomènes présentent sans
doute des degrés de complexité très-différents,
mais ils sont tous au même titre accessibles ou
inaccessibles à nos investigations, et le cerveau,
quelque merveilleuses que nous paraissent les
manifestations métaphysiques dont il est le
siége, ne saurait constituer une exception parmi
les autres organes du corps.

II

Les phénomènes métaphysiques de la pensee, de la conscience et de l'intelligence, qui servent aux manifestations diverses de l'âme humaine, considérés au point de vue physiologique, ne sont que des phénomènes ordinaires de la vie, et ne peuvent être que le résultat de la fonction de l'organe qui les exprime.

Nous allons montrer en effet que la physiologie du cerveau se déduit, comme celle de tous les autres organes du corps, des observations anatomiques, de l'expérimentation physiologique et des connaissances de l'anatomie pathologique.

Dans son développement anatomique, le cerveau suit la loi commune, c'est-à-dire qu'il devient plus volumineux quand les fonctions

auxquelles il préside augmentent de puissance[1].
A mesure que l'intelligence se manifeste davantage, nous voyons dans la série des animaux le cerveau acquérir un plus grand développement, et c'est chez l'homme, où les phénomènes intellectuels sont arrivés à leur expression la plus élevée, que l'organe cérébral présente le volume le plus considérable.

D'après la forme du cerveau (fig. 21), d'après le nombre des plis ou circonvolutions qui en étendent la surface, on peut déjà préjuger l'intelligence des divers animaux ; mais ce n'est pas seulement l'aspect extérieur du cerveau qui change quand ses fonctions se modifient, il offre en même temps dans sa structure intime une complexité qui s'accroît avec la variété et l'intensité des manifestations intellectuelles. Relativement à la texture du cerveau, nous n'en sommes plus au temps de Buffon, qui considérait la cervelle, ainsi qu'il l'appelait avec dédain, comme une substance muqueuse sans importance.

1. Voy. Leuret et Gratiolet, *Anatomie comparée du système nerveux*. Paris, 1839-1857.

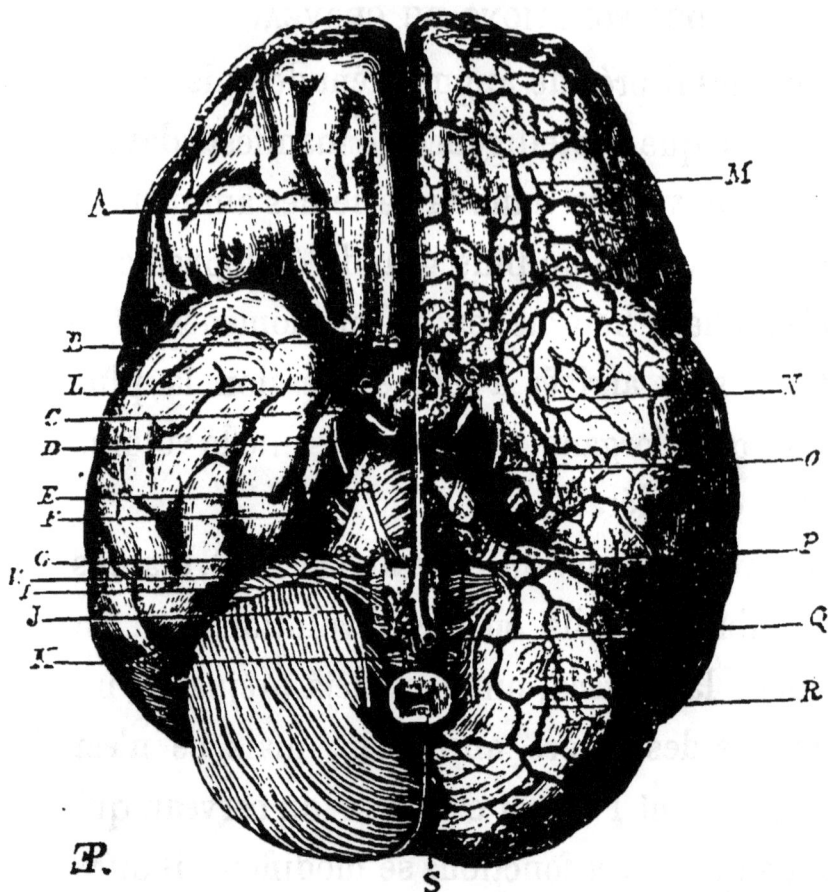

Fig. 21. Face inférieure du cerveau [1].

1. A, sillon du nerf olfactif; le sillon existe beaucoup
moins prononcé, mais on ne trouve aucun vestige de nerf
olfactif, pas même vers son origine; B, nerf ophthalmique;
C, nerf moteur oculaire commun; D, nerf pathétique;
E, moteur oculaire externe; F, nerf trijumeau; G, nerf
de la septième paire; H, nerf vague; I, nerf glosso-pha-
ryngien; J, nerf spinal; K, nerf grand hypoglosse; L, artère carotide interne; M, lobe antérieur du cerveau; N, lobe
cérébral moyen; O, pont de Varole; P, artère basilaire;
Q, pyramide antérieure; R, cervelet.

Les progrès de l'anatomie générale et de l'histologie nous ont appris que l'organe cérébral possède la texture à la fois la plus délicate et la plus complexe de tous les appareils nerveux. Les éléments anatomiques qui le composent sont des éléments nerveux sous la forme de tubes et de cellules combinés et unis entre eux. Ces éléments sont semblables dans tous les animaux par leurs propriétés physiologiques et par leurs caractères histologiques ; ils diffèrent par le nombre, les réseaux, les connexions, l'*arrangement* en un mot, qui présente une disposition particulière dans le cerveau de chaque espèce.

En cela, le cerveau suit encore la loi générale, car dans tous les organes l'élément anatomique garde des caractères fixes qui le font reconnaître ; le perfectionnement organique consiste surtout dans l'arrangement de ces éléments, qui, dans chaque espèce animale, offre une forme spécifique. Chaque organe serait donc en réalité un appareil dont les éléments constitutifs restent identiques, mais dont le groupement devient de plus en plus compliqué à mesure que la fonction elle-même se montre plus variée et plus complexe.

Si nous considérons maintenant les conditions organiques et physico-chimiques nécessaires à l'entretien de la vie et à l'exercice des fonctions, nous verrons qu'elles sont les mêmes dans le cerveau que dans tous les autres organes.

Le sang agit sur les éléments anatomiques de tous les tissus en leur apportant les conditions de nutrition, de température, d'humidité, qui leur sont indispensables. Lorsque le sang afflue en moindre quantité dans un organe quelconque, l'activité fonctionnelle se modère, et l'organe entre au repos ; mais, si le fluide sanguin est supprimé, les propriétés élémentaires du tissu s'altèrent peu à peu, en même temps que les fonctions sont anéanties.

Il en est absolument de même pour les éléments anatomiques du cerveau. Dès que le sang cesse d'y parvenir, les propriétés nerveuses sont atteintes, ainsi que les fonctions cérébrales, qui finissent par disparaître, si l'anémie devient complète. Une simple modification dans la

température du sang, dans sa pression, suffit
pour produire des troubles profonds dans la
sensibilité, le mouvement ou la volonté.

Tous les organes du corps nous offrent alter-
nativement un état de repos et un état de fonction dans lesquels les phénomènes circulatoires
sont essentiellement différents.

Des observations nombreuses, prises dans les
appareils les plus divers, ont mis ces faits hors
de doute.

Lorsque par exemple on examine le canal
alimentaire d'un animal à jeun, on trouve la
membrane muqueuse qui revêt la face interne
de l'estomac et des intestins pâle et peu vascula-
risée ; pendant la digestion au contraire, on
constate que la même membrane est très-colo-
rée et gonflée par le sang, qui y afflue avec
force. Ces deux phases circulatoires, à l'état de
repos et à l'état de fonctions, ont pu être vérifiées directement dans l'estomac chez l'homme
vivant.

Tous les physiologistes connaissent l'histoire
d'un jeune Canadien blessé accidentellement
d'un coup de mousquet chargé à plomb qui

l'atteignit presque à bout portant dans le flanc gauche[1]. La cavité abdominale avait été ouverte par une énorme plaie contuse, et l'estomac, largement perforé, laissait échapper les aliments du dernier repas. Le malade fut soigné par le docteur Beaumont, chirurgien à l'armée des États-Unis ; il guérit, mais en conservant une plaie fistuleuse de trente-cinq à quarante millimètres de circonférence, à travers laquelle on pouvait introduire différents corps et inspecter facilement ce qui se passait dans l'estomac. Le docteur Beaumont, voulant étudier ce cas remarquable, s'attacha en qualité de domestique ce jeune homme, dont la santé et les facultés digestives en particulier s'étaient complétement rétablies. Il put le garder à son service pendant sept années, durant lesquelles il fit un très-grand nombre d'observations du plus haut intérêt pour la physiologie. A jeun, en regardant dans l'intérieur de l'estomac, on en apercevait distinctement la membrane interne ; elle formait des

1. Voy. Claude Bernard, *Leçons de physiologie expérimentale appliquée à la médecine.* Paris, 1856, tome II, p. 382.

replis irréguliers, la surface, d'un rose pâle,
n'était animée d'aucun mouvement, et n'était
absolument lubrifiée que par du mucus. Aussitôt que les matières alimentaires descendaient
dans l'estomac et touchaient la membrane muqueuse, la circulation s'y accélérait, la couleur
s'avivait, et des mouvements péristaltiques s'y
manifestaient. Les papilles muqueuses versaient
alors le suc gastrique, fluide clair et transpa-
rent destiné à dissoudre les aliments. Lorsqu'on essuyait avec une éponge ou un linge fin
le mucus qui recouvrait la membrane villeuse,
on voyait bientôt le suc gastrique reparaître et
s'assembler en gouttelettes qui ruisselaient le
long des parois de l'estomac comme la sueur
sur le visage.

Ce que nous venons de voir sur la membrane
muqueuse gastrique s'observe de même pour
tout l'intestin et pour tous les organes glandulaires annexés à l'appareil digestif.

Les glandes salivaires, le pancréas, pendant
l'intervalle des digestions, présentent un tissu
pâle et exsangue dont les sécrétions sont entièrement suspendues. Pendant la période di-

gestive au contraire, ces mêmes glandes sont gorgées de sang, rutilantes, comme érectiles, et leurs conduits laissent écouler les liquides sécrétés en abondance.

Il faut donc reconnaître dans les organes deux ordres de circulations : d'un côté la *circulation générale*, connue depuis Harvey, et de l'autre les *circulations locales*, découvertes et étudiées seulement dans ces derniers temps. Dans les phénomènes de circulation générale, le sang ne fait en quelque sorte que traverser les parties pour passer des artères dans les veines; dans les phénomènes de la circulation locale, qui est la vraie circulation fonctionnelle, le fluide sanguin pénètre dans tous les replis de l'organe, et s'accumule autour des éléments anatomiques pour réveiller et exciter leur mode d'activité spéciale.

Le système nerveux, sensitif et vaso-moteur, préside à tous les phénomènes de circulations locales qui accompagnent les fonctions organiques; c'est ainsi que la salive s'écoule abondamment lorsqu'un corps sapide vient impressionner les nerfs de la membrane muqueuse buccale, et que le suc gastrique se forme sous l'influence du contact des aliments et de la surface sensible de l'estomac. Toutefois cette excitation mécanique sur les nerfs sensitifs périphériques, venant retentir sur l'organe par action réflexe, peut être remplacée par une excitation purement psychique ou cérébrale.

Une expérience simple vient en donner la démonstration.

Prenant un cheval à jeun, on découvre sur le côté de la mâchoire le canal excréteur de la glande parotide, on divise ce conduit, et rien n'en sort; la glande est au repos. Si alors on fait voir au cheval de l'avoine, ou mieux, si, sans rien lui montrer, on exécute un mouvement qui indique à l'animal qu'on va lui donner son repas, aussitôt un jet continu de salive s'écoule du conduit parotidien, en même temps que le tissu de la glande s'injecte et devient le siége d'une circulation plus active.

Le docteur Beaumont a observé sur son Canadien des phénomènes analogues. L'idée d'un mets succulent déterminait non-seulement un appel de sécrétion dans les glandes salivaires, mais provoquait encore un afflux sanguin immédiat sur la membrane muqueuse stomacale.

Ce que nous venons de dire sur les circulations locales ou fonctionnelles ne s'applique pas seulement aux organes sécréteurs où s'opère la séparation d'un liquide à la formation duquel le sang doit plus ou moins concourir; il s'agit là d'un phénomène général qui s'observe dans tous les organes, quelle que soit la nature de leur fonction.

Le système musculaire, qui ne produit qu'un travail mécanique, est dans le même cas que les glandes, qui agissent chimiquement. Au moment de la fonction du muscle, le sang circule avec une plus grande activité, qui se modère quand l'organe entre en repos.

Le système nerveux périphérique, la moelle épinière et le cerveau, qui servent à la manifestation des phénomènes de l'innervation et de l'intelligence, n'échappent pas non plus à cette loi, ainsi que nous allons le voir.

Les relations qui existent entre les phénomènes circulatoires du cerveau et l'activité fonctionnelle de cet organe ont été longtemps obscurcies par des opinions erronées sur les conditions du sommeil, considéré à juste titre comme l'état de repos de l'organe cérébral.

Les anciens croyaient que l'état de sommeil était la conséquence d'une compression opérée sur le cerveau par le sang lorsque sa circulation se ralentit. Ils supposaient que cette pression s'exerçait surtout à la partie postérieure de la tête, au point où les sinus veineux de la dure-mère viennent aboutir dans un confluent commun qu'on appelle encore *torcular* ou *pressoir d'Hérophile,* du nom de l'anatomiste qui en donna la première description. Ces explications hypothétiques se sont transmises jusqu'à nous.

Ce n'est que dans ces dernières années que l'expérimentation est venue en démontrer la fausseté. On a prouvé en effet par des expériences directes que pendant le sommeil le cerveau, au lieu d'être congestionné, est au contraire pâle et exsangue, tandis que pendant la veille la circulation, devenue plus active, provoque un afflux de sang qui est en raison de l'intensité des fonctions cérébrales. Sous ce rapport, le sommeil naturel et le sommeil anesthésique du chloroforme se ressemblent; dans les deux cas, le cerveau, plongé dans le repos ou l'inaction, présente la même pâleur et la même anémie relative.

Voici comment se fait l'expérience.

Sur un animal, on enlève avec soin une partie de la paroi osseuse du crâne, et on met à nu le cerveau de manière à observer la circulation à la surface de cet organe. C'est alors qu'on fait respirer du chloroforme pour opérer l'anesthésie. Dans la première période excitante de l'action chloroformique, on voit le cerveau se congestionner et faire hernie au dehors; mais, dès que la période du sommeil anesthésique arrive, la substance cérébrale s'affaisse, pâlit, en présentant un affaiblissement de la circulation capillaire qui persiste autant que dure l'état de sommeil ou de repos cérébral.

Pour observer le cerveau pendant le sommeil naturel, on a pratiqué sur des chiens des couronnes de trépan en remplaçant la pièce osseuse enlevée par un verre de montre exactement appliqué, afin d'empêcher l'action irritante de l'air extérieur. Les animaux survivent parfaitement à cette opération; en observant leur cerveau par cette sorte de fenêtre pendant la veille et pendant le sommeil, on constate que lorsque le chien dort, le cerveau est toujours plus pâle, et qu'un nouvel afflux sanguin se manifeste constamment au réveil, lorsque les fonctions cérébrales reprennent leur activité.

Des faits analogues à ceux observés chez les animaux ont été vus directement sur le cerveau de l'homme.

Sur un individu victime d'un épouvantable accident de chemin de fer, on eut l'occasion d'observer une perte de substance considérable. Le cerveau apparaissait dans une étendue de trois pouces de long sur six de large. Le blessé présentait de fréquentes et graves attaques d'épilepsie et de coma, pendant lesquelles le cerveau s'élevait invariablement. Après ces attaques, le sommeil survenait, et la hernie cérébrale s'affaissait graduellement. Lorsque le malade était réveillé, le cerveau faisait de nouveau saillie, et se mettait de niveau avec la surface de la table externe de l'os.

A la suite d'une fracture du crâne, on observa

chez un autre blessé la circulation cérébrale pendant l'administration des anesthésiques. Au début de l'inhalation, la surface cérébrale devenait arborescente et injectée; l'hémorrhagie et les mouvements du cerveau augmentaient, puis, au moment du sommeil, la surface du cerveau s'affaissait peu à peu au-dessous de l'ouverture, en même temps qu'elle devenait relativement pâle et anémiée.

En résumé, le cerveau est soumis à la loi commune qui régit la circulation du sang dans tous les organes. En vertu de cette loi, quand les organes sommeillent et que les fonctions en sont suspendues, la circulation y devient moins active; elle augmente au contraire dès que la fonction vient à se manifester. Le cerveau, je le répète, ne fait pas exception à cette loi générale, comme on l'avait cru, car il est prouvé aujourd'hui que l'état de sommeil coïncide non pas avec la congestion, mais au contraire avec l'anémie du cerveau.

Si maintenant nous cherchons à comprendre les relations qui peuvent exister entre la suractivité circulatoire du sang et l'état fonctionnel des organes, nous verrons facilement que cet afflux plus considérable du liquide sanguin est en rapport avec une plus grande intensité dans les métamorphoses chimiques qui s'opèrent au sein des tissus, ainsi qu'avec un accroissement dans les phénomènes caloriques qui en sont la conséquence nécessaire et immédiate.

La production de la chaleur dans les êtres vivants est un fait constaté dès la plus haute antiquité; mais les anciens eurent des idées fausses sur l'origine de la chaleur : ils l'attribuèrent à une puissance organique innée ayant son siége dans le cœur, foyer où bouillonnent le sang et les passions.

Plus tard, le poumon fut considéré comme une sorte de calorifère dans lequel la masse du sang venait tour à tour puiser la chaleur que la circulation était chargée de distribuer à tout le corps.

Les progrès de la physiologie moderne ont prouvé que toutes ces localisations absolues des conditions de la vie sont des chimères. Les sources de la chaleur animale sont partout et nulle part d'une manière exclusive. Ce n'est que par l'harmonisation fonctionnelle des divers organes que la température se maintient à peu près fixe chez l'homme et les animaux à sang chaud. Il y a en vérité autant de foyers calori-fiques qu'il y a d'organes et de tissus particu-liers, et nous devons partout relier la produc-tion de chaleur avec le travail fonctionnel des organes. Quand un muscle se contracte, quand une surface muqueuse, une glande sécrètent, il y a invariablement production de chaleur en même temps qu'il se produit une suractivité dans les phénomènes circulatoires locaux[1].

En est-il de même pour le système nerveux et pour le cerveau? Des expériences modernes ne permettent pas d'en douter. Chaque fois que la moelle épinière et les nerfs manifestent la sensibilité ou le mouvement, chaque fois qu'un travail intellectuel s'opère dans le cerveau, une quantité de chaleur correspondante s'y produit. Nous devons donc considérer la chaleur dans l'économie animale comme une résultante du

1. Voy. Claude Bernard, *Leçons sur la chaleur.* Paris, 1876.

travail organique de toutes les parties du corps ;
mais en même temps elle devient aussi le principe de l'activité de chacune de ces parties.
Cette corrélation est surtout indispensable pour
le cerveau et le système nerveux, qui tiennent
sous leur dépendance toutes les autres actions
vitales. Les expériences ont montré que le tissu
du cerveau présente la température la plus élevée de tous les organes du corps. Chez l'homme
et les animaux à sang chaud, le cerveau produit
lui-même la chaleur qui est nécessaire à la manifestation de ses propriétés de tissu. S'il n'en
était pas ainsi, il se refroidirait infailliblement,
et on verrait aussitôt toutes les fonctions cérébrales s'engourdir, l'intelligence et la volonté
disparaître. C'est ce qui arrive chez les animaux
à sang froid, chez lesquels la fonction de calo-
rification n'est pas suffisante pour permettre à
l'organisme de résister aux causes de refroidis-
sement extérieures.

III.

Sous le rapport des conditions organiques ou physico-chimiques de ses fonctions, le cerveau ne nous présente donc rien d'exceptionnel.

Si maintenant nous passons à l'expérimentation physiologique, nous verrons qu'elle parvient à analyser les phénomènes cérébraux de la même manière que ceux de tous les autres organes.

Le procédé expérimental le plus généralement mis en pratique pour déterminer les fonctions des organes consiste à les enlever ou à les détruire d'une façon lente ou brusque, afin de juger des usages de l'organe d'après les troubles spéciaux apportés dans les phénomènes de la vie. Ce procédé de destruction ou d'ablation organique, qui constitue une méthode brutale de vivisection, a été appliqué sur une grande échelle à l'étude de tout le système nerveux[1].

Ainsi, quand on a coupé un nerf et que les parties auxquelles il se distribue perdent leur sensibilité, nous en concluons que c'est là un nerf de sensibilité; si c'est le mouvement qui disparaît, nous en inférons qu'il s'agit d'un nerf de mouvement.

On a employé la même méthode pour connaître les fonctions des diverses parties de l'organe encéphalique, et, bien qu'on ait rencontré ici de nouvelles difficultés d'exécution à cause de la complexité des parties, cette méthode a fourni des résultats généraux incontestables.

Tout le monde savait déjà que l'intelligence n'est pas possible sans cerveau, mais l'expérimentation a précisé le rôle qui revient à chacune des portions de l'encéphale. Elle nous apprend que c'est dans les lobes cérébraux que réside la conscience ou l'intelligence proprement dite, tandis que les parties inférieures de l'en-

1. Voy. *Leçons sur la physiologie et la pathologie du système nerveux.* Paris, 1858.

céphale recèlent des centres nerveux affectés à des fonctions d'ordre inférieur.

Ce n'est pas ici le lieu de décrire le rôle particulier de ces différentes espèces de centres nerveux qui se superposent et s'échelonnent en quelque sorte jusque dans la moelle épinière, il suffit de constater que nous en devons la connaissance à la méthode de vivisection par ablation organique qui s'applique d'une manière générale à toutes les investigations physiologiques. Ici le cerveau se comporte encore de même que tous les autres organes du corps, en ce sens que chaque lésion de sa substance amène dans ses fonctions des troubles caractéristiques et correspondant toujours à la mutilation qui a été produite.

Au moyen des lésions cérébrales qu'il produit, le physiologiste ne se borne pas à provoquer des paralysies locales qui suppriment l'action de la volonté sur certains appareils organiques; il peut aussi, en rompant seulement l'équilibre des fonctions cérébrales, amener la suppression de la liberté dans les mouvements volontaires. C'est ainsi qu'en blessant les pédon-

cules cérébelleux et divers points de l'encéphale,
l'expérimentateur peut à son gré faire marcher
un animal à droite, à gauche, en avant, en ar-
rière, ou le faire tourner, tantôt par un mouvement de manége (fig. 22), tantôt par un mou-

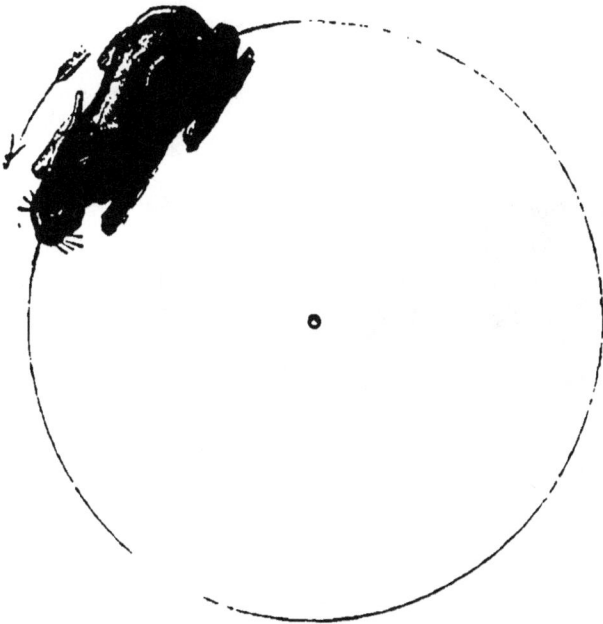

Fig. 22. Mouvements de manége.

vement de rotation sur l'axe de son corps (fig. 23).
La volonté de l'animal persiste, mais il n'est
plus libre de diriger ses mouvements. Malgré
ses efforts de volonté, il va fatalement dans le
sens que la lésion organique a déterminé.

Les pathologistes ont signalé chez l'homme des faits analogues en grand nombre. Les lésions des pédoncules cérébelleux déterminent chez l'homme comme chez les animaux les mouvements de rotation. D'autres malades ne pou-

Fig. 23. Mouvement de rotation en rayon de roue.

vaient marcher que droit devant eux. Par une cruelle ironie, un brave et vieux général ne pouvait marcher qu'en reculant. La volonté qui part du cerveau ne s'exerce donc pas sur nos organes locomoteurs eux-mêmes ; elle s'exerce sur

des centres nerveux secondaires qui doivent être
pondérés par un équilibre physiologique parfait.

Il est une autre méthode expérimentale plus
délicate, qui consiste à introduire dans le sang
des substances toxiques diverses destinées à
porter leur action sur les éléments anatomiques
des organes laissés en place et conservés dans
leur intégrité.

A l'aide de cette méthode, on peut éteindre
isolément les propriétés de certains éléments
nerveux et cérébraux de la même manière qu'on
isole aussi les autres éléments organiques musculaires ou sanguins.

Les anesthésiques, par exemple, font disparaître la conscience et engourdissent la sensibilité en laissant la motricité intacte [1].

Le curare au contraire détruit la motricité,
et laisse dans leur intégrité la sensibilité et la
volonté ; les poisons du cœur abolissent la
contractilité musculaire, l'oxyde de carbone
détruit la propriété oxydante du globule san-

1. Voy. Claude Bernard, *Leçons sur les anesthésiques et l'asphyxie*. Paris, 1875.

guin sans modifier en rien les propriétés des éléments nerveux [1].

Comme on le voit, par cette méthode d'investigation ou d'analyse élémentaire des propriétés organiques, le cerveau et les phénomènes dont il est le siége peuvent encore être atteints de la même manière que tous les autres appareils fonctionnels du corps.

Enfin il est une troisième méthode d'expérimentation, qu'on pourrait appeler celle des expériences par rédintégration.

Cette méthode réunit en quelque sorte l'analyse et la synthèse physiologiques, elle nous permet d'établir par preuve et par contre-épreuve les relations qui relient la fonction à son organe dans les manifestations cérébrales.

Lorsqu'on enlève le cerveau chez les animaux inférieurs, la fonction de l'organe est nécessairement supprimée; mais la persistance de la vie chez ces êtres permet au cerveau de se reformer, et, à mesure que l'organe se régénère, on voit ses fonctions reparaître.

1. Voy. Claüde Bernard, *Leçons sur les effets des substances toxiques*. Paris, 1857.

Cette même expérience peut également réus-
sir chez des animaux supérieurs tels que les
oiseaux, chez lesquels l'intelligence est beaucoup plus développée.

Fig. 24. Pigeon après l'ablation des lobes cérébraux [1].

Les lobes cérébra████████ant été enlevés chez
un pigeon par exemple (fig. ██), ██animal perd
immédiatement l'usage de ses sens et la faculté

1. D'après Dalton.

de chercher sa nourriture. Toutefois, si l'on ingurgite la nourriture à l'animal, il peut survivre, parce que les fonctions nutritives sont restées intactes tant que leurs centres nerveux spéciaux ont été respectés. Peu à peu, le cerveau se régénère avec ses éléments anatomiques spéciaux, et, à mesure que cette régénération s'opère, on voit les usages des sens, les instincts et l'intelligence de l'animal revenir. Ici, je me plais à le répéter, l'expérience a été complète; il y a eu en quelque sorte analyse et synthèse de la fonction vitale, puisque la destruction successive des diverses parties du cerveau a supprimé successivement ses diverses manifestations fonctionnelles, et que la reproduction successive de ces mêmes parties a fait reparaître ces mêmes manifestations.

Il est inutile d'ajouter que la même chose arrive pour toutes les autres parties du corps susceptibles de rédintégration.

Les maladies, qui ne sont au fond que des perturbations vitales apportées par la nature au lieu d'être provoquées par la main du physiologiste, affectent le cerveau suivant les lois ordi-

naires de la pathologie, c'est-à-dire en donnant
naissance à des troubles fonctionnels qui sont
toujours en rapport avec la nature et le siége
de la lésion. En un mot, le cerveau a son anatomie pathologique au même titre que tous les
organes de l'économie, et la pathologie cérébrale a sa symptomatologie spéciale comme
celle des autres organes.

Dans l'aliénation mentale, nous voyons les
troubles les plus extraordinaires de la raison,
dont l'étude est une mine féconde où peuvent
puiser le physiologiste et le philosophe; mais
les diverses formes de la folie ou du délire ne
sont que des dérangements de la fonction normale du cerveau, et ces altérations de fonctions
sont, dans l'organe cérébral comme dans les
autres, liées à des altérations anatomiques
constantes. Si, dans beaucoup de circonstances,
elles ne sont point encore connues, il faut en
accuser l'imperfection seule de nos moyens
d'investigation.

D'ailleurs ne voyons-nous pas certains poisons tels que l'opium, le curare, paralyser les
nerfs et le cerveau sans qu'on puisse découvrir

dans la substance nerveuse aucune altération visible? Cependant nous sommes certains que ces altérations existent, car admettre le contraire serait admettre un effet sans cause. Quand le poison a cessé d'agir, nous voyons les troubles intellectuels disparaître et l'état normal revenir. Il en est de même quand les lésions pathologiques guérissent, les troubles de l'intelligence cessent et la raison revient.

La pathologie nous fournit donc encore ici une sorte d'analyse et de synthèse fonctionnelle, comme cela se voit dans les expériences de rédintégration. La maladie en effet supprime plus ou moins complétement la fonction en altérant plus ou moins complétement la texture de l'organe, et la guérison restitue la fonction en rétablissant l'état organique normal.

Si les manifestations fonctionnelles du cerveau ont été les premières qui ont attiré l'attention des philosophes, elles seront certainement les dernières qu'expliquera le physiologiste. Nous pensons que les progrès de la science moderne permettent aujourd'hui d'a-

border la physiologie du cerveau ; mais avant
d'entrer dans l'étude des fonctions cérébrales,
il faut bien s'entendre sur le point de départ.
Ici nous avons voulu seulement poser un terme
du problème, et montrer qu'il faut renoncer à
l'opinion que le cerveau forme une exception
dans l'organisme, qu'il est le *substratum* de l'intelligence et non son organe. Cette idée est
non-seulement une conception surannée, mais
c'est une conception antiscientifique, nuisible
aux progrès de la physiologie et de la psychologie. Comment comprendre en effet qu'un appareil quelconque du domaine de la nature
brute ou vivante puisse être le siége d'un phénomène sans en être l'instrument ? On est évidemment influencé par des idées préconçues
dans la question des fonctions du cerveau, et
on en combat la solution par des arguments
de tendance. Les uns ne veulent pas admettre
que le cerveau soit l'organe de l'intelligence,
parce qu'ils craignent d'être engagés par cette
concession dans des doctrines matérialistes, les
autres au contraire se hâtent de placer arbitrai-
rement l'intelligence dans une cellule nerveuse

ronde ou fusiforme pour qu'on ne les taxe pas de spiritualisme.

Quant à nous, nous ne nous préoccuperons pas de ces craintes. La physiologie nous montre que, sauf la différence et la complexité plus grande des phénomènes, le cerveau est l'organe de l'intelligence au même titre que le cœur est l'organe de la circulation, que le larynx est l'organe de la voix. Nous découvrons partout une liaison nécessaire entre les organes et leurs fonctions ; c'est là un principe général auquel aucun organe du corps ne saurait se soustraire.

La physiologie doit donc, à l'exemple des sciences plus avancées, se dégager des entraves philosophiques qui gêneraient sa marche ; sa mission est de rechercher la vérité avec calme et confiance, son but de l'établir d'une manière impérissable sans avoir jamais à redouter la forme sous laquelle elle peut lui apparaître.

15 mars 1872.

DISCOURS DE RÉCEPTION

A L'ACADÉMIE FRANÇAISE[1]

MESSIEURS,

En m'appelant à l'honneur de siéger parmi vous, votre indulgence m'inspire un sentiment de reconnaissance d'autant plus vif, que la pensée même de mon insuffisance littéraire ne saurait venir le troubler. C'est l'homme de science que vous avez élu, et vos suffrages bien-

1. M. Claude Bernard, ayant été élu par l'Académie française à la place vacante par la mort de M. Flourens, y est venu prendre séance le 27 mai 1869, et a prononcé ce discours.

veillants ont voulu honorer en moi l'Académie à laquelle j'appartiens, et perpétuer cette union des sciences et des lettres que vous n'avez cessé de consacrer par une tradition constante.

On a raison de dire que les lettres sont les sœurs aînées des sciences. C'est la loi de l'évolution intellectuelle des peuples qui ont toujours produit leurs poëtes et leurs philosophes avant de former leurs savants. Dans ce développement progressif de l'humanité, la poésie, la philosophie et les sciences expriment les trois phases de notre intelligence, passant successivement par le sentiment, la raison et l'expérience ; mais, pour que notre connaissance soit complète, il faut encore qu'une élaboration s'accomplisse en sens inverse et que l'expérience, en remontant des faits à leur cause, vienne, à son tour, éclairer notre esprit, épurer notre sentiment et fortifier notre raison. Tout cela prouve que les lettres, la philosophie et les sciences doivent s'unir et se confondre dans la recherche des mêmes vérités; car, si, dans le langage des écoles, on sépare, sous le nom de *sciences de l'esprit*, les lettres et la philosophie des sciences proprement dites, qu'on appelle les *sciences de la nature*, ce serait une grave erreur de croire qu'il existe, pour cela, deux ordres de vérités distinctes ou contradictoires, les unes philosophiques ou métaphysiques, les autres scientifiques ou naturelles. Non, il ne peut y avoir au monde qu'une seule et même vérité, et cette vérité entière et absolue que l'homme poursuit avec tant d'ardeur ne sera que le résultat d'une pénétration réciproque et d'un accord définitif de toutes les sciences, soit qu'elles aient leur point de départ en nous, dans l'étude des problèmes de l'esprit humain, soit qu'elles aient pour objet l'interprétation des phénomènes de la nature, qui nous entourent.

Les sciences de l'esprit ont dû se manifester d'abord, et ont été ainsi appelées les premières à régner sur le monde; mais, aujourd'hui, dans leur gigantesque essor, les sciences de la nature remontent jusqu'à elles et veulent les pénétrer en les éclairant par l'expérience.

La physiologie, qui explique les phénomènes de la vie, constitue une science en quelque sorte intermédiaire qui prend ses racines dans

les sciences physiques de la nature, et élève
ses rameaux jusque dans les sciences philosophiques de l'esprit. Elle paraît donc naturellement destinée à former le trait d'union entre les
deux ordres de sciences, ayant son point d'appui solide dans les premières, et donnant aux
dernières le support qui leur est indispensable.
Voilà pourquoi les progrès rapides et brillants
de la physiologie contemporaine excitent un
intérêt général, et appellent de plus en plus
l'attention sérieuse des philosophes et de tous
ceux qui, comme vous, messieurs, se tiennent
dans les hautes régions de la pensée et de l'esprit. C'est à cette circonstance heureuse que je
suis redevable, sans aucun doute, d'avoir été
distingué par vous au milieu de mes savants
confrères. Vous avez perdu un physiologiste
éminent, un académicien célèbre, et vous avez
pensé qu'en admettant parmi vous un homme
qui s'est voué à la culture de la même science,
vous rendriez un hommage plus éclatant à la
mémoire de celui que vous regrettez. Mais, si
je m'explique ainsi l'honneur insigne que vous
m'avez fait, je crains, d'un autre côté, de ne

pas répondre à ce que vous attendez de moi ; car je sens, peut-être plus qu'un autre, les difficultés de juger et de louer convenablement, devant vous, mon illustre prédécesseur.

M. Flourens (Marie-Jean-Pierre) naquit à Maureilhan, arrondissement de Béziers (Hérault), le 13 avril 1794.

Heureusement doué par l'intelligence et portant au cœur l'aiguillon de la gloire et de la renommée, la nature le fit naître sous un ciel prédestiné, car l'arrondissement de Béziers a eu la fortune extraordinaire de compter successivement cinq de ses enfants parmi vous; et comme si une main invisible eût encore voulu tracer de plus près au jeune Flourens le sillon de sa vie, elle plaça son berceau sous le même toit où était né Dortous de Mairan dont il devait, à un siècle de distance, occuper les deux fauteuils académiques, d'abord à l'Académie des sciences, comme secrétaire perpétuel, puis à l'Académie française.

Dès son enfance, M. Flourens s'était fait remarquer par l'énergie de sa volonté ainsi que par les qualités natives de son esprit : une cu-

riosité intellectuelle insatiable, le désir et la
recherche de ce qui était beau et distingué,
une admiration enthousiaste pour les hommes
supérieurs; tels étaient les traits principaux de
ce caractère d'une maturité précoce.

Arrivé à Paris en 1814, une lettre du célèbre
botaniste Auguste-Pyr. de Candolle, son ancien
professeur à l'école de médecine de Montpellier,
l'introduisit auprès de Georges Cuvier et le
plaça immédiatement au foyer scientifique du
temps. Dans ce nouveau milieu, son travail
ardent, sa bonne tenue et la convenance parfaite
de ses manières attirèrent l'attention sur lui et
lui concilièrent de hautes protections. Il fuyait
les tumultes du monde frivole qui éloigne de la
science; mais il recherchait partout la société
des hommes célèbres, et, dans quelques salons
où se réunissaient des femmes éminentes ainsi
que de grands savants, il sut trouver une atmosphère qui convenait à son esprit à la fois
sérieux et délicat.

En moins de dix ans, M. Flourens fut membre de l'Académie des sciences, professeur au
Muséum d'histoire naturelle, un des auteurs du

Journal des savants et secrétaire perpétuel à l'Académie des sciences. En 1840, sa réputation parvenue à son apogée recevait sa consécration la plus glorieuse ; il fut élu membre de l'Académie française. Dès lors son horizon physiologique agrandi rayonna plus particulièrement vers le monde littéraire et vers la philosophie.

M. Flourens a été un auteur fécond, ses publications sont considérables et embrassent une période de près d'un demi-siècle. Nous ne dirons pas toutes ses recherches physiologiques ; elles furent nombreuses, et dans ce genre de travaux il se montra physiologiste habile, unissant toujours les ressources d'un esprit ingénieux aux vues larges du généralisateur[1]. Mais,

---

1. Flourens, *Recherches sur le développement des os et des dents.* Paris, 1841, in-4, avec 12 pl. — *Recherches expérimentales sur les fonctions et les propriétés du système nerveux dans les animaux vertébrés.* 2ᵉ édit. Paris, 1842, in-8. — *Anatomie générale de la peau et des membranes muqueuses.* Paris, 1843, in-4, avec 6 pl. — *Mémoires d'anatomie et de physiologie comparées.* Paris, 1844, grand in-4, avec 8 pl. — *Théorie expérimentale de la formation des os.* Paris, 1847, in-8, avec 7 pl. — *Cours de physiologie comparée. De l'ontologie, ou Étude des êtres.* Paris, 1856.

à dater de 1841, il s'élève au-dessus de cette sphère purement physiologique, et entreprend la publication d'une suite de traités qu'il appelle ses ouvrages philosophiques, scientifiques et littéraires.

L'appréciation que M. Flourens a donnée des travaux et des idées d'illustres savants a beaucoup contribué à la popularité qu'il a su conquérir. En traitant des ouvrages de Fontenelle, pour lequel il avait une prédilection marquée, il le considère successivement comme philosophe et comme historien de l'Académie des sciences, et expose à ce propos d'une manière claire et rapide les principes de la philosophie expérimentale. Dans ses écrits sur l'*Histoire des travaux de Georges Cuvier*, sur l'*Histoire des travaux et des idées de Buffon*, M. Flourens se fait le vulgarisateur heureux des idées et des travaux de ces deux grands génies qui, comme il le dit, se complètent et se comprennent l'un par l'autre. Dans ses *Éloges académiques*, l'illustre secrétaire perpétuel se montre toujours soucieux de la dignité et des intérêts de l'Académie, voulant, selon son expression, écrire l'his-

toire des sciences en écrivant celle des acadé-
miciens.

Nous ne chercherons pas à faire connaître
M. Flourens par l'analyse de ses ouvrages nombreux et variés; nous nous attacherons de pré-
férence à ses expériences originales sur le système nerveux; elles sont le trait le plus saillant
de ses investigations physiologiques et forment
en même temps la base de toutes ses études
philosophiques.

En 1822, Magendie avait établi, à l'aide
d'expériences décisives, la distinction fondamentale des nerfs moteurs et sensitifs de la
moelle épinière; c'est à peu près vers la même
époque que M. Flourens présenta à l'Académie
des sciences ses recherches expérimentales sur
le cerveau; elles firent sensation dans le monde
savant et valurent à leur jeune auteur un mé-
morable rapport de l'illustre Cuvier. Gall[1]
avait eu le mérite de ramener les qualités mo-

1. Gall, *Sur les fonctions du cerveau*. Paris, 1825. —
Gall et Spurzheim, *Anatomie et physiologie du système
nerveux en général et du cerveau en particulie* Paris
1810-1819, 4 vol., avec 100 pl.

rales au même siége, au même organe que les
facultés intellectuelles ; il avait ramené la folie
au même siége que la raison dont elle n'est que
le trouble. Mais, à côté de ce trait de génie,
comme l'appelle M. Flourens, se rencontraient
des erreurs graves. Se fondant uniquement sur
l'anatomie comparée, Gall pensa que les facultés intellectuelles étaient réparties dans toute la
masse cérébrale, et sur cette erreur fut fondé
le système des localisations phrénologiques.
M. Flourens établit que l'intelligence est au
contraire concentrée dans les parties les plus
élevées de l'encéphale, et par ses expériences il
prouva que l'ablation des hémisphères cérébraux suffit pour faire disparaître toutes les
manifestations spontanées de l'instinct et de l'intelligence.

Partant de ces données expérimentales,
M. Flourens aborde ensuite ses études de psychologie comparée sur l'instinct et l'intelligence
des animaux ; il veut, avec raison, que la psychologie embrasse l'ensemble des phénomènes
intellectuels dans toute la série animale et non
l'intelligence de l'homme exclusivement.

Quel admirable spectacle que cette manifestation de l'intelligence depuis l'apparition de ses premiers vestiges jusqu'à son complet épanouissement, manifestation graduée dans laquelle le physiologiste voit les diverses formes des fonctions nerveuses et cérébrales s'analyser en quelque sorte d'elles-mêmes et se répartir chez les différents animaux suivant le degré de leur organisation! D'abord, au plus bas degré, les manifestations instinctives, obscures et inconscientes; bientôt l'intelligence consciente apparaissant chez les animaux d'un ordre plus élevé; et enfin chez l'homme l'intelligence éclairée par la raison, donnant naissance à l'acte rationnellement libre, acte le plus mystérieux de l'économie animale et peut-être de la nature entière.

Dans tous les temps, les manifestations de l'intelligence ont été regardées comme des phénomènes impénétrables; mais, à mesure que la physiologie avance, elle porte ses vues de plus en plus loin. Aujourd'hui, après avoir localisé, elle veut expliquer. Elle ne se borne plus à déterminer dans les organes le siége précis des fonctions ; elle descend dans les éléments mêmes de la matière vivante, en analyse les propriétés et en déduit l'explication des phénomènes de la vie, en y découvrant les conditions de leur manifestation.

Je ne puis avoir la pensée d'entrer ici dans les arides détails de l'anatomie et de la physiologie du cerveau, cependant je vous demande la permission d'exposer rapidement quelques-uns des faits et quelques-unes des idées qui servent de jalons et de fils conducteurs à la physiologie moderne, dans les méandres encore si obscurs des phénomènes de l'intelligence.

La physiologie établit d'abord clairement que la conscience a son siége exclusivement dans les lobes cérébraux ; mais, quant à l'intelligence elle-même, si on la considère d'une manière générale et comme une force qui harmonise les différents actes de la vie, les règle et les approprie à leur but, les expériences physiologiques nous démontrent que cette force n'est point concentrée dans le seul organe cérébral supérieur, et qu'elle réside au contraire, à des degrés divers, dans une foule de centres

nerveux inconscients, échelonnés dans tout
l'axe cérébro-spinal, et pouvant agir d'une façon indépendante, quoique coordonnés et subordonnés hiérarchiquement les uns aux
autres.

En effet, la soustraction des lobes cérébraux
chez un animal supérieur fait disparaître la
conscience en laissant subsister toutes les fonctions du corps dont on a respecté les centres
nerveux coordinateurs. Les fonctions de la circulation, de la respiration, continuent à s'exécuter régulièrement, sans interruption, mais elles
cessent dès qu'on enlève le centre propre qui
régit chacune d'elles. S'agit-il, par exemple,
d'arrêter la respiration, on agira sur le centre
respiratoire qui est placé dans la moelle allon-
gée. M. Flourens a circonscrit ce centre avec
une scrupuleuse précision et lui a donné le
nom de *nœud vital*, parce que sa destruction
est suivie de la cessation immédiate des manifestations de la vie dans les organismes élevés.
La digestion, seulement suspendue, n'est point
anéantie. L'animal, privé de la conscience et
de la perception, n'a plus l'usage de ses sens et

a perdu conséquemment la faculté de chercher sa nourriture; mais, si l'on y supplée en poussant la matière alimentaire jusqu'au fond du gosier, la digestion s'effectue parce que l'action des centres nerveux digestifs est restée intacte.

Un animal dépourvu de ses lobes cérébraux n'a plus la faculté de se mouvoir spontanément et volontairement; mais si l'on substitue à l'influence de sa volonté une autre excitation, on s'assure que les centres nerveux coordinateurs des mouvements de ses membres ont conservé leur intégrité. De cette manière s'explique ce fait, étrange et bien connu, d'une grenouille décapitée qui écarte avec sa patte la pince qui la fait souffrir. On ne saurait admettre que ce mouvement si bien approprié à son but soit un acte volontaire du cerveau; il est évidemment sous la dépendance d'un centre qui, siégeant dans la moelle épinière, peut entrer en fonction, tantôt sous l'influence centrale du sens intime et de la volonté, tantôt sous l'influence d'une sensation extérieure ou périphérique.

Chaque fonction du corps possède ainsi son

centre nerveux spécial, véritable cerveau inférieur dont la complexité correspond à celle de
la fonction elle-même. Ce sont là les *centres organiques* ou *fonctionnels* qui ne sont point encore
tous connus, et dont la physiologie expérimentale accroît chaque jour le nombre. Chez les
animaux inférieurs, ces centres inconscients
constituent seuls le système nerveux; dans les
organismes élevés, ils se forment avant les centres supérieurs et président à des fonctions organiques importantes dont la nature, par prudence, suivant l'expression d'un philosophe
allemand, n'a pas voulu confier le soin à la
volonté.

Au-dessus des centres nerveux fonctionnels
inconscients viennent se placer les centres instinctifs proprement dits. Ils sont le siége de
facultés également innées dont la manifestation,
quoique consciente, est involontaire, irrésistible
et tout à fait indépendante de l'expérience
acquise. Gall a beaucoup insisté sur les faits de
ce genre, et nous pouvons en avoir tous les
jours des exemples sous les yeux. Le canard
qui a été couvé par une poule, et qui se jette à

l'eau, en sortant de sa coquille, nage sans avoir
rien appris ni de sa mère ni de l'expérience.
La vue seule de l'eau a suffi pour réveiller son
instinct. On sait encore l'histoire, rapportée
par M. Flourens d'après Fr. Cuvier, d'un jeune
castor, isolé au moment de sa naissance et
qui, après un certain temps, commença à construire industrieusement sa demeure.

Il y a donc des intelligences innées ; on les
désigne sous le nom d'*instincts*. Ces facultés inférieures des centres fonctionnels et des centres
instinctifs sont invariables et incapables de
perfectionnement ; elles sont imprimées d'avance
dans une organisation achevée et immuable et
sont apportées toutes faites en naissant, soit
comme conditions immédiates de viabilité, soit
comme moyens d'adaptation à certains modes
d'existence nécessaires pour assurer le maintien
et la fixité des espèces.

Mais il en est tout autrement des facultés intellectuelles supérieures ; les lobes cérébraux,
qui sont le siége de la conscience, ne terminent leur développement et ne commencent à
manifester leurs fonctions qu'après la nais-

sance. Il devait en être ainsi ; car, si l'organisation cérébrale eût été achevée chez le nou-
veau-né, l'intelligence supérieure eût été close
comme les instincts, tandis qu'elle reste ouverte
au contraire à tous les perfectionnements et à
toutes les notions nouvelles qui s'acquièrent
par l'expérience de la vie. Aussi allons-nous
voir, à mesure que les fonctions des sens et du
cerveau s'établissent, apparaître, dans ce dernier, des centres nerveux fonctionnels et intellectuels de nouvelle formation réellement acquis
par le fait de l'éducation.

Nous désignerons sous le nom de *centres* les
masses nerveuses qui servent d'intermédiaire
aux points d'arrivée des nerfs de la sensation
et aux points de départ des nerfs du mouvement. C'est dans cette substance de soudure,
qui s'organise le plus tardivement, que l'exercice de la fonction vient frayer et creuser en
quelque sorte les voies de communication des
nerfs qui doivent se correspondre physiologiquement.

Le centre nerveux de la parole est le premier
que nous voyons se tracer chez l'enfant. Le

sens de l'ouïe est son point de départ nécessaire ; si l'organe auditif manque, le centre du
langage ne se forme pas, l'enfant né sourd reste
muet. Dans l'éducation des organes de la parole, il s'établit donc entre la sensation auditive
et le mouvement vocal un véritable circuit nerveux qui relie les deux phénomènes dans un
but fonctionnel commun. D'abord la langue bal-
butie ; c'est par l'habitude seulement, et à l'aide
d'un exercice assez longtemps répété, que les
mouvements deviennent assurés et que cette
communication centrale des nerfs est rendue
facile et complète. Toutefois ce n'est qu'avec
l'âge que la fonction peut s'imprimer définitivement dans l'organisation : un jeune enfant
qui cesse d'entendre perd peu à peu la faculté
de parler qu'il avait acquise et redevient muet,
tandis que chez l'homme adulte, placé dans les
mêmes conditions, il n'en est plus ainsi, parce
que chez lui le centre de la parole est fixé et le
développement du cerveau achevé. A ce moment,
les fonctions de ce centre acquis sont devenues
vraiment involontaires, comme si elles étaient
innées ; et c'est une chose remarquable que les

actes intellectuels que nous manifestons n'at-
teignent réellement toute la perfection dont ils
sont susceptibles que lorsque l'habitude les a
imprimés dans notre organisation et les a rendus en quelque sorte indépendants de l'intelligence consciente qui les a formés et de l'attention
qui les a dirigés. Chez l'orateur habile la parole est comme instinctive, et on voit, chez le
musicien exercé, les doigts exécuter d'eux-
mêmes les morceaux les plus difficiles, sans
que l'intelligence, souvent distraite par d'autres pensées, y prenne aucune part.

Parmi tous les centres nerveux acquis, celui
de la parole est sans contredit le plus important :
en nous permettant de communiquer directement avec les autres hommes, il ouvre à notre
esprit les plus vastes horizons. Un médecin
célèbre de l'institution des sourds-muets,
Itard [1] nous a dépeint l'état intellectuel et moral
des hommes qu'un mutisme congénital laisserait réduits à leur propre expérience. Non-

1. Itard, *Traité des maladies de l'oreille et de l'audition.* 2ᵉ édit. Paris, 1842.

seulement ils subissent une véritable rétrogra-
dation intellectuelle et morale qui les reporte
en quelque sorte aux premiers temps des
sociétés; mais leur esprit, fermé en partie aux
notions qui nous parviennent par les sens, ne
saurait se développer. Leur âme, inaccessible
aux idées qui excitent l'imagination et élèvent
les pensées, reste souvent muette et silencieuse
parce qu'elle ne comprend pas les délicatesses
du sentiment dont la parole elle-même ne parvient pas toujours à rendre toutes les nuances.
Le silence est éloquent, a-t-on dit, oui, pour
ceux qui savent parler et pour ceux qui, étant
initiés à toutes les émotions du cœur, sentent
qu'il se passe alors quelque chose en nous que
les mots ne peuvent plus exprimer!

Mais ce ne sont pas seulement les mouvements de nos organes extérieurs qui deviennent
automatiques; la formation de nos idées est
soumise à la même loi, et, lorsqu'une idée a
traversé le cerveau durant un certain temps,
elle s'y grave, s'y creuse un centre et devient
comme une idée innée.

Ici la physiologie vient donc justifier le sen-

timent du poëte latin en démontrant que, pendant le jeune âge, le cerveau en voie de développement est, semblable à la cire molle, apte
à recevoir toutes les empreintes qu'on lui communique, comme la jeune pousse de l'arbre
prend également toutes les directions qu'on lui
imprime. Plus tard, alors que l'organisation
est plus avancée, les idées et les habitudes
sont, ainsi qu'on le dit, enracinées, et nous ne
sommes plus maîtres ni de faire disparaître
immédiatement les empreintes anciennes, ni
d'en former des nouvelles.

L'organisation nerveuse de l'homme se ramène en définitive à quatre ordres de centres :
les centres fonctionnels, les premiers formés,
tous inconscients et dépourvus de spontanéité;
les centres instinctifs, conscients et doués de
manifestations irrésistibles et fatales; les centres intellectuels, acquis d'une manière volontaire et libre, mais devenant par l'habitude plus
ou moins automatiques et involontaires. Enfin,
au sommet de toutes ces manifestations, se
trouve l'organe cérébral supérieur du sens intime auquel tout vient aboutir. C'est dans ce

centre de l'unité intellectuelle qu'apparaît la conscience, qui, s'éclairant sans cesse aux lumières de l'expérience de la vie, tend à affaiblir, par le développement progressif de la raison et de la volonté, les manifestations aveugles et irrésistibles de l'instinct.

N'oublions pas que c'est aux expériences de M. Flourens que nous devons nos principales connaissances sur le siége de la conscience, et rappelons encore que l'ablation des lobes cérébraux éteint aussitôt ce flambeau de l'intelligence et de la spontanéité ; la vie séparée de la conscience peut continuer sans doute, mais alors les centres nerveux inférieurs, plongés dans l'obscurité, ne sont plus capables que d'actes involontaires et purement automatiques.

Maintenant, quelle idée le physiologiste se fera-t-il sur la nature de la conscience ?

Il est porté d'abord à la regarder comme l'expression suprême et finale d'un certain ensemble de phénomènes nerveux et intellectuels, car l'intelligence consciente supérieure apparaît toujours la dernière, soit dans le développement de la série animale, soit dans le développement de l'homme. Mais, dans cette évolution, comment concevoir la formation du sens intime et le passage, si gradué qu'il soit, de l'intelligence inconsciente à l'intelligence consciente? Est-ce un développement organique naturel et une intensité croissante des fonctions cérébrales qui fait jaillir l'étincelle de la conscience, restée à l'état latent, jusqu'à ce qu'une organisation assez perfectionnée puisse permettre sa manifestation, et est-ce pour cette raison que nous voyons la conscience se montrer d'autant plus lumineuse, plus active et plus libre qu'elle appartient à un organisme plus élevé, plus complexe, c'est-à-dire qu'elle coexiste avec des appareils intellectuels inconscients plus nombreux et plus variés? En admettant que la science vienne confirmer ces opinions, nous n'en comprendrions pas mieux pour cela, au point de vue physiologique, l'essence de la conscience que nous ne pouvons comprendre, au point de vue chimique, l'essence du feu ou de la flamme. Le physiologiste ne doit donc pas trop s'arrêter, pour le moment, à ces interprétations; il lui suffit de savoir que les phénomènes de l'intelligence et de la conscience, quelque inconnus qu'ils soient dans leur essence, quelque extraordinaires qu'ils nous apparaissent, exigent, pour se manifester, des conditions *organiques* ou *anatomiques*, des conditions *physiques* et *chimiques* qui sont accessibles à ses investigations, et c'est dans ces limites exactes qu'il circonscrit son domaine.

Partout, en effet, nous constatons une corrélation rigoureuse entre l'intensité des phénomènes physiques et chimiques et l'activité des phénomènes de la vie; c'est pourquoi il nous est possible, en agissant sur les premiers, de modifier les seconds et de les régler à notre gré. De même que les autres phénomènes vitaux, les manifestations intellectuelles sont troublées, affaiblies, éteintes ou ranimées par de simples modifications survenues dans les propriétés physiques ou chimiques du sang : il suffit de vicier ce liquide nourricier en y introduisant des anesthésiques ou certaines substances toxiques pour faire aussitôt naître le délire ou disparaître la conscience. La pensée libre, pour se manifester, exige la réunion harmonique dans le cerveau de toutes ces conditions organiques, physiques et chimiques. Comment comprendre, en effet, la folie qui supprime la liberté, si on ne l'envisageait comme un trouble survenu dans ces conditions ?

La tendance de la physiologie moderne est donc bien caractérisée; elle veut expliquer les phénomènes intellectuels au même titre que tous les autres phénomènes de la vie, et, si elle reconnaît avec raison qu'il y a des lacunes plus considérables dans nos connaissances, relativement aux mécanismes fonctionnels de l'intelligence, elle n'admet pas pour cela que ces mécanismes soient par leur nature ni plus ni moins inaccessibles à notre investigation que ceux de tous les autres actes vitaux.

Là, comme partout, les propriétés matérielles des tissus constituent les moyens nécessaires à l'expression des phénomènes vitaux; mais, nulle part, ces propriétés ne peuvent nous donner la raison première de l'arrangement fonctionnel des appareils. La fibre du muscle ne nous explique, par la propriété qu'elle possède de se raccourcir, que le phénomène de la contraction musculaire; mais cette propriété de la contractilité, qui est toujours la même, ne nous apprend pas pourquoi il existe des appareils moteurs différents, construits les uns pour produire la voix, les autres pour effectuer la respiration, etc.; et, dès lors, ne trouverait-on pas absurde de dire que les fibres musculaires de la langue et celles du larynx ont la propriété de parler ou de chanter, et celle du diaphragme la propriété de respirer? Il en est de même pour les fibres et cellules cérébrales; elles ont des propriétés générales d'innervation et de conductibilité, mais on ne saurait leur attribuer pour cela la propriété de sentir, de penser ou de vouloir.

Il faut donc bien se garder de confondre les propriétés de la matière avec les fonctions qu'elles accomplissent. Les propriétés de la matière n'expliquent que les phénomènes spéciaux qui en dérivent directement. Dans les œuvres de la nature et dans celles de l'homme, les propriétés matérielles ne restent point isolées, elles sont groupées dans des organes et dans des appareils qui les coordonnent dans un but final de fonction.

En un mot, il y a dans toutes les fonctions du corps vivant, sans exception, un côté idéal et un côté matériel. Le côté idéal de la fonction se rattache par sa forme à l'unité du plan de création ou de construction de l'organisme, tandis que son côté matériel répond, par son mécanisme, aux propriétés de la matière vivante. Les types des formations organiques ou fonctionnelles des êtres vivants sont développés et construits sous l'influence de forces qui leur sont spéciales; les propriétés de la matière organisée se rangent toutes, au contraire, sous l'empire des lois générales de la physique et de la chimie; elles sont soumises aux mêmes conditions d'activité que les propriétés de la matière minérale avec lesquelles elles sont en relations nécessaires et probablement équivalentes.

Les manifestations de l'intelligence ne constituent pas une exception aux autres fonctions de la vie; il n'y a aucune contradiction entre les sciences physiologiques et métaphysiques; seulement elles abordent le même problème de l'homme intellectuel par des côtés opposés. Les sciences physiologiques rattachent l'étude des facultés intellectuelles aux conditions organiques et physiques qui les expriment, tandis que les sciences métaphysiques négligent ces relations pour ne considérer les manifestations de l'âme que dans la marche progressive de l'humanité ou dans les aspirations éternelles de notre sentiment.

Nous croyons donc pouvoir conclure qu'il n'y a réellement pas de ligne de séparation à établir entre la physiologie et la psychologie.

La physiologie, comme nous l'avons dit en commençant, remonte naturellement vers les sciences philosophiques, et elle sert de point d'appui immédiat à la psychologie. Elle est appelée en outre à concourir au bien-être physique de l'homme en devenant la base scientifique de l'hygiène et de la médecine; dans cette direction, la physiologie expérimentale se constitue rapidement et prend sa place parmi les sciences définies. Partout, aujourd'hui, les gouvernements aident cette jeune science de la vie dans ses moyens de développement, et elle reçoit, en même temps, de toutes parts, des encourage-

ments et des marques éclatantes d'intérêt de la
part des souverains.

Les travaux de M. Flourens viennent nous
montrer aussi la physiologie dans ses rapports
avec la médecine. En étudiant le rôle du périoste
dans la formation des os[1], il a ouvert une voie
que la chirurgie moderne a développée par d'importantes recherches et fécondée par d'heureuses applications. En 1861, l'Académie des
sciences, voulant donner une impulsion déci-
sive à la question de la régénération des os par
le périoste, qui intéresse toute la chirurgie et
plus particulièrement encore la chirurgie militaire, proposa sur ce sujet un grand prix de
dix mille francs qui fut porté à vingt mille francs
par la libéralité de l'empereur.

Il y a vingt-deux ans, la découverte de l'anesthésie par l'éther nous arriva du nouveau monde
et se propagea rapidement en Europe. M. Flourens constata le premier les effets plus actifs du
chloroforme, qui fut bientôt substitué à l'éther.
Il a ainsi attaché son nom à cette importante dé-

1. Flourens, *Théorie de la formation des os*. Paris, 1847.

couverte dont il a contribué à répandre les bienfaits.

Dans son ouvrage si populaire sur la *longé-*
vité humaine, M. Flourens a cru pouvoir encore
s'appuyer sur la physiologie pour permettre à
l'homme un siècle de vie normale.

Aux qualités du savant, M. Flourens joignait
les qualités de l'écrivain. Par ce côté encore il a
rendu service à la physiologie, il a inspiré le
goût de cette science et l'a fait aimer d'un pu-
blic qui, sans lui, peut-être, ne l'eût jamais
connue. Il a popularisé ainsi la physiologie
sans s'abaisser et l'a rendue accessible à tous
par le charme du style. Sans devancer le juge-
ment que portera tout à l'heure, sur le mérite
littéraire de M. Flourens, l'une des voix les
plus dignes et les plus compétentes, qu'il me
soit permis de dire que l'éloquence du savant,
c'est la clarté; la vérité scientifique dans sa
beauté nue est toujours plus lumineuse, que
parée des ornements dont notre imagination
tenterait de la revêtir.

A la fois savant, écrivain, professeur et dou-
blement académicien, M. Flourens eut une vie

des mieux remplies. Il devint un des physiologistes les plus renommés et les plus populaires de son temps; il dut moins encore cet éclat à son ascendant sur la jeunesse qu'à son talent d'écrivain et à la diffusion de ses travaux parmi les gens du monde. Il se consacrait entièrement à ses devoirs d'académicien et de secrétaire perpétuel de l'Académie des sciences. Il était chez lui comme dans une retraite. Absorbé par ses recherches et emporté par ses idées, il s'identifiait avec les grands hommes dont il traçait l'histoire scientifique; il habitait au Muséum d'histoire naturelle l'appartement de Buffon et s'y inspirait du souvenir de son génie.

M. Flourens parcourut une heureuse carrière, sans éprouver les luttes pénibles ni les déceptions amères qui trop souvent aigrissent et découragent l'âme. Une volonté ferme, orientée dans ses desseins par un caractère droit, un esprit élevé, secondée par une heureuse habileté et soutenue par un grand travail, le fit arriver à la renommée qu'il avait rêvée dès sa jeunesse. Il jouissait des honneurs en remplissant les devoirs de ses nombreuses fonctions; mais au foyer domestique il retrouvait le calme et le repos si nécessaires au savant qui travaille. Sa compagne si dévouée, si digne de le comprendre et de l'apprécier, s'était identifiée à sa vie intellectuelle qu'elle agrandissait en lui dissimulant les soucis mêmes de l'existence. Il en était pénétré quand il répétait : « J'ai le cerveau trop occupé, il faut me faire vivre, » mais il ne goûta les douceurs de la vie intime que lorsqu'il devait bientôt les quitter. Quand la maladie l'eut forcé à une retraite complète, il disait avec quelque amertume : « Que n'ai-je plus tôt pensé à jouir de la vie de famille au lieu de la sacrifier pour d'autres qui déjà ne pensent plus à moi. » M. Flourens fut affecté d'une paralysie qui s'empara successivement des organes de son corps; il avait parfaitement conscience de son état, et dès que le mal ne lui permit plus d'être maître de sa parole et de ses idées, il cessa de paraître dans les académies. Il suivait les progrès du mal sans que sa sérénité d'esprit en fût atteinte; il s'éteignit graduellement et mourut à Montgeron, près Paris, le 6 décembre 1867.

M. Flourens fut un physiologiste expérimentateur; mais son nom se place aussi parmi ceux
des savants qui ont abordé les généralités scientifiques.

Quelles sont les limites des sciences, de
quelle nature sont les rapports qui les unissent? Ces questions restent en quelque sorte
toujours présentes, et elles ont été de tous
temps l'objet des méditations des esprits émi-
nents.

On ne saurait fixer le nombre des sciences,
parce qu'elles sont le résultat du morcellement
successif des connaissances humaines, par notre
esprit borné en une foule de problèmes séparés. Néanmoins on a distingué deux ordres de
sciences : les unes partant de l'esprit pour descendre dans les phénomènes de la nature, les
autres partant de l'observation de la nature
pour remonter à l'esprit. Leur point de départ
est différent, mais le but est le même : la recherche et la découverte de la vérité. Ce sont les
ténèbres de notre ignorance qui nous font
supposer des limites entre ces deux ordres de
sciences.

Dans l'étude des sciences, notre raison se débat entre le sentiment naturel qui nous emporte à la recherche des causes premières et l'expérience qui nous enchaîne à l'observation des causes secondes. Toutefois les luttes de ces systèmes exclusifs sont inutiles, car dans le domaine de la vérité, chaque chose doit avoir nécessairement son rôle, sa place et sa mesure.

Notre premier sentiment a pu nous faire croire qu'il était possible de construire le monde *à priori*, et que la connaissance des phénomènes naturels, en quelque sorte infuse en nous, s'en dégagerait par la seule force de l'esprit et du raisonnement. C'est ainsi qu'une École philosophique célèbre en Allemagne, au commencement de ce siècle, est arrivée à dire que la nature n'étant que le résultat de la pensée d'une intelligence créatrice, d'où nous émanons nous-mêmes, nous pouvions sans le secours de l'expérience, et par notre propre activité intellectuelle, retrouver les pensées du créateur. C'est là une illusion. Nous ne pourrions pas même concevoir ainsi les inventions humaines, et s'il nous a été donné de connaître les lois de la nature, ce n'est qu'à la condition de les déduire par expérience de l'examen direct des phénomènes, et non des seules conceptions spéculatives de notre esprit.

La méthode expérimentale ne se préoccupe pas de la cause première des phénomènes qui échappe à ses procédés d'investigations; c'est pourquoi elle n'admet pas qu'aucun système scientifique vienne lui imposer à ce sujet son ignorance, et elle veut que chacun reste libre dans sa manière d'ignorer et de sentir. C'est donc seulement aux causes secondes qu'elle s'adresse, parce qu'elle peut parvenir à en découvrir et à en déterminer les lois, et celles ci n'étant que les moyens d'action ou de manifestation de la cause première, sont aussi immuables qu'elle, et constituent les lois inviolables de la nature et les bases inébranlables de la science.

Mais nos recherches n'ont point atteint les bornes de l'esprit humain; limitées par les connaissances actuelles, elles ont au-dessus d'elles l'immense région de l'inconnu qu'elles

ne peuvent supprimer sans nuire à l'avancement
même de la science.

Le connu et l'inconnu, tels sont les deux
pôles scientifiques nécessaires. Le connu nous
appartient et se dépose dans l'expérience des
siècles. L'inconnu seul nous agite et nous tour-
mente et c'est lui qui excite sans cesse nos aspirations à la recherche des vérités nouvelles
dont notre sentiment a l'intuition certaine,
mais dont notre raison, aidée de l'expérience,
veut trouver la formule scientifique.

Ce serait donc une erreur de croire que le savant qui suit les préceptes de la méthode expérimentale doive repousser toute conception *à
priori* et imposer silence à son sentiment pour
ne plus consulter que les résultats de l'expérience. Non, les lois physiologiques qui règlent
les manifestations de l'intelligence humaine ne
lui permettent pas de procéder autrement qu'en
passant toujours et successivement par le sentiment, la raison et l'expérience; seulement,
instruit par de longues déceptions et convaincu
de l'inutilité des efforts de l'esprit réduit à lui-
même, il donne à l'expérience une influence

prépondérante et il cherche à se prémunir contre
l'impatience de connaître qui nous pousse sans
cesse vers l'erreur. Il marche avec calme et
sans précipitation à la recherche de la vérité;
c'est la raison ou le raisonnement qui lui sert
toujours de guide, mais il l'arrête, le retient et
le dompte à chaque pas par l'expérience; son
sentiment obéit encore, même à son insu, au
besoin inné qui nous fait irrésistiblement remonter à l'origine des choses, mais ses regards res
tent tournés vers la nature, parce que notre
idée ne devient précise et lumineuse qu'en re-
tournant du monde extérieur au foyer de la
connaissance qui est en nous, de même que le
rayon de lumière ne peut nous éclairer qu'en
se réfléchissant sur les objets qui nous entourent.

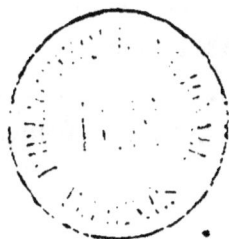

TABLE DES MATIÈRES

Bulletin mensuel. — N° 146.

LIBRAIRIE J.-B. BAILLIÈRE et FILS

Rue Hautefeuille, 19, près du boulevard Saint-Germain, à Paris

JANVIER 1878

DERNIÈRES NOUVEAUTÉS

LEÇONS SUR LE DIABÈTE ET LA GLYCOGENÈSE ANIMALE, par Claude BERNARD, membre de l'Académie des sciences et de l'Académie française. 1 vol. in-8, 600 pages avec figures. . . . . . 7 fr.

NOUVEAUX ÉLÉMENTS DE CHIMIE MÉDICALE ET DE CHIMIE BIOLOGIQUE, avec les applications à l'hygiène, à la pharmacie et à la médecine légale, par R. ENGEL, professeur à la Faculté de médecine de Montpellier. 1 vol. in-18 jésus de 750 p. avec 117 figures. . . 8 fr.

LES ABEILLES. Organes et fonctions, éducation et produits, miel et cire, par Maurice GIRARD, docteur ès sciences. 1 vol. in-18 jésus de 300 p., avec 1 pl. col. et 30 fig. 4 fr. 50

PRATIQUE DE LA CHIRURGIE DES VOIES URINAIRES, par le docteur DELEFOSSE, professeur particulier de pathologie des voies urinaires. 1 vol. in-18 jésus de 600 pages, avec 140 fig.

CHIRURGIE JOURNALIÈRE, leçons de clinique chirurgicale professées à l'Hôpital Cochin par le professeur Armand DESPRÉS, chirurgien de l'Hôpital Cochin. 1 vol. in-8 de VIII, 688 pages avec figures. . . . 10 fr.

CHIRURGIE JOURNALIÈRE DES HOPITAUX DE PARIS. Répertoire de thérapeutique chirurgicale par P. GILLETTE, chirurgien des Hôpitaux. 1 vol. in-8, XVI-771 pages, avec 662 figures. cart. . 12 fr.

CLINIQUE MÉDICALE DE LA PITIÉ, par le docteur I. GALLARD, médecin de la Pitié. 1 vol. in-8, 600 pages, avec figures. . . . . 10 fr.

TRAITÉ DE CLIMATOLOGIE MÉDICALE, comprenant la météorologie médicale et l'étude des influences physiologiques, pathologiques, prophylactiques et thérapeutiques du climat sur la santé, par le docteur H.-C. LOMBARD, de Genève. Tome I et II in-8 . . . . 20 fr.

L'ouvrage formera 4 volumes in-8, accompagné d'un atlas de 25 cartes.

LES PASSIONS, dangers et inconvénients pour les individus, la famille et la société; hygiène morale et sociale, par le docteur BERGERET (d'Arbois). 1 vol. in-18 jésus, 230 pages. . . . . 2 fr. 50

TRAITÉ D'HYGIÈNE NAVALE, par J.-B. FONSSAGRIVES, médecin de la marine en retraite, professeur à la Faculté de médecine de Montpellier. *Deuxième édition*, complètement remaniée et mise soigneusement au courant des progrès de l'art nautique et de l'hygiène générale. 1 vol. in-8, 520 pages, avec 145 fig. . . . . 15 fr.

LEÇONS DE CLINIQUE MÉDICALE par le docteur P. JOUSSET, médecin de l'Hôpital St-Jacques. 1 vol in-8 de XI-552 pages. . . 7 fr. 50

ÉLÉMENTS DE MÉDECINE PRATIQUE, contenant le traitement homœopathique de chaque maladie, par le docteur JOUSSET. *Deuxième édition.* 2 vol. in-8 de 800 pages. . . . . 15 fr.

GUIDE DES GOUTTEUX ET DES RHUMATISANTS, par le docteur REVEILLÉ-PARISE. *Nouvelle édition*, entièrement refondue, par le docteur E. CARRIÈRE. 1 vol. in-18 jésus de 300 pages. . . . . 3 fr. 50

NOUVEAU DICTIONNAIRE

DE

MÉDECINE ET DE CHIRURGIE

PRATIQUES

ILLUSTRÉ DE FIGURES INTERCALÉES DANS LE TEXTE

RÉDIGÉ PAR

ANGER, BARBALLIER, BENI-BARDE, BERNUTZ, P. BERT, BUIGNET,
Just Lucas CHAMPIONNIÈRE, CHATIN, CUSCO, DELORME, DESNOS,
DESORMEAUX, A. DESPRÉS, DEVILLIERS, D'HEILLY, DIEULAFOY,
M. DUVAL, FERNET, Alf. FOURNIER, Ach. FOVILLE,
T. GALLARD, H. GINTRAC, GOSSELIN, Alph. GUÉRIN, HALLOPEAU,
HÉRAUD, HERRGOTT, HEURTAUX, HIRTZ, JACCOUD, JACQUEMET,
JEANNEL, KOEBERLÉ, LANNELONGUE, LEDENTU, LÉPINE,
P. LORAIN, LUNIER, LUTON, MARDUEL, MARTINEAU, MAURIAC,
MERLIN, ORÉ, PANÁS, PRUNIER, M. RAYNAUD, RICHET, Ph. RICORD,
A. RIGAL, Jules ROCHARD, SAINT-GERMAIN, Ch. SARAZIN,
Germain SÉE, Jules SIMON, SIREDEY, STOLTZ, I. STRAUS, A. TARDIEU,
S. TARNIER, TROUSSEAU, A. VOISIN.

Directeur de la rédaction : le Dr JACCOUD.

Son titre suffit à indiquer à la fois son but, son esprit.

Son but. C'est de rendre service à tous les praticiens qui ne peuvent se livrer à de longues recherches faute de temps ou faute de livres, et qui ont besoin de trouver réunis et comme élaborés tous les faits qu'il leur importe de connaître bien; c'est de leur offrir une grande quantité de matières sous un petit volume, et non pas seulement des définitions et des indications précises comme en présente le *Dictionnaire de Littré et Robin*, mais une exposition, une description détaillée et proportionnée à la nature du sujet et à son rang légitime dans l'ensemble et la subordination des matières.

Son esprit. Le *Nouveau Dictionnaire* ne sera pas une compilation des travaux anciens et modernes; ce sera une analyse des travaux des maîtres français et étrangers, empreinte d'un esprit de critique éclairé et élevé; ce sera souvent un livre neuf par la publication de matériaux inédits qui, mis en œuvre par des hommes spéciaux, ajouteront une certaine originalité à la valeur encyclopédique de l'ouvrage; enfin ce sera surtout un livre pratique.

CONDITIONS DE LA SOUSCRIPTION

Le *Nouveau Dictionnaire de médecine et de chirurgie pratiques*, illustré de figures intercalées dans le texte, se composera d'environ 30 volumes grand in-8 cavalier de 800 pages.

Prix de chaque vol. de 800 pages, avec fig. intercalées dans le texte. 10 fr.

Les Tomes I à XXIV *complets* sont en vente. — Il sera publié trois volumes par an.

Les volumes seront envoyés *franco* par la poste aussitôt leur publication aux souscripteurs des départements, sans augmentation sur le prix fixé.

On souscrit chez J.-B. BAILLIÈRE ET FILS, et chez tous les libraires des départements et de l'étranger.

LISTE DES AUTEURS

DU NOUVEAU DICTIONNAIRE DE MÉDECINE ET DE CHIRURGIE PRATIQUES

ANGER (Benj.), chirurgien des Hôpitaux.
BARRALLIER, professeur à l'École de médecine navale de Toulon.
BENI-BARDE, médecin en chef de l'Établissement hydrothérapique d'Auteuil.
BERNUTZ, médecin de l'Hôpital de la Pitié.
BERT (P.), professeur de physiologie à la Faculté des sciences de Paris.
BUIGNET, professeur à l'École supérieure de pharmacie de Paris.
CHAMPIONNIÈRE (Just Lucas), chirurgien des Hôpitaux.
CHATIN (Joannès), professeur agrégé à l'École de Pharmacie.
CUSCO, chirurgien de l'Hôpital Lariboisière.
DEMARQUAY, chirurgien de la Maison municipale de santé.
DELORME, professeur agrégé à l'École du Val-de-Grâce.
DESNOS, médecin des Hôpitaux de Paris.
DESPRÉS (A.), professeur agrégé de la Faculté de médecine, chirurgien des Hôpitaux.
DEVILLIERS, membre de l'Académie de médecine.
D'HEILLY, médecin des Hôpitaux.
DIEULAFOY (G.), médecin des Hôpitaux, professeur agrégé de la Faculté de Médecine.
DUVAL (M.), professeur agrégé à la Faculté de médecine de Paris.
FERNET (Ch.), professeur agrégé à la Faculté de médecine, médecin des hôpitaux.
FOURNIER (Alfred), professeur agrégé à la Faculté, médecin des Hôpitaux de Paris.
FOVILLE (Ach.), directeur de l'Asile des aliénés de Quatre-Mares.
GALLARD (T.), médecin de l'Hôpital de la Pitié.
GINTRAC (Henri), professeur de clinique médicale à l'École de médecine de Bordeaux.
GOSSELIN, professeur à la Faculté de médecine de Paris, chirurgien de la Charité.
GUÉRIN (Alphonse), chirurgien de l'Hôpital Saint-Louis.
HALLOPEAU, médecin des Hôpitaux.
HARDY (A.), professeur à la Faculté de Paris, médecin de l'Hôpital Saint-Louis.
HERAUD, professeur de l'École de médecine navale à Toulon.
HERRGOTT, professeur à la Faculté de médecine de Nancy.
HEURTAUX, professeur à l'École de médecine de Nantes.
HIRTZ, professeur à la Faculté de médecine de Strasbourg.
JACCOUD, professeur agrégé à la Faculté de médecine, médecin des Hôpitaux de Paris.
JACQUEMET, professeur agrégé à la Faculté de médecine de Montpellier.
JEANNEL pharmacien en chef de l'hôpital Saint-Martin, à Paris.
KŒBERLÉ, professeur agrégé à la Faculté de médecine de Strasbourg.
LANNELONGUE, professeur agrégé de la Faculté de médecine, chirurgien des hôpitaux
LEDENTU, professeur agrégé de la Faculté de médecine.
LÉPINE, médecin des Hôpitaux.
LORAIN (P.), professeur à la Faculté de médecine, médecin des Hôpitaux de Paris
LUNIER, inspecteur général des établissements d'aliénés.
LUTON, professeur à l'École de médecine de Reims.
MARDUEL, professeur à la Faculté de médecine de Lyon.
MAURIAC, médecin des Hôpitaux.
MERLIN, professeur à l'École de médecine de Navale de Toulon.
ORÉ, professeur à l'École de médecine de Bordeaux.
PANAS, professeur agrégé à la Faculté de médecine, chirurgien des Hôpitaux.
PRUNIER, pharmacien des Hôpitaux.
RAYNAUD (Maurice), médecin des Hôpitaux, agrégé à la Faculté de médecine.
RICHET, professeur à la Faculté de Paris, chirurgien de l'Hôtel-Dieu.
RICORD (Ph.), membre de l'Académie de médecine, ex-chirurgien de l'Hôpital du Midi.
RIGAL (A.), professeur agrégé à la Faculté de médecine.
ROCHARD (Jules), directeur du service de santé de la marine au port de Brest.
SAINT-GERMAIN, chirurgien des Hôpitaux.
SARAZIN (Ch.), professeur agrégé à la Faculté de Strasbourg.
SÉE (Germain), professeur à la Faculté de médecine, médecin de la Charité.
SIREDEY, médecin des Hôpitaux.
STOLTZ, professeur d'accouchements à la Faculté de médecine de Strasbourg.
STRAUS (I.), chef de clinique médicale à la Faculté de médecine.
TARDIEU (Amb.), professeur de la Faculté de médecine de Paris, médecin des Hôpitaux.
TARNIER (S.), professeur agrégé à la Faculté de Paris, chirurgien des Hôpitaux.
TROUSSEAU, professeur de clinique médicale à la Faculté de médecine de Paris.
VOISIN (Auguste), médecin de la Salpêtrière.

PRINCIPAUX ARTICLES
DES VINGT-QUATRE PREMIERS VOLUMES

LIBRAIRIE J.-B. BAILLIÈRE ET FILS.

ANDOUARD. Nouveaux éléments de pharmacie, par ANDOUARD, professeur à l'Ecole de médecine de Nantes. Paris, 1874. 1 vol. in-8 de 880 p. avec 120 figures. . . . . 14 fr.

ANGER. Nouveaux éléments d'anatomie chirurgicale, par BENJAMIN ANGER, chirurgien des hôpitaux, professeur agrégé à la Faculté de médecine. Paris, 1869. 1 vol. grand in-8 de XVI-1056 pages, avec 1079 figures et Atlas in-4 de 12 planches gravées et coloriées, et représentant les régions de la tête, du cou, de la poitrine, de l'abdomen, de la fosse iliaque interne, du périnée et du bassin. . . . . 40 fr.
　　Séparément, le texte. 1 vol. in-8. . . . . 20 fr.
　　Séparément, l'Atlas. 1 vol. in-4. . . . . 25 fr.

ANGLADA. Études sur les maladies nouvelles et les maladies éteintes, pour servir à l'histoire des évolutions séculaires de la pathologie, par CH. ANGLADA, professeur de la Faculté de médecine de Montpellier. Paris, 1809. 1 vol. in-8 de 700 pages. . . . . 8 fr.

Annales d'hygiène publique et de médecine légale, par MM. BRIERRE DE BOISMONT, CHEVALLIER, L. COLIN, DELPECH, DEVERGIE, FONSSAGRIVES, FOVILLE, GALLARD, GAUCHET, GAULTIER DE CLAUBRY, A. GAUTIER, G. LAGNEAU, PROUST, ROUSSIN, AMB. TARDIEU, E. VALLIN, avec une revue des travaux français et étrangers, par MM. O. DU MESNIL et STROHL.

　　Paraissant tous les 2 mois par cahiers de 12 feuilles in-8, avec pl·
　　Prix de l'abonnement annuel pour Paris. . . . . 22 fr·
　　Pour les départements. . . . . 24 fr·
　　Pour l'Union postale . . . . 25 fr·
　　La première série, collection complète (1829 à 1853), dont il ne reste que peu d'exemplaires, 50 vol. in-8, figures. . . . . 500 fr.
　　Tables alphabétiques par ordre des matières et des noms d'auteurs des Tomes I à L (1829 à 1853). Paris, 1855. In-8 de 136 pages à 2 col. 3 fr. 50
　　Chacune des dernières années séparément, jusqu'à 1871 inclus. 18 fr.
　　— Depuis 1872 jusqu'à 1875 inclusivement . . . . 20 fr.
　　La seconde série a commencé avec le cahier de janvier 1854.
　　On ne vend pas séparément : 1ʳᵉ *série,* tomes I et II (1829), tomes XI et XII (1834), tomes XV et XVI (1836). — 2ᵉ *série,* tomes XI et XII (1859), tomes XIII et XIV (1860).

Annuaire pharmaceutique, ou Exposé analytique des travaux de pharmacie, physique, histoire naturelle pharmaceutique, hygiène, toxicologie et pharmacie légale, fondé par O. REVEIL et L. PARISEL, continué par C. MÉHU, pharmacien en chef de l'hôpital Necker. Paris, 1863-1874. 11 vol. in-18, de chacun 360 pag., avec fig. Prix de chacun. 1 fr. 50

BARELLA. Quelques considérations pratiques sur le diagnostic et le traitement des maladies organiques du cœur. Bruxelles, 1872. 1 vol. in-8. . . . . 5 fr.

BARRAULT (E.). **Parallèle des eaux minérales de France et d'Allemagne.** Guide pratique du médecin et du malade, avec une introduction par le docteur DURAND-FARDEL. Paris, 1872. In-18 de XXII-372 p. 3 fr. 50

BEALE. De l'Urine, des dépôts urinaires et des calculs, de leur composition chimique, de leurs caractères physiologiques et pathologiques et des indications thérapeutiques qu'ils fournissent dans le traitement des maladies. Traduit de l'anglais et annoté par MM. Auguste OLLIVIER, médecin des hôpitaux, et G. BERGERON, professeur agrégé de la Faculté de médecine. Paris, 1865. 1 vol. in-18. 40 p. avec 136 figures. . . 7 fr.

BEAUMONT (Élie de). Leçons de Géologie pratique, professées au Collège de France. Paris, 1845-1869. 2 vol. in-8 avec planches. . . 14 fr.
Séparément, Tome II, 1869. . . . . 5 fr.
BEAUNIS. Nouveaux éléments de physiologie humaine, comprenant les principes de la physiologie comparée et de la physiologie générale, par H. BEAUNIS, professeur de physiologie à la Faculté de médecine de Nancy. Paris, 1876. 1 vol. in-8 de 1100 pages avec 350 fig. Cart. . . . . 14 fr.
BEAUNIS et BOUCHARD. Nouveaux éléments d'anatomie descriptive et d'embryologie, par H. BEAUNIS, et H. BOUCHARD, professeur agrégé à la Faculté de médecine de Nancy. *Deuxième édition.* Paris, 1875. 1 v. grand in-8 de 1104 pages avec 421 figures. Cart.. . . . . . . 18 fr.
— **Précis d'anatomie et de dissection.** Paris, 1877. 1 v. in-18, 450 p. 4 fr. 50
BEAUREGARD. Des difformités des doigts (dactylolyses). Dactylolyses essentielles (ainhum) dactylolyse de cause interne et de cause externe. Etude de séméiologie par le docteur G. BEAUREGARD (du Havre). Paris, 1875. 1 vol. in-8 de 110 pages, avec 6 planches. . . . . 4 fr.
BECLU (H.). Nouveau manuel de l'herboriste ou traité des propriétés médicinales des plantes exotiques et indigènes du commerce, suivi d'un Dictionnaire pathologique, thérapeutique et pharmaceutique. 1872. 1 vol. in-12 de XIV-256 pages, avec 55 figures. . . . . . . 2 fr. 50
BELLYNCK. Cours élémentaire de botanique. *Deuxième édition.* 1876, 1 vol. in-8 de 680 pages, avec 905 gravures. . . . . 10 fr.
BERGERET (L.-F). Des fraudes dans l'accomplissement des fonctions génératrices, causes, dangers et inconvénients pour les individus, la famille et la société, remèdes, par L. F. BERGERET, médecin en chef de l'hôpital d'Arbois (Jura). *Cinquième édition.* Paris, 1877. 1 vol. in-18 jésus de 228 pages. . . . . 2 fr. 50
— **De l'abus des boissons alcooliques,** dangers et inconvénients pour les individus, la famille et la société. Moyens de modérer les ravages de l'ivrognerie. Paris, 1870. In-18 jésus de VIII-380 pages. . . . . 3 fr.
BERNARD (Claude). Physiologie. Physiologie expérimentale, substances toxiques, système nerveux, liquides de l'organisme, pathologie expérimentale, médecine expérimentale, anesthésiques et asphyxie, chaleur animale, diabète, par Claude BERNARD, professeur au Muséum et au Collège de France, membre de l'Académie des sciences et de l'Académie française. 12 vol. in-8, avec figures . . . . 84 fr.
— **Leçons de Physiologie expérimentale appliquée à la médecine.** Paris, 1855-1856. 2 vol. in-8, avec fig. . . . . 14 fr.
— **Leçons sur les effets des substances toxiques et médicamenteuses.** Paris, 1857. 1 vol. in-8, avec 32 figures. . . . . 7 fr.
— **Leçons sur la physiologie et la pathologie du système nerveux.** Paris, 1858. 2 vol. in-8, avec figures. . . . . 14 fr.
— **Leçons sur les propriétés physiologiques et les altérations pathologiques des liquides de l'organisme.** Paris, 1859. 2 vol. in-8, avec fig. 14 fr.
— **Introduction à l'étude de la médecine expérimentale.** Paris, 1865. In-8, 400 pages. 7 fr.
— **Leçons de pathologie expérimentale.** Paris, 1871. 1 vol. in-8 7 fr.
— **Leçons sur les anesthésiques et sur l'asphyxie.** Paris, 1875. 1 vol. in-8 de 520 pages avec figures. . . . . 7 fr.
— **Leçons sur la chaleur animale,** sur les effets de la chaleur et sur la fièvre. Paris, 1876. In-8 de 469 pages, avec fig. . . . . 7 fr.
BERNARD (Claude) et HUETTE. Précis iconographique de médecine opératoire et d'anatomie chirurgicale, par CLAUDE BERNARD et CH. HUETTE (de Montargis). *Nouveau tirage.* Paris, 1873. 1 vol. in-18 jésus, avec 113 planches, figures noires. Cartonné. . . . . 24 fr.
— LE MÊME, figures coloriées . . . . 48 fr.

BERNARD (H.). Premiers secours aux blessés sur le champ de bataille et dans les ambulances, par le docteur H. BERNARD, ancien chirurgien des armées, précédé d'une introduction par J. N. DEMARQUAY. chirurgien de la Maison municipale de santé. Paris, 1870. In-18 de 164 p. avec 79 figures. . . . . 2 fr.

BERNHEIM. Leçons de clinique médicale, par le docteur H. BERNHEIM, professeur agrégé à la Faculté de médecine de Nancy. Paris, 1877. 1 vol. de XII-535 pages avec 5 planches. . . . . 10 fr.

BERT (Paul). Leçons sur la physiologie comparée de la respiration, par Paul BERT, professeur à la Faculté des sciences. Paris, 1870. 1 vol. in-8 de 500 pages avec 150 fig. . . . . 10 fr.

BLANCHARD. Les poissons des eaux douces de la France. Anatomie, physiologie, description des espèces, mœurs, instincts, industrie, commerce, ressources alimentaires, pisciculture, législation concernant la pêche, par ÉMILE BLANCHARD, membre de l'Institut, professeur au Muséum d'histoire naturelle. Paris, 1866. 1 magnifique volume, grand in-8, avec 151 figures dessinées d'après nature. . . . . 12 fr.

BOISSEAU. Des maladies simulées et des moyens de les reconnaître par le docteur Edm. BOISSEAU, professeur agrégé. Paris, 1870. 1 vol. in-8 de 500 pages. . . . . 7 fr.

BOIVIN et DUGÈS. Anatomie pathologique de l'utérus et de ses annexes, fondée sur un grand nombre d'observations classiques ; par madame BOIVIN, docteur en médecine, sage-femme en chef de la Maison de santé, et A. DUGÈS, professeur à la Faculté de médecine de Montpellier. Paris. 1866. Atlas in-folio de 41 planches, gravées et coloriées, *représentant les principales altérations morbides des organes génitaux de la femme,* avec explication. . . . . 45 fr.

BONNAFONT. Traité théorique et pratique des maladies de l'oreille et des organes de l'audition, par le docteur J. B. BONNAFONT. *Deuxième édition.* Paris, 1873. 1 vol. in-8. XVI-700 pages, avec 43 figures. 10 fr.

BONNET. Traité de thérapeutique des Maladies articulaires, Paris, 1853, 1 vol. in-8, XVIII-684 pages. avec 97 figures. . . . . . . 9 fr.

— **Maladies des articulations.** Atlas in-4 de 16 planches contenant 58 dessins avec texte explicatif. . . . . 6 fr.

— **Nouvelles méthodes de traitement des Maladies articulaires.** *Seconde édition,* revue et augmentée d'une notice historique, par le docteur GARIN, médecin de l'Hôtel-Dieu de Lyon, accompagnée d'observations sur la rupture de l'ankylose, par MM. BARRIER, BERNE, PHILIPEAUX et BONNES. Paris, 1860, in-8 de 356 pages, avec 17 figures. . . . . 4 fr. 50

BOUCHUT. Traité pratique des Maladies des nouveau-nés, des enfants à la mamelle et de la seconde enfance, par le docteur E. BOUCHUT, médecin de l'hôpital des Enfants malades, professeur agrégé à la Faculté de médecine. *Septième édition.* Paris, 1878. 1 vol. in-8 de XVII-1128 pages, avec 179 figures. . . . . 18 fr.
   Ouvrage couronné par l'Institut de France (Académie des sciences).
   Après une longue pratique et plusieurs années d'enseignement clinique à l'hôpital des Enfants-Malades, M. Bouchut, pour répondre à la faveur publique, a étendu son cadre et complété son œuvre. en y faisant entrer indistinctement toutes les maladies de l'enfance jusqu'à la puberté. On trouvera dans son livre la médecine et la chirurgie du premier âge.

— **Hygiène de la Première Enfance,** guide des mères pour l'allaitement, le sevrage et le choix de la nourrice, chez les nouveau-nés. *Sixième édition,* revue et augmentée. Paris, 1874. In-18 de VIII-523 pages, avec 49 figures. . . . . 4 fr.

— **La vie et ses attributs dans leurs rapports avec la philosophie et la médecine.** *Deuxième édition.* Paris, 1876, 1 v. in-18 jés. de 450 p.   4 fr. 50

BOUCHUT. Atlas d'ophthalmoscopie médicale et de cérébroscopie, montrant, chez l'homme et chez les animaux, les lésions du nerf optique, de la rétine et de la choroïde produites par les maladies du cerveau, par les maladies de la moelle épinière et par les maladies constitutionnelles et humorales. Paris, 1876, 1 vol. in-4 de viii–148 pages, avec 14 planches en chromolithographie, comprenant 157 figures et 19 figures intercalées dans le texte. Cartonné. . . . . 35 fr.

— **Traité des signes de la mort, et des moyens de ne pas être enterré vivant.** *Deuxième édition*, augmentée d'une étude sur de nouveaux signes de la mort. Paris, 1874. 1 vol. in-18 jésus de viii–468 p. 4 fr.

— **Nouveaux éléments de Pathologie générale, de Séméiologie et de diagnostic,** comprenant : la nature de l'homme. l'histoire générale de la maladie, les différentes classes de maladies, l'anatomie pathologique générale, l'histologie pathologique, le pronostic, la thérapeutique générale, les éléments du diagnostic par l'étude des symptômes et l'emploi des moyens physiques (auscultation, percussion, cérébroscopie, laryngoscopie, microscopie, chimie pathologique, spirométrie, etc.). *Troisième édition*. Paris, 1875. 1 vol. grand in-8 de 1312 pages. 20 fr.

— **Du Nervosisme aigu et chronique et des maladies nerveuses.** *Deuxième édition*. Paris, 1877, 1 vol. in-8, viii–408 pages. . . . 6 fr.

BOURGEOIS (L. X.). Les passions dans leurs rapports avec la santé et les maladies, l'amour et le libertinage, par le docteur X. Bourgeois, lauréat de l'Académie de médecine de Paris. *Quatrième édition* augmentée. Paris, 1877. 1 vol. in-12 de 214 pages. . . . . . . 2 fr.

— **De l'influence des maladies de la femme** pendant la grossesse sur la constitution et la santé de l'enfant. Paris, 1861. 1 vol. in-4.   3 fr. 50

BOURGUIGNAT (J. R.). Les Spiciléges malacologiques. Paris, 1862. 1 vol. in-8, avec 15 planches en partie coloriées. . . . . 25 fr.
Cet important ouvrage comprend 15 monographies : 1° genre Choanomphalus; catalogue des Paludinées recueillies en Sibérie et sur le territoire de l'Amour; 3° Limaciens; 4° Limaces algériennes; 5° Parmacella; 6° genre Testacella; 7° genre Pyrgula; 8° genre Gundlachia; 9° genre Poeyia; 10° genre Brondelia; 11° Limaces d'Europe; 12° Paludinées de l'Algérie; 13° et 14° Vivipara; 15° genre Ancylus.

BRAIDWOOD (P. M.). De la Pyohémie ou fièvre suppurative, traduction par Edw. Alling, revue par l'auteur. Paris, 1870. 1 vol. in-8 de 300 pages avec 12 planches chromolithographiées. . . . . 8 fr.

BRAUN, BROUWERS et DOCX. Gymnastique scolaire en Hollande, en Allemagne et dans les pays du Nord, par MM. Braun, Brouwers et Docx, suivie de l'état de l'enseignement de la gymnastique en France. Paris, 1874. In-8 de 168 pages. . . . . 3 fr. 50

BREHM (A. E.). Les Merveilles de la nature, L'homme et les animaux, Description populaire des races humaines et du règne animal. Edition française, par Z. Gerbe.
Cet ouvrage paraît en 88 séries à 50 centimes avec 80 planches sur papier teinté et 1500 figures intercalées dans le texte.
Il paraît une série par semaine à partir du 31 octobre 1877.

BRIAND et CHAUDÉ. Manuel complet de Médecine légale, ou Résumé des meilleurs ouvrages publiés jusqu'à ce jour sur cette matière, et des jugements et arrêts les plus récents, par J. Briand, docteur en médecine de la Faculté de Paris, et Ernest Chaudé, docteur en droit, et contenant un *Traité élémentaire de chimie légale*, par J. Bouis, professeur agrégé de toxicologie à l'Ecole de pharmacie de Paris. *Neuvième édition*. Paris, 1873 1 vol. grand in-8 de viii–1088 pages, avec 3 planches gravées et 57 figures. . . . . 18 fr.

BRUCKE. Des couleurs au point de vue physique, physiologique, artistique et industriel, par le docteur Ernest Brucke, professeur à l'Université de Vienne, membre de l'Académie des sciences et du Conseil du musée pour l'art et l'industrie, traduit de l'allemand sous les yeux de l'auteur, par P. Schützenberger. Paris, 1866. In-18 jésus, 344 pages avec 46 figures. . . . . **4 fr.**

BUIGNET. Manipulations de physique. Cours de travaux pratiques professé à l'École de pharmacie de Paris, par H. Buignet, professeur à l'Ecole de pharmacie, Paris, 1877. 1 vol. in-8 de 800 pages, avec 265 figures et 1 planche coloriée, cart. . . . . **16 fr.**

Carnet (Le) du médecin praticien, formules, ordonnances, tableaux du pouls, de la respiration et de la température, comptabilité. 1 cahier oblong avec cartonnage souple. . . . . **1 fr.**

CARRIÈRE. Le climat de l'Italie et des stations du midi de l'Europe, sous le rapport hygiénique et médical, par le Dr Carrière, médecin de Monseigneur le comte de Chambord. *Deuxième édition*, 1876. 1 vol. in-8 de 640 pages. . . . . **9 fr.**

CAUVET. Nouveaux éléments d'histoire naturelle médicale. *Deuxième édition*. Paris, 1877, 2 vol. in-18 jésus d'environ 600 pages, avec 824 figures. . . . . **12 fr.**

CHAILLY. Traité pratique de l'Art des accouchements. *Sixième édition*, revue et corrigée. Paris, 1878. 1 vol. in-8 de xx-1056 pages, avec 1 pl. et 282 figures. **10 fr.**

CHARGÉ. Traitement homœopathique des maladies des organes de la respiration, cavités nasales, larynx, trachée, bronches, poumons, plèvres, toux et crachats, par le docteur A. Chargé. *Deuxième édition*. Paris, 1878. 1 vol. in-18 jésus de xxiii-460 pages. . . . . . . **6 fr.**

CHAUVEAU. Traité d'anatomie comparée des animaux domestiques. 2e édition, revue et augmentée avec la collaboration de M. Arloing. Paris, 1871. 1 vol. in-8 avec 368 figures. . . . . **20 fr.**

CHAUVEL. Précis d'opérations de chirurgie, par le docteur J. Chauvel, professeur agrégé de médecine opératoire à l'Ecole du Val-de-Grâce. Paris, 1877, in-18 jésus, 692 pages, avec 281 fig. dessinées par le docteur E. Chabvot. . . . . **6 fr.**

CHEVREUL. Des couleurs et de leurs applications aux arts industriels à l'aide des cercles chromatiques, par M. E. Chevreul, membre de l'Académie des sciences, professeur au Muséum, directeur de la manufacture des Gobelins. Paris, 1864. Petit in-folio, avec 27 planches gravées sur acier et imprimées en couleur par M. René Digeon, cart. en toile. **35 fr.**

CHURCHILL. Traité pratique des maladies des femmes, hors l'état de grossesse, pendant la grossesse et après l'accouchement, par Fleetwood Churchill, professeur d'accouchements, de maladies des femmes et des enfants, à l'Université de Dublin. Traduit de l'anglais par les docteurs Wieland et Dubrisay. *Deuxième édition* contenant l'exposé des travaux français et étrangers les plus récents, par le Dr Leblond. Paris, 1874. 1 vol. grand in-8 de 1258 p., avec 339 figures. . . . . **18 fr.**

CIVIALE. Traité pratique sur les Maladies des Organes génito-urinaires, par le docteur Civiale, membre de l'Institut et de l'Académie de médecine. *Troisième édition*, augmentée. Paris, 1858-1860. 3 vol. in-8, avec figures. . . . . **24 fr.**

   Cet ouvrage, le plus pratique et le plus complet sur la matière, est ainsi divisé : Tome I. Maladies de l'urèthre. — Tome II. Maladies du col de la vessie et de la prostate. — Tome III. Maladies du corps de la vessie.

Codex medicamentarius. Pharmacopée française rédigée par ordre du gouvernement, la commission de rédaction étant composée de professeurs de la Faculté de médecine et de l'École supérieure de pharmacie de Paris, et de membres de l'Académie de médecine et de la Société de

pharmacie de Paris. Paris, 1866. 1 fort vol. grand in-8, cartonné à l'anglaise. . . . . 9 fr. 50
   Franco par la poste. . . . . 11 fr. 50
— LE MÊME, interfolié de papier réglé et solidement relié en demi-maroquin. . . . . 16 fr. 50
   Le nouveau Codex medicamentarius, Pharmacopée française, édition de 1866, sera et demeurera obligatoire pour les pharmaciens à partir du 1er janvier 1867.
                       (*Décret du 5 décembre* 1866.)

Commentaires thérapeutiques du Codex. Voy. GUBLER, page 18.

COLIN (G.) Traité de physiologie comparée des animaux, considérée dans ses rapports avec les sciences naturelles, la médecine, la zootechnie et l'économie rurale, par G. COLIN, professeur à l'école vétérinaire d'Alfort. *Deuxième édition.* Paris, 1871-72. 2 vol. in-8 avec 250 figures. 26 fr.

COLIN (Léon). Traité des fièvres intermittentes, par Léon COLIN, professeur à l'École du Val-de-Grâce. Paris, 1870. 1 vol. in-8 de 500 pages, avec un plan médical de Rome. . . . . 8 fr.

— **De la Variole,** au point de vue épidémiologique et prophylactique. Paris, 1873. 1 vol. in-8 de 200 pages avec 3 figures. . . . . 3 fr. 50

Comité consultatif d'Hygiène publique de France (Recueil des travaux et des actes officiels de l'Administration sanitaire), publié par ordre de M. le Ministre de l'agriculture et du commerce. Paris, 1872. Tome I. 1 vol. in-8 de xxiv-451 pages. . . . . 8 fr.

— Tome II. Paris, 1873. 1 vol. in-8 de 432 pages avec 2 cartes. . 8 fr.

— Tome II, 2e partie, contenant l'Enquête sur le goitre et le crétinisme. Rapport par M. BAILLARGER. Paris, 1873. 1 vol. in-8 de 376 pages, avec 3 cartes (pas séparément de la collection). . . . . 7 fr.

— Tome III. Paris, 1874. 1 vol. in-8 de 404 pages. . . . . 8 fr.

— Tome IV. Paris, 1875. 1 vol. in-8 avec cartes. . . . . 8 fr.

— Tome V. Paris, 1876. 1 vol. in-8 avec carte coloriée . . . . . . 8 fr.

— Tome VI. Paris, 1877, in-8, avec cartes et graphiques. . . . . . 8 fr.

COMTE (A.). Cours de philosophie positive, par AUGUSTE COMTE, répétiteur d'analyse transcendante et de mécanique rationnelle à l'École polytechnique. *Quatrième édition,* augmentée de la préface d'un disciple et d'une Étude sur les progrès du positivisme, par E. LITTRÉ, et d'une table alphabétique des matières. Paris, 1877, 6 vol. in-8. . . . . . . 48 fr.
   Tome I. Préliminaires généraux et philosophie mathématique. — Tome II. Philosophie astronomique et philosophie physique.— Tome III. Philosophie chimique et philosophie biologique. — Tome IV. Philosophie sociale (partie *dogmatique*). — Tome V. Philosophie sociale (partie historique : état théologique et état métaphysique). — Tome VI. Philosophie sociale (complément de la partie historique, et Conclusions générales.

— **Principes de philosophie positive,** précédés de la préface d'un disciple, par E. LITTRÉ. Paris, 1868. 1 vol. in-18 jésus, 208 pag. . . 2 fr. 50
   Les *Principes de philosophie positive* sont destinés à servir d'introduction à l'étude du *Cours de philosophie,* ils contiennent : 1° l'exposition du but du cours, ou considérations générales sur la nature et l'importance de la philosophie positive; 2° l'exposition du plan du cours, ou considérations générales sur la hiérarchie des sciences.

CONTEJEAN. Éléments de géologie et de paléontologie, par CONTEJEAN, professeur d'histoire naturelle à la Faculté des sciences de Poitiers. Paris, 1874. 1 vol. in-8 de 750 pages, avec 467 figures. Cartonné. 16 fr.

CORLIEU (A.). Aide-mémoire de médecine, de chirurgie et d'accouchements, vade-mecum du praticien, par le docteur A. CORLIEU. 3e *édition.* Paris, 1877. 1 vol. in-18 jésus de viii-690 pages avec 420 fig. Cart. 6 fr.

CORRE. La pratique de la chirurgie d'urgence, par le docteur A. CORRE, ex-médecin de 1re classe de la marine. Paris, 1872. In-18 de viii-216 p., avec 51 figures. . . . . 2 fr.

CRUVEILHIER. Anatomie pathologique du Corps humain, ou Descriptions, avec figures lithographiées et coloriées, des diverses altérations morbides dont le corps humain est susceptible; par J. CRUVEILHIER, professeur d'anatomie pathologique à la Faculté de médecine de Paris, médecin de l'hôpital de la Charité, président perpétuel de la Société anatomique, etc. Paris, 1830-1842. 2 vol. in-folio, avec 230 pl. col.   456 fr.

Demi-rel., dos de maroquin, non rog. Prix pour les 2 v. gr. in-fol.   24 fr.

Ce bel ouvrage est complet; il a été publié en 41 livraisons, chacune contenant 6 feuilles de texte in-folio grand raisin vélin, caractère neuf de F. Didot, avec 5 pl. coloriées avec le pius grand soin, et 6 planches lorsqu'il n'y a que 4 planches de coloriées. Chaque livraison. . . . .   11 fr.

— **Traité d'Anatomie pathologique générale**, *Ouvrage complet*. Paris, 1849-1864. 5 vol. in-8.   35 fr.

Tome V et dernier, dégénérations aréolaires et gélatiniformes, dégénérations cancéreuses proprement dites, par J. CRUVEILHIER ; pseudo-cancers et tables alphabétiques, par CH. HOUEL. Paris, 1864. 1 v. in-8 de 420 p.   7 fr.

Cet ouvrage est l'exposition du Cours d'anatomie pathologique que M. Cruveilhier fait à la Faculté de médecine de Paris. Comme son enseignement, il est divisé en XVIII classes, savoir : Tome 1er, 1° solutions de continuité ; 2° adhésions ; 3° luxations ; 4° invaginations ; 5° hernies ; 6° déviations. — Tome II, 7° corps étrangers ; 8° rétrécissements et oblitérations ; 9° lésions de canalisation par communication accidentelle ; 10° dilatations. — Tome III, 11° hypertrophies ; 12° atrophies ; 13° métamorphoses et productions organiques analogues. — Tome IV, 14° hydropisies et flux ; 15° hémorrhagies ; 16° gangrènes ; 17° inflammations ou phlegmasies. — Tome V, 18° dégénérations organiques.

CURTIS. Du traitement des rétrécissements de l'urèthre par la dilatation progressive, par le docteur T. B. CURTIS. Paris, 1873. In-8 de 113 pages. . . . .   2 fr. 50

CUVIER (G.). Les Oiseaux, décrits et figurés d'après la classification de Georges CUVIER, mise au courant des progrès de la science. Paris, 1870, 1 vol. in-8 avec 72 pl. contenant 464 fig. noires. 30 fr. Fig. color.   50 fr.

— **Les Mollusques.** Paris, 1868. 1 vol. in-8 avec 56 pl. contenant 520 figures noires, 15 fr. ; fig. coloriées. . . . .   25 fr.

— **Les Vers et les Zoophytes.** Paris, 1869. 1 vol. in-8 avec 57 planches, contenant 550 figures. — Fig. noires, 15 fr.; fig. color. . . . . .   25 fr.

CYON. Principes d'électrothérapie, par le docteur CYON, professeur à l'Académie médico-chirurgicale de Saint-Pétersbourg. Paris, 1873. 1 vol. in-8 de VIII-275 pages avec figures. . . . .   4 fr.

CZERMAK. Du laryngoscope et de son emploi en physiologie et en médecine, par le docteur J. N. CZERMAK, professeur de physiologie à l'Université de Pesth. Paris, 1860, in-8, avec 2 pl. grav. et 31 fig.   5 fr. 50

DAGONET. Nouveau Traité élémentaire et pratique des maladies mentales, suivi de Considérations pratiques sur les asiles d'aliénés, par H. DAGONET professeur à l'ancienne Faculté de médecine de Strasbourg, médecin en chef de l'asile des aliénés de Sainte-Anne. Paris, 1876, in-8 de 752 pages, avec 8 planches en photoglyptie, comprenant 38 types d'aliénés et une carte statistique des établissements d'aliénés de la France.   15 fr.

DALTON. Physiologie et hygiène des écoles, des collèges et des familles, par DALTON, professeur à l'Université de New-York. Traduit par le Dr E. ACOSTA. Paris, 1870. 1 v. in-18 jés. de 500 p., avec 66 fig.   4 fr.

DAREMBERG. Histoire des sciences médicales, comprenant l'anatomie, la physiologie, la médecine, la chirurgie et les doctrines de pathologie générale, par CH. DAREMBERG, professeur à la Faculté de médecine, membre de l'Académie de médecine, bibliothécaire de la bibliothèque Mazarine, etc. Paris, 1870. 2 vol. in-8. . . . .   20 fr.

DAVAINE (C.). Traité des Entozoaires et des maladies vermineuses chez l'homme et les animaux domestiques. *Deuxième édition*. Paris, 1877, 1 vol. in-8 de 1000 pages, avec 100 fig. . . . . 14 fr.

DAVASSE. La Syphilis, ses formes, son unité, par J. DAVASSE, ancien interne des hôpitaux de Paris. Paris, 1865. 1 vol. in-8, 570 pag. 8 fr.

DEGLAND et GERBE. Ornithologie européenne, ou Catalogue descriptif, analytique et raisonné des oiseaux observés en Europe, par DEGLAND et Z. GERBE, préparateur du Cours d'Embryogénie au Collége de France. *Deuxième édition* entièrement refondue. Paris, 1867. 2 vol. in-8. . 24 fr.

DESHAYES (G.-P.) Conchyliologie de l'île de la Réunion (Bourbon). Paris, 1863. Gr. in-8, 144 pages, avec 14 planches coloriées. . . 10 fr.

— **Coquilles fossiles des environs de Paris.** 1837-1874, 166 planches avec explication détaillée en 2 volumes in-4, cart. . . . . 120 fr.
Quelques exemplaires seulement.

— **Description des animaux sans vertèbres** découverts dans le bassin de Paris, pour servir de supplément à la description des coquilles fossiles des environs de Paris, comprenant une revue générale de toutes les espèces actuellement connues; par G. P. DESHAYES, professeur au Muséum d'histoire naturelle. Paris, 1860-1866. *Ouvrage complet.* 3 vol. in-4 de texte et 2 vol. in-4 de 196 planch., publié en 50 livraisons. Prix de chaque livrais, 5 fr. — Prix de l'ouvrage complet. . . . . . 250 fr.

DESPINE et PICOT. Manuel pratique des maladies de l'enfance, par A. DESPINE. professeur de pathologie interne à l'Université de Genève, et C. PICOT, médecin de l'infirmerie du Prieuré de Genève. Paris, 1877, 1 vol. in-18 jésus, VIII-596 pages. . . . . 6 fr.

Dictionnaire de Médecine, de Chirurgie, de Pharmacie, de l'Art vétérinaire et des Sciences qui s'y rapportent, publié par J.-B. Baillière et Fils. *Quatorzième édition,* entièrement refondue par E. LITTRÉ, membre de l'Institut de France (Académie française et Académie des inscriptions), et CH. ROBIN, professeur à la Faculté de médecine de Paris, membre de l'Académie de médecine. Ouvrage contenant la synonymie *grecque, latine, allemande, anglaise, italienne et espagnole* et le Glossaire de ces diverses langues. Paris, 1878. 1 beau volume grand in-8 de 1880 pag. à deux colonnes, avec 552 figures. . . . . 20 fr.
Demi-reliure maroquin, plats en toile. . . . . 4 fr.
Demi-reliure maroquin à nerfs, plats en toile, très-soignée. . . 5 fr.
Il y a plus de soixante-dix ans que parut pour la première fois cet ouvrage longtemps connu sous le nom de *Dictionnaire de médecine de Nysten* et devenu classique par un succès de treize éditions.
Les progrès incessants de la science rendaient nécessaires, pour cette treizième édition, une révision générale de l'ouvrage et plus d'unité dans l'ensemble des mots consacrés aux théories nouvelles et aux faits nouveaux que l'emploi du microscope, les progrès de l'anatomie générale, normale et pathologique, de la physiologie, de la pathologie, de l'art vétérinaire, etc., ont créés.
M. Littré, connu par sa vaste érudition et par son savoir étendu dans la littérature médicale, nationale et étrangère, et M. le professeur Ch. Robin, que de récents travaux ont placé si haut dans la science, se sont chargés de cette tâche importante. Une addition qui sera justement appréciée, c'est la Synonymie *grecque, latine, anglaise, allemande, italienne, espagnole,* qui, avec les glossaires, fait de ce Dictionnaire un Dictionnaire polyglotte.

DONNÉ. Conseils aux mères sur la manière d'élever les enfants nouveau-nés. 5ᵉ *édition.* Paris, 1875. 1 vol. in-18 jésus de 350 p. 3 fr.

DUCHARTRE. Éléments de Botanique comprenant l'anatomie, l'organographie, la physiologie des plantes, les familles naturelles et la géographie botanique, par P. DUCHARTRE, de l'Institut (Académie des sciences), professeur à la Faculté des sciences. *Deuxième édition.* Paris, 1877. 1 vol. in-8 de 1110 pages, avec 541 figures. Cart. . . . . . . 20 fr.

DUCHENNE. De l'Électrisation localisée et de son application à la pathologie et à la thérapeutique; par le docteur Duchenne (de Boulogne). lauréat de l'Institut de France. *Troisième édition*, entièrement refondue, Paris, 1872. 1 vol. in-8 avec 279 fig. et 3 pl. noires et coloriées. 18 fr.

— **Mécanisme de la physionomie humaine, ou analyse électro-physiologique de l'expression des passions,** publié en trois éditions :
1° *Édition grand in-octavo* formant 1 vol. de 264 pages, avec 9 planches représentant 144 fig. photographiées. *Deuxième édition.* . . 20 fr.
2° *Édition de luxe* formant 1 vol. grand in-8, avec atlas composé de 74 planches photographiées et de 9 planches représentant 144 fig. *Deuxième édition.* Cart. . . . . 68 fr.
3° *Grande édition* in-folio, dont il ne reste que 2 exemplaires, formant 84 pages de texte in-folio à deux colonnes et 84 planches, tirées d'après les clichés primitifs, dont 74 sur plaques normales et représentant l'ensemble des expériences électro-physiologiques. . . . . 200 fr.

— **Physiologie des mouvements,** démontrée à l'aide de l'expérimentation électrique et de l'observation clinique, et applicable à l'étude des paralysies et des déformations. Paris, 1867. In-8, xvi-872 pag. avec 101 fig. 14 fr.

DUTROULAU. Traité des maladies des Européens dans les pays chauds (régions intertropicales), climatologie et maladies communes, maladies endémiques, par le docteur A. F. Dutroulau, médecin en chef de la marine. *Deuxième édition.* Paris, 1868. In-8, 650 pages.. . 8 fr.

DUVAL. Cours de physiologie. Voyez Kuss, page 22.
— **Structure et usage de la rétine.** Paris, 1872. 1 vol. in-8 de 142 pages avec figures.. . . . . 3 fr.

ÉCOLE DE SALERNE (L'). Traduction en vers français, par Ch. Meaux Saint-Marc, avec le texte latin en regard (1870 vers), précédée d'une introduction par M. le docteur Ch. Daremberg. — **De la Sobriété**, conseils pour vivre longtemps, par L. Cornaro, traduction nouvelle. Paris, 1861. 1 joli vol. in-18 jésus de lxxii-344 pages avec 5 vignettes. . . . 3 fr. 50

ESPANET (Alexis). La pratique de l'homœopathie simplifiée. 1874. 1 vol. in-18 jésus de xxi-346 pages. Cartonn . . . . 4 fr. 50
— **Traité méthodique et pratique de Matière médicale et de Thérapeutique,** basé sur la loi des semblables. Paris, 1861. In-8 de 808 p. . 9 fr.

FAGET (J.-C.). Monographie sur le type et la spécificité de la fièvre jaune établie avec l'aide de la montre et du thermomètre, par le docteur J.-C. Faget, de la Faculté de Paris, etc. Paris, 1875. Grand in-8 de 84 pages, avec 109 tracés graphiques (pouls et température). . . 4 fr.

FALRET (J.-P.). Des maladies mentales et des asiles d'aliénés. Paris, 1864. In-8, lxx-800 pages avec 1 planche. . . . . 11 fr.

FAU (J.). Anatomie artistique élémentaire du corps humain. *Cinquième édition.* Paris, 1876. 1 vol. in-8, 17 pl. gravées, avec texte explicatif, figures noires. . . . . 4 fr.
— Le même, figures coloriées. . . . . 10 fr.

FELTZ. Traité clinique et expérimental des embolies capillaires, par V. Feltz, professeur à la Faculté de médecine de Nancy. *Deuxième édition.* Paris, 1870. In-8 de 450 pages, avec 11 planches chromolithographiées, comprenant 90 dessins. . . . . 12 fr.

FERRAND (E.). Aide-mémoire de pharmacie, vade-mecum du pharmacien à l'officine et au laboratoire, par E. Ferrand, pharmacien à Paris. Paris, 1872. 1 vol. in-18 jésus, de 700 p. avec 250 figures; cart. . . . . 6 fr.

FERRAND (A.). Traité de thérapeutique médicale, ou guide pour l'application des principaux modes de médication thérapeutique et au traitement des maladies, par le docteur A. FERRAND, médecin des hôpitaux. Paris, 1875. 1 vol. in-18 jésus de 800 pages. Cart. . . . . 8 fr.

FEUCHTERSLEBEN. Hygiène de l'âme, traduit de l'allemand, par SCHLESINGER-RABIER. ·*Troisième édition,* précédée d'études biographiques et littéraires. Paris, 1870. 1 vol. in-18 de 260 pages. . . . . 2 fr. 50

FOISSAC. De l'influence des climats sur l'homme et des agents physiques sur le moral. Paris, 1867. 2 vol. in-8. . . . . 15 fr.

— **La longévité humaine,** ou l'art de conserver la santé et de prolonger la vie. Paris, 1873, 1 vol. grand in-8 de 567 pages. . . . . . 7 fr. 50

— **La chance ou la destinée.** Paris, 1876, 1 vol. in-8 de 662 pages. 7 fr. 50

FONSSAGRIVES. Hygiène et assainissement des villes; campagnes et villes; conditions originelles des villes; rues; quartiers; plantations; promenades; éclairage; cimetières; égouts; eaux publiques; atmosphère; population; salubrité; mortalité; institutions actuelles d'hygiène municipale; indications pour l'étude de l'hygiène des villes. Paris, 1874. 1 vol. in-8 de xii-568 pages. . . . . 8 fr.

— **Principes de thérapeutique générale** ou le· médicament étudié aux points de vue physiologique, posologique et clinique, par J.-B. FONSSAGRIVES, prof. à la Faculté de médecine de Montpellier, 1875. 1 v. in-8 de 468 p. 7 fr.

— **Hygiène alimentaire** des malades, des convalescents et des valétudinaires, ou du Régime envisagé comme moyen thérapeutique. *Deuxième édition,* revue et corrigée. Paris, 1867. 1 vol. in-8 de xxxii-670 p.. 9 fr.

FOURNIER (H.). De l'Onanisme, causes, dangers et inconvénients pour les individus, la famille et la société, remèdes, par le docteur H. FOURNIER. Paris, 1875. 1 vol. in-12 de 175 pages. . . . . 1 fr. 50

FOVILLE (Ach.) Les aliénés aux États-Unis, législation et assistance, par ACH. FOVILLE fils, directeur-médecin de l'asile des aliénés de Quatre-Mares, près Rouen. Paris, 1873. In-8 de 118 pages . . . . . 2 fr. 50

— **Les aliénés.** Étude pratique sur la législation et l'assistance qui leur sont applicables. Paris, 1870. 1 vol in-8 de xiv-207 pages. . . . 3 fr.

FRERICHS. Traité pratique des maladies du foie et des voies biliaires par FR. TH. FRERICHS, professeur à l'Université de Berlin, traduit de l'allemand par les docteurs DUMENIL et PELLAGOT. *Troisième édition.* Paris, 1877. 1 vol. in-8 de xvi-896 pages avec 158 figures. . . 12 fr.

GALEZOWSKI (X.). Traité des maladies des yeux, par X. GALEZOWSKI, professeur à l'École pratique de la Faculté de Paris. *Deuxième édition.* Paris, 1875. 1 vol. in-8 de xvi-896 p. avec 416 fig. . . . . . . 20 fr.

— **Traité iconographique d'ophthalmoscopie,** comprenant la description des différents ophthalmoscopes, l'exploration des membranes internes de l'œil et le diagnostic des affections cérébrales et constitutionnelles. Paris, 1876, in-4 de 281 p., avec atlas de 20 pl. chromolithographiées, cart. . . . . 50 fr.

— **Du diagnostic des maladies des yeux** par la chromatoscopie rétinienne, précédé d'une étude sur les lois physiques et physiologiques des couleurs. Paris, 1868. 1 v. in-8 de 267 p., avec 51 figures, une échelle chromatique comprenant 44 teintes et cinq échelles typographiques tirées en noir et en couleurs. . . . . 7 fr.

— **Échelles typographiques et chromatiques** pour l'examen de l'acuité visuelle. Paris, 1874. 1 vol. in-8 avec 20 pl. noires et col. Cart. 6 fr

GALIEN. Œuvres anatomiques, physiologiques et médicales, traduites par le docteur CH. DAREMBERG. Paris, 1854-1857. 2 vol. grand in-8 de 800 pages. 20 fr.

Séparément, le tome II. . . . . : . . . . 10 fr.

GALISSET et MIGNON. Nouveau traité des vices rédhibitoires ou **Jurisprudence vétérinaire**, contenant la législation et les garanties dans les ventes et échanges d'animaux domestiques, d'après les principes du code civil et la loi modificatrice du 20 mai 1828, la procédure à suivre, la description des vices rédhibitoires, le formulaire des expertises, procès-verbaux et rapports judiciaires, et un précis des législations étrangères. *Troisième édition*, mise au courant de la jurisprudence et augmentée d'un appendice sur les épizooties et l'exercice de la médecine vétérinaire. Paris, 1864. In-18 jésus de 542 pages . . 6 fr.

GALLOIS. Formulaire de l'Union médicale. Douze cents formules favorites des médecins français et étrangers, par le docteur N. Gallois, lauréat de l'Institut. *Deuxième édition.* Paris, 1877. 1 vol. in-32 de xxviii-552 pages, cart.. . . . . 3 fr.

GALOPEAU. Manuel du pédicure, ou l'Art de soigner les pieds, par Galopeau. Paris, 1877, 1 vol. in-18, 132 p., avec 28 fig.. . . . 2 fr.
Structure, fonctions et hygiène ; sueurs, durillons, oignons, verrues, ou œil-de-perdrix, engelure, ongle incarné, etc.

GAUJOT et SPILLMANN (E.). Arsenal de la chirurgie contemporaine. Description, mode d'emploi et appréciation des appareils et instruments en usage pour le diagnostic et le traitement des maladies chirurgicales, l'orthopédie, la prothèse, les opérations simples, générales, spéciales et obstétricales, par G. Gaujot, professeur à l'Ecole du Val-de-Grâce, médecin principal de l'armée, et E. Spillmann, médecin-major, professeur agrégé à l'École de médecine militaire (Val-de-Grâce). Paris, 1867-1872. 2 vol. in-8 avec 1855 figures. . . . . 32 fr.
Séparément : Tome II, 1 vol. in-8 de 1086 p. avec 1437 figures.. 18 fr.

GAUTIER (A.). La sophistication des vins, coloration artificielle et mouillage. moyens pratiques de reconnaître la fraude, par M. A. Gautier, professeur agrégé de la Faculté de médecine. Paris, 1877, 1 vol. in-18 jésus de 200 pages. . . . . 2 fr.

GERBE. *Voy.* Brehm, Degland, pages 9 et 13.

GERMAIN (de Saint-Pierre). **Nouveau Dictionnaire de botanique,** comprenant la description des familles naturelles, les propriétés médicales et les usages économiques des plantes, la morphologie et la biologie des végétaux (étude des organes et étude de la vie), Paris, 1870. 1 vol. in-8 de xvi-1388 pages avec 1640 fig. . . . . 25 fr.

GILLET. Les champignons (fungi, hyménomycètes) qui croissent en France, description et iconographie, propriétés utiles ou vénéneuses, par C.-C Gillet, vétérinaire principal en retraite. Paris, 1878, 1 vol. in-8, de 828 pages, avec Atlas de 133 planches coloriées, ensemble, 2 vol. cart. . . 68 fr.

GILLETTE. Chirurgie journalière des hôpitaux de Paris, répertoire de thérapeutique chirurgicale, par P. Gillette, chirurgien des hôpitaux, ancien prosecteur de la Faculté de médecine. Paris, 1878. 1 vol. in-8 de xvi-772 pages avec 662 figures, cart. . . . . 12 fr.

— **Clinique chirurgicale des Hôpitaux de Paris.** Paris, 1877. 1 vol. in-8, 324 p. avec fig. . . . . 5 fr.

GIRARD (H.). Études pratiques sur les Maladies nerveuses et mentales, accompagnées de tableaux statistiques, par le docteur H. Girard de Cailleux, 1863. 1 vol. grand in-8 de 234 pages. . . . . 12 fr.

GIRARD (M.). Les insectes, Traité élémentaire d'Entomologie, comprenant l'histoire des espèces utiles et leurs produits. des espèces nuisibles et des moyens de les détruire, l'étude des métamorphoses et des mœurs, les procédés de chasse et de conservation, par Maurice Girard,

président de la Société entomologique de France. Tome I, Introduction. —
Coléoptères. Paris, 1873. 1 vol. in-8 de 840 pages, avec atlas de 60 pl.
et Tome II, 1re partie, névroptères, orthoptères, in-8 de 576 pages, avec
atlas de 8 planches, figures noires.. . . . . 40 fr.
Figures coloriées. . . . . 76 fr.
Séparément : Tome II, 1re partie, figures noires. . . . . 10 fr.
Figures coloriées. . . . . 16 fr.

GLONER. Nouveau dictionnaire de thérapeutique comprenant l'exposé
des diverses méthodes de traitement employées par les plus célèbres praticiens pour chaque maladie, par le docteur J.-C. GLONER. Paris, 1874.
1 vol. in-18 de VIII-805 pages. . . . . 7 fr.

GODRON (D.-A.). **De l'espèce et des races dans les êtres organisés,**
et spécialement de l'unité de l'espèce humaine. 2e édition. Paris. 1872.
2 vol. in-8.. . . . . 12 fr.

**GOFFRES. Précis iconographique de bandages, pansements et appa-
reils,** par le docteur GOFFRES, médecin principal des armées. Nouveau
tirage. Paris, 1873. 1 vol. in-18 jésus, 596 pages avec 81 planches gravées. Figures noires, cartonné. . . . . 18 fr.
— LE MÊME, figures coloriées, cartonné. . . . . 36 fr.

GOSSELIN (L.). **Clinique chirurgicale de l'hôpital de la Charité,** par
L. GOSSELIN, membre de l'Institut (Académie des sciences), professeur de
clinique chirurgicale à la Faculté de médecine, chirurgien de la Charité.
Deuxième édition. Paris, 1876. 2 vol. in-8, avec figures.. . . . 24 fr.

GOURRIER. Les lois de la génération, sexualité et conception, par le
docteur H.-M. GOURRIER. Paris, 1875. 1 vol. in-18 jésus de 200 p.   2 fr.

GRAEFE. Clinique ophthalmologique, par A. de GRAEFE, professeur à la
Faculté de médecine de Berlin. Édition française publiée par le docteur
Ed. Meyer. Paris, 1866, in-8 avec 21 figures. . . . . 8 fr.
    Table des matières. — Du traitement de la cataracte par l'extraction linéaire modi-
fiée; leçon sur l'amblyopie et l'amaurose; de l'inflammation du nerf optique; de la
névro-rétinite; sur l'embolie de l'artère centrale de la rétine comme cause de perte
subite de la vision; de l'ophthalmie sympathique; observations ophthalmologiques
chez les cholériques; notice sur le cysticerque.

GRENIER. Flore de la chaîne jurassique, par Ch. GRENIER, doyen et
professeur de botanique à la Faculté des sciences de Besançon. Édition
complète, précédée de la Revue de la Flore du mont Jura, 5 parties formant 1 vol. in-8 de 1092 pages, cart. . . . . 12 fr.
—**Contributions à la flore de France,** 10 mémoires formant 1 vol. in-8
de 187 pages avec 1 planche. . . . . 3 fr. 50

GRIESINGER. Traité des maladies infectieuses. Maladies des marais,
fièvre jaune, maladies typhoïdes (fièvre pétéchiale ou typhus des armées,
fièvre typhoïde, fièvre récurrente ou à rechutes, typhoïde bilieuse, peste).
choléra, par W. GRIESINGER, professeur à la Faculté de médecine de
l'Université de Berlin, traduit par le docteur G. Lemattre, Deuxième
édition revue et annotée par M. le Dr E. VALLIN, professeur à l'École du
Val-de-Grâce. Paris, 1877, 1 vol. in-8, XXXII-742 pages. . . . . 10 fr.

GRIS(A.) Contributions à la physiologie végétale, par Arth. GRIS, aide-
naturaliste au Muséum. Paris, 1876, 10 mémoires in-8. . . . 2 fr. 50

GRISOLLE. Traité de la pneumonie, par A. GRISOLLE, professeur à la Faculté
de médecine de Paris, médecin de l'Hôtel-Dieu, etc. Deuxième édition,
refondue et augmentée. Paris, 1864, in-8, XVI-744 pages. . . 9 fr.
    Ouvrage couronné par l'Académie des sciences et l'Académie de médecine (prix
Itard).

GROS (C. H.). **Mémoires d'un estomac**, écrits par lui-même pour le bénéfice de tous ceux qui mangent et qui lisent, et édités par un ministre de l'intérieur, traduit de l'anglais par le docteur C.-H. GROS, médecin en chef de l'hôpital de Boulogne-sur-Mer. 2ᵉ édition, Paris 1875, 1 vol. in-12 de 186 pages. . . . . 2 fr.

GUARDIA (J. M.). **La Médecine à travers les siècles**. Histoire et philosophie, par J. M GUARDIA, docteur en médecine et docteur ès lettres. Paris, 1865. 1 vol. in-8 de 800 pages. . . . . 10 fr.

Table des matières.— HISTOIRE. La tradition médicale; la médecine grecque avant Hippocrate; la légende hippocratique; classification des écrits hippocratiques, documents pour servir à l'histoire de l'art. — PHILOSOPHIE. Questions de philosophie médicale; évolution de la science; des systèmes philosophiques; nos philosophes naturalistes; sciences anthropologiques; Buffon; la philosophie positive et ses représentants; la métaphysique médicale; Asclépiade, fondateur du méthodisme, esquisse des progrès de la physiologie cérébrale; de l'enseignement de l'anatomie générale; méthode expérimentale de la physiologie; les vivisections à l'Académie de médecine; les misères des animaux; abus de la méthode expérimentale; philosophie sociale.

GUBLER. **Commentaires thérapeutiques du Codex medicamentarius** ou histoire de l'action physiologique et des effets thérapeutiques des médicaments inscrits dans la pharmacopée française, par Adolphe GUBLER, professeur à la Faculté de médecine, médecin de l'hôpital Beaujon. membre de l'Académie de médecine. *Deuxième édition*, revue et augmentée. Paris, 1874. 1 vol. grand in-8, format du Codex, de 900 pages. Cartonné 15 fr.

GUÉRIN-MENEVILLE (F.-E.). **Rapport sur les travaux entrepris pour introduire le ver à soie** de l'Ailante, en France et en Algérie. Paris, 1860, grand in-8, 100 pages . . . . 2 fr.

—**Rapport sur les progrès de la culture de l'Ailante** et de l'éducation du ver à soie. Paris, 1862, grand in-8 de 104 pag. avec 2 pl. . . 2 fr

GUIBOURT. **Histoire naturelle des drogues simples**, ou Cours d'histoire naturelle professé à l'Ecole de pharmacie de Paris, par J. B. GUIBOURT, professeur à l'Ecole de pharmacie. *Septième édition*, par G. PLANCHON, professeur à l'Ecole de pharmacie, précédée de l'Éloge de Guibourt, par M. BUIGNET. Paris, 1876. 4 forts vol. in-8, avec 1077 figures.. . . 36 fr.

GUILLAUME. **Hygiène des écoles**, conditions économiques et architecturales, par le docteur L. GUILLAUME. Paris, 1874. In-8 de 80 pages avec 25 figures.. . . . . 2 fr.

GUNTHER. **Nouveau manuel de médecine vétérinaire homœopathique** ou traitement homœopathique des maladies du cheval, des bêtes bovines, des bêtes ovines, des chèvres, des porcs et des chiens, à l'usage des vétérinaires, des propriétaires ruraux, des fermiers, des officiers de cavalerie et de toutes les personnes chargées du soin des animaux domestiques, par F. A. GUNTHER, traduit de l'allemand sur la troisième édition, par P. J. MARTIN, 2ᵉ *édition*. Paris, 1871, 1 vol. in-18 de XII-504 pag. avec 34 figures. . . . . 5 fr.

GUYON. **Eléments de chirurgie clinique**, comprenant le diagnostic chirurgical, les opérations en général, l'hygiène, le traitement des blessés et des opérés, par J. C. Félix GUYON, chirurgien de l'hôpital Necker, professeur à la Faculté de Paris. Paris, 1873. 1 vol. in-8 de XXXVIII-672 pages, avec 63 figures. . . . . 12 fr.

GYOUX. **Education de l'enfant au point de vue physique et moral**, depuis sa naissance jusqu'à sa première dentition. Paris, 1870. 1 vol. in-18 jésus de 300 pages. 3 fr.

HAHNEMANN. **Exposition de la doctrine médicale homœopathique**, ou Organon de l'art de guérir, par S. HAHNEMANN; traduit de l'allemand, sur la dernière édition, par le docteur A. J. L. JOURDAN. *Cinquième édition*, augmentée de commentaires et précédée d'une notice sur la vie, les travaux et la doctrine de l'auteur, par le docteur Léon Simon. Paris, 1873. 1 vol. in-8 de 640 pages avec le portrait de S. Hahnemann. . . . . . 8 fr.

— **Traité de matière médicale homœopathique,** comprenant les pathogénésies du Traité de matière médicale pure et du Traité des maladies chroniques. Traduit sur les dernières éditions allemandes par Léon Simon, médecin de l'hôpital Hahnemann, et V.-P. Léon Simon, médecin-adjoint de l'hôpital Hahnemann. Paris, 1877, tome I, in-8, xvi-700 p. . . 8 fr.

— **Etudes de médecine homœopathique.** Paris, 1855. 2 séries publiées chacune en 1 vol. in-8 de 600 pages. Prix de chacune. . . . . . . 7 fr.

HARRIS et AUSTEN, Traité théorique et pratique de l'art du dentiste, par Chapin A. Harris et Ph. Austen, traduit de l'anglais et annoté par le docteur Elm. Andrieu. Paris, 1874. 1 vol. in-8 de 976 pages avec 465 figures. Cartonné. . . . . 17 fr.

HÉRAUD. Nouveau dictionnaire des plantes médicinales, description, habitat et culture, récolte, conservation, partie usitée, composition chimique, formes pharmaceutique et doses, action physiologique, usages dans le traitement des maladies, suivi d'une étude générale sur les plantes médicinales au point de vue botanique, pharmaceutique et médical, avec une clef dichotomique, tableau des propriétés médicales et mémorial thérapeutique, par le docteur A. Héraud, professeur d'histoire naturelle à l'Ecole de médecine de Toulon. 1875, 1 vol. in-18, cartonné, de 600 pages, avec 261 figures. . . . . 6 fr.

HERING. Médecine homœopathique domestique, par le Dr C. Hering. Traduction nouvelle, augmentée d'indications nombreuses et précédée de conseils d'hygiène et de thérapeutique générale, par le docteur Léon Simon. *Sixième édition.* Paris, 1873. In-12, xii-756 pages avec 169 figures, cart. . . . . 7 fr.

HIPPOCRATE. Œuvres complètes, traduction nouvelle, avec le texte en regard, collationné sur les manuscrits et toutes les éditions; accompagnée d'une introduction, de commentaires médicaux, de variantes et de notes philologiques; suivies d'une table des matières, par E. Littré. Ouvrage complet. Paris, 1839-1861. 10 vol. in-8, de 700 p. chacun. 100 fr. Il a été tiré quelques exemplaires sur jésus vélin. Prix de chaque volume. . . . . 20 fr.

HIRSCHEL. Guide du médecin homœopathe au lit du malade, pour le traitement de plus de mille maladies, et Répertoire de thérapeutique homœopathique, par le docteur B. Hirschel. Nouvelle traduction faite sur la 8e édition allemande, par le docteur V. Léon Simon. *Deuxième édition.* Paris, 1874. 1 vol. in-18 jésus de xxiv-540 pages. . . . . 5 fr.

HOFFMANN (Ach.). **L'homœopathie exposée aux gens du monde,** par le docteur Achille Hoffmann (de Paris). Paris, 1870, in-18 jésus de 142 pages. . . . . 1 fr. 25

HOLMES. Thérapeutique des maladies chirurgicales des enfants, par T. Holmes, chirurgien de l'hôpital des Enfants malades, chirurgien de Saint-George's Hospital, ouvrage traduit et annoté par O. Larcher. Paris, 1870. 1 vol. in-8 de 917 pages avec 330 figures. . . . . 15 fr.

HUFELAND. L'art de prolonger la vie ou la Macrobiotique, par C.-W. Hufeland, nouvelle édition française, augmentée de notes par J. Pellagot. Paris, 1871. 1 vol. in-18 jésus de 640 pages. . . . . . 4 fr.

HUGHES (R.). **Action des médicaments homœopathiques,** ou éléments de pharmaco-dynamique, traduit de l'anglais et annoté par le docteur I. Guérin-Méneville. Paris, 1874. 1 vol. in-18 jésus de xvi-647 p. 6 fr.

HUGUIER. Mémoire sur les allongements hypertrophiques du col de l'utérus dans les affections désignées sous les noms de *descente,* de *précipitation de cet organe*, et sur leur traitement par la résection ou l'amputation de la totalité du col suivant la variété de cette maladie, par P. C. HUGUIER, chirurgien de l'hôpital Beaujon. Paris, 1860, in-4, 231 pages, avec 13 planches lithographiées. . . . . **15 fr.**

HUGUIER. De l'hystérométrie et du cathétérisme utérin, de leurs applications au diagnostic et au traitement des maladies de l'utérus et de ses annexes et de leur emploi en obstétrique. Paris, 1865, in-8 de 400 pages avec 4 planches lithographiées. . . . . **6 fr.**

HURTREL-D'ARBOVAL. Dictionnaire de médecine, de chirurgie et d'hygiène vétérinaires, par L. H. J. HURTREL-D'ARBOVAL. Édition entièrement refondue et augmentée de l'exposé des faits nouveaux observés par les plus célèbres praticiens français et étrangers, par A. ZUNDEL, vétérinaire supérieur d'Alsace-Lorraine. Paris, 1877, 3 vol. grand in-8 à 2 colonnes, avec 1600 figures. *Ouvrage complet.* . . . . **60 fr.**

HUXLEY. La place de l'homme dans la nature, par M. Th. HUXLEY, membre de la Société royale de Londres, traduit, annoté, précédé d'une introduction et suivi d'un compte rendu des travaux anthropologiques du Congrès international d'anthropologie et d'archéologie préhistoriques, tenu à Paris (session de 1867), par le docteur E. Dally, secrétaire général adjoint de la Société d'anthropologie, avec une préface de l'auteur. Paris, 1868, in-8 de 368 pages, avec 68 figures. . . . . **7 fr.**

— **Éléments d'anatomie comparée des animaux vertébrés.** Traduit de l'anglais par Mᵐᵉ BRUNET, revu par l'auteur et précédé d'une préface par CH. ROBIN, membre de l'Institut (Académie des sciences). Paris, 1875. 1 vol. in-18 jésus de 600 pages, avec 122 figures. . . . . **6 fr.**

— **Les sciences naturelles** et les problèmes qu'elles font surgir (*Lay Sermons*). Edition française publiée avec le concours de l'auteur et accompagnée d'une Préface nouvelle. Paris, 1877, 1 vol. in-18 jésus 500 pages. . . . . **4 fr.**

IMBERT-GOURBEYRE. Des paralysies puerpérales. Paris, 1861. 1 vol. in-4 de 80 pages. **2 fr. 50**

JAHR. Nouveau Manuel de Médecine homœopathique, divisé en deux parties : 1° Manuel de matière médicale, ou Résumé des principaux effets des médicaments homœopathiques, avec indication des observations cliniques; 2° Répertoire thérapeutique et symptomatologique, ou table alphabétique des principaux symptômes des médicaments homœopathiques avec des avis cliniques, par le docteur G. H. G. JAHR. *Huitième édition,* revue et augmentée. Paris, 1872. 4 vol. in-18 jésus. . . . . . . **18 fr.**

— **Principes et règles qui doivent guider dans la pratique de l'Homœopathie.** Exposition raisonnée des points essentiels de la doctrine médicale de HAHNEMANN. Paris, 1857. In-8 de 528 pages. . . . . . **7 fr.**

— **Du Traitement homœopathique des Affections nerveuses** et des maladies mentales. Paris, 1854. 1 vol. in-12 de 600 pages. . . . . . **6 fr.**

— **Du Traitement homœopathique des Maladies des Organes de la Digestion,** comprenant un précis d'hygiène générale et suivi d'un répertoire diététique à l'usage de tous ceux qui veulent suivre le régime rationnel de la méthode de Hahnemann. Paris, 1859. 1 vol. in-18 jésus de 520 pages. . . . . **6 fr.**

JAHR et CATELLAN. Nouvelle Pharmacopée homœopathique, ou Histoire naturelle, Préparation et Posologie ou administration des doses des médicaments homœopathiques, par le docteur G. H. G. JAHR et CATELLAN frères, pharmaciens homœopathes. *Troisième édition,* revue et augmentée. Paris, 1862. In-18 jésus de 430 pages, avec 144 figures. . . . . . **7 fr.**

JAQUEMET (H.). **Des Hôpitaux et des Hospices**, des conditions que doivent présenter ces établissements au point de vue de l'hygiène et des intérêts des populations, par le docteur Hipp. Jaquemet. Paris, 1866. 1 vol. in-8 de 184 pages, avec figures. . . . . 3 fr. 50

JEANNEL (J.). **Formulaire officinal et magistral, international**, comprenant environ 4,000 formules tirées des Pharmacopées légales de la France et de l'étranger ou empruntées à la pratique des thérapeutistes et des pharmacologistes, avec les indications thérapeutiques, les doses des substances simples et composées, le mode d'administration, l'emploi des médicaments nouveaux, etc., suivi d'un mémorial thérapeutique, par J. Jeannel, pharmacien-inspecteur, membre du Conseil de santé des armées. *Deuxième édition*. Paris, 1876. 1 vol. in-18 de xxxvi-966 pages cartonné. . . . . 6 fr.

—— **De la prostitution dans les grandes villes, au dix-neuvième siècle,** et de l'extinction des maladies vénériennes ; questions générales d'hygiène, de moralité publique et de légalité, mesures prophylactiques internationales, réformes à opérer dans le service sanitaire ; discussion des règlements exécutés dans les principales villes de l'Europe. Ouvrage précédé de documents relatifs à la prostitution dans l'Antiquité. *Deuxième édition*, refondue et complétée par des documents nouveaux. Paris, 1874. 1 vol. in-18 de 650 pages avec figures. . . . . . . 5 fr.

JEANNEL (M.). **Arsenal du diagnostic médical**, mode d'emploi et appréciation des instruments d'exploration employés en séméiologie et en thérapeutique, avec les applications au lit du malade, par le docteur Maurice Jeannel. Paris, 1877, 1 vol. in-8 de xvi-440 p., avec 262 fig. 7 fr.

JOBERT. De la réunion en chirurgie, par Jobert (de Lamballe), chirurgien de l'Hôtel-Dieu, professeur de clinique chirurgicale à la Faculté de médecine de Paris, membre de l'Institut. Paris, 1864. 1 volume in-8, xvi-720 pages, avec 7 planches dessinées d'après nature, gravées en taille-douce et coloriées. 12 fr.

JOLLY. Le tabac et l'absinthe, leur influence sur la santé publique, sur l'ordre moral et social, (par le docteur Paul Jolly, membre de l'Académie de médecine. Paris, 1876, 1 vol. in-18 jésus, de 216 pages. . . . 2 fr.

— **Hygiène morale.** Paris, 1877, 1 vol. in-18 jésus, 300 pages. 2 fr.
Table des matières. L'homme, la vie, l'instinct, la curiosité, l'imitation, l'habitude, la mémoire, l'imagination, la volonté.

JOUSSET (P.). **Éléments de pathologie** et de thérapeutique générales, par le docteur P. Jousset, médecin de l'hôpital Saint-Jacques, à Paris. Paris, 1873. 1 vol. in-8 de 243 pages. . . . . 4 fr.

JULLIEN. De la transfusion du sang, par le docteur Louis Jullien, prof. agrégé de la Faculté de médecine de Nancy, ancien interne des hôpitaux de Lyon, 1875. 1 vol. in-8 de 329 pages, avec figures. . . . . . . 5 fr.

KIENER (L.-C.). **Species général et iconographie des coquilles vivantes,** comprenant la collection du Muséum d'histoire naturelle de Paris, la collection Lamarck et les découvertes récentes des voyageurs, par L. C. Kiener, continuée par le Dr Fischer, aide-naturaliste au Muséum d'histoire naturelle. Paris, 1837-1878. Livraisons 1 à 155. Prix de chacune, de 6 planch. color. et 24 pages de texte, grand in-8, fig. color. 6 fr. — In-4, fig. col. . . . . 12 fr.
I. Famille des Enroulées (genres Porcelaine, 57 pl. ; Ovule, 6 pl. ; Tarière, 1 pl. ; Ancillaire, 6 pl. ; Cône, 111 pl.).
II. Famille des Columellaires (genres Mitre, 34 pl. ; Volute, 52 pl. ; Marginelle, 13 pl.).
III. Famille des Ailées (genres Rostellaire, 4 pl. ; Ptérocère, 10 pl. ; Strombe, 34 pl.).

IV. Famille des Canalifères, 1ʳᵉ partie (genres Cérite, 32 pl.; Pleurotome, 27 pl.; Fuseau, 31 pl.).

V. Famille des Canalifères, 2ᵉ partie (genres Pyrule, 15 pl.; Fasciolaire, 13 pl.; Turbinelle, 21 pl.; Cancellaire, 9 pl.).

VI. Famille des Canalifères, 3ᵉ partie (genres Rocher, 47 pl.; Triton, 18 pl.; Ranelle, 15 pl.).

VII. Famille des Purpurifères, 1ʳᵉ partie (genres Cassidaire, 2 pl.; Casque, 16 pl.; Tonne, 5 pl.; Harpe, 6 pl.; Pourpre, 46 pl.).

VIII. Famille des Purpurifères, 2ᵉ partie (genres Colombelle, 16 pl.; Buccin, 31 pl.; Éburne, 3 pl.; Struthiolaire, 2 pl.; Vis, 14 pl.).

IX. Famille des Turbinacées, 1ʳᵉ partie (genres Turritelle, 14 pl.; Scalaire, 7 pl.; Cadran, 4 pl.; Roulette, 3 pl.; Dauphinule, 4 pl.; Phasianelle, 5 pl.; Turbo, 43 pl.).

X. Famille des Turbinacées, 2ᵉ partie (genre Troque, 112 pl.).

XI. Famille des Plicaces (genres Tornatelle, 1 pl.; Pyramidelle, 2 pl.); Famille des Myaires (genre Thracie, 2 pl.).

Les livraisons 139 et 140 contiennent le texte complet du genre TURBO rédigé par M. Fischer. 128 p. et 6 pl. nouv.

Les livraisons 141 à 155 contiennent le commencement du texte du genre TROQUE et 45 planches nouvelles par M. Fischer.

KUSS et **DUVAL. Cours de physiologie,** d'après l'enseignement du professeur Kuss, publié par le docteur Mathias Duval, professeur agrégé de la Faculté de médecine de Paris, professeur d'anatomie à l'Ecole des Beaux-Arts. *Troisième édition*, complétée par l'exposé des travaux les plus récents. Paris, 1876. 1 v. in-18 jés., viii-660 p., avec 160 fig., cart.   7 fr.

LANDOUZY. Contributions à l'étude des convulsions et paralysies liées aux méningo-encéphalites fronto-pariétales, par le docteur Louis Landouzy. Paris, 1876, in-8, de 248 pages. . . . . 5 fr.

LA POMMERAIS. Cours d'Homœopathie, par le docteur Ed. Coutt de la Pommerais. Paris, 1863. In-8, 555 pages. . . . . 4 fr.

LAYET. Hygiène des professions et des industries, précédé d'une étude générale des moyens de prévenir et de combattre les effets nuisibles de tout travail professionnel, par le docteur Alexandre Layet, professeur agrégé à l'Ecole de médecine navale de Rochefort. Paris, 1875. 1 v. in-12 de xiv-560 pages. . . . . 5 fr.

LEBERT. Traité d'Anatomie pathologique générale et spéciale, ou Description et iconographie pathologique des affections morbides, tant liquides que solides, observées dans le corps humain; par le docteur H. Lebert, professeur de clinique médicale à l'Université de Breslau. *Ouvrage complet.* Paris, 1855-1861. 2 vol. in-fol. de texte, et 2 vol. in-fol. comprenant 200 planches dessinées d'après nature, gravées et coloriées.   615 fr.

Le tome Iᵉʳ, comprend : texte, 760 pages, et tome Iᵉʳ, planches 1 à 94 (livraisons I à XX).

Le tome II comprend : texte, 734 pages, et le tome II, planches 95 à 200 (livraisons XXI à XLI).

On peut toujours souscrire en retirant régulièrement plusieurs livraisons. Chaque livraison est composée de 30 à 40 p. de texte, sur beau papier vélin, et de 5 pl. in-folio gravées et coloriées. Prix de la livraison.   15 fr.

Cet ouvrage est le fruit de plus de douze années d'observations dans les nombreux hôpitaux de Paris. Aidé du bienveillant concours des médecins et des chirurgiens de ces établissements, trouvant aussi des matériaux précieux et une source féconde dans les communications et les discussions des Sociétés anatomiques, de biologie, de chirurgie et médicale d'observation, M. Lebert réunissait tous les éléments pour entreprendre un travail aussi considérable. Placé depuis à la tète du service médical d'un grand hôpital à Breslau, dans les salles duquel il a constamment cent malades, l'auteur continua à recueillir des faits pour cet ouvrage, vérifiant et contrôlant les résultats de son observation dans les hôpitaux de Paris par celle des faits nouveaux à mesure qu'ils se produisaient sous ses yeux.

Après l'examen des planches de M. Lebert, un des professeurs les plus compétents et les plus illustres de la Faculté de Paris, écrivait : « J'ai admiré l'exactitude, la beauté, la nouveauté des planches qui composent la majeure partie de cet ouvrage : j'ai été frappé de l'immensité des recherches originales et toutes propres à l'auteur qu'il a dû exiger. *Cet ouvrage n'a pas d'analogue en France ni dans aucun pays.* »

LE BLOND. Manuel de gymnastique hygiénique médicale, comprenant les exercices du corps et leurs applications au développement des forces, à la conservation de la santé et au traitement des maladies, par le docteur N.-A. LE BLOND. Avec une Introduction par le docteur H. BOUVIER. Paris, 1877, 1 vol. in-18 jésus, avec 80 fig. . . . . 5 fr.

LEFORT (Jules). Traité de chimie hydrologique comprenant des notions générales d'hydrologie et l'analyse chimique des eaux douces et des eaux minérales, par J. LEFORT, membre de l'Académie de médecine. 2ᵉ *édition* Paris, 1873. 1 vol. in-8, 798 pages avec 50 figures et une planche chromolithographiée. . . . . 12 fr.

LEGOUEST. Traité de Chirurgie d'armée, par L. LEGOUEST, médecin-inspecteur de l'armée, ex-professeur de clinique chirurgicale à l'Ecole d'application de la médecine et de la pharmacie militaires. (Val-de-Grâce.) *Deuxième édition.* Paris, 1872. 1 fort vol. in-8 de 800 p. avec 149 fig. 14 fr.

LETIEVANT. Traité des sections nerveuses, physiologie pathologique, indications, procédés opératoires, par le docteur LETIEVANT, chirurgien des hôpitaux de Lyon. Paris, 1873. 1 vol. in-8 avec 20 figures. . . . 8 fr.

LEUDET. Clinique médicale de l'Hôtel-Dieu de Rouen, par le docteur E. LEUDET, médecin en chef de l'Hôtel-Dieu de Rouen. 1874. 1 vol. in-8 de 650 pages. . . . . 8 fr.

LEURET et GRATIOLET. Anatomie comparée du système nerveux considérée dans ses rapports avec l'intelligence; par Fr. LEURET, médecin de l'hospice de Bicêtre, et P. GRATIOLET, aide-naturaliste au Muséum d'histoire naturelle, professeur à la Faculté des sciences de Paris. Paris, 1839-1857. *Ouvrage complet.* 2 vol. in-8 et atlas de 32 planches in-folio, dessinées d'après nature et gravées avec le plus grand soin. Figures noires. . . . . 48 fr.

LE MÊME, figures coloriées. . . . . 96 fr.

Tome I, par LEURET, comprend la description de l'encéphale et de la moelle rachidienne, le volume, le poids, la structure de ces organes chez l'homme et les animaux vertébrés, l'histoire du système ganglionnaire des animaux articulés et des mollusques, et l'exposé de la relation qui existe entre la perfection progressive de ces centres nerveux et l'état des facultés instinctives, intellectuelles et morales.

Tome II, par GRATIOLET, comprend l'anatomie du cerveau de l'homme et des singes, des recherches nouvelles sur le développement du crâne et du cerveau, et une analyse comparée des fonctions de l'intelligence humaine.

Séparément le tome II. Paris, 1857. In-8 de 692 pages, avec atlas de 16 planches dessinées d'après nature, gravées. Figures noires.. . 24 fr.

Figures coloriées. . . . . 48 fr.

LORAIN. De l'Albuminurie, par PAUL LORAIN, professeur à la Faculté de médecine, médecin de l'hôpital de la Pitié. Paris, 1860. In-8, avec une planche.. . . . . 2 fr. 50

LORAIN. Études de médecine clinique et physiologique. *Le Choléra observé à l'hôpital Saint-Antoine.* Paris, 1868. 1 vol. grand in-8 raisin de 300 pages avec planches graphiques, dont plusieurs coloriées. 7 fr.
— *Le Pouls, ses variations et ses formes diverses dans les maladies.* Paris, 1870. 1 vol. gr. in-8, 372 pages avec 488 fig. . . . . 10 fr.
— Voy. VALLEIX, *Guide du Médecin praticien.*
LUTON. Traité des injections sous-cutanées à effet local. Méthode de traitement applicable aux névralgies, aux points douloureux, au goître, aux tumeurs, etc., par le docteur A. LUTON, professeur de pathologie externe à l'Ecole de médecine de Reims, médecin de l'Hôtel-Dieu de cette ville. Paris, 1875, 1 vol in-8 de VIII-380 pages. . . . . 6 fr.
LUYS (J.-B.). **Recherches sur le système nerveux cérébro-spinal, sa structure, ses fonctions et ses maladies,** par J. B. LUYS, médecin de l'hôpital de la Salpêtrière, lauréat de l'Académie de médecine et de l'Institut. Paris, 1865. 1 vol. grand in-8 de 660 pages avec atlas de 40 pl. lithographiés et texte explicatif. Fig. noires. . . . . 35 fr.
    LE MÊME, figures coloriées. . . . . 70 fr.
— **Iconographie photographique des centres nerveux.** Paris, 1873. 1 vol. gr. in-4° de texte et d'explication des planches VIII-74, 40 pages avec atlas de 70 photographies et 65 schémas lithographiés, cart. en 2 vol. . . . . 150 fr.
— **Études de physiologie et de pathologie cérébrales.** Des actions réflexes du cerveau dans les conditions normales et morbides de leurs manifestations. Paris, 1874. 1 vol. grand in-8 de XII-200 pages, avec 2 planches contenant 8 figures tirées en lithographie et 2 figures tirées en photoglyptie. . . . . 5 fr.
LYELL. L'Ancienneté de l'homme, prouvée par la géologie, et remarques sur les théories relatives à l'origine des espèces par variation, par sir CHARLES LYELL, membre de la Société royale de Londres, traduit avec le consentement et le concours de l'auteur par M. CHAPER. *Deuxième édition* française revue et corrigée par HAMY. Paris, 1870. In-8 de XVI-560 pag. avec 68 figures. — **Précis de Paléontologie humaine,** par HAMY, servant de supplément. Paris, 1870. 1 vol. in-8, avec figures. 16 fr.
— *Séparément,* **Précis de Paléontologie humaine,** par HAMY. Paris, 1870. 1 vol. in-8 avec fig. . . . . 7 fr.
MAGITOT (E.). **Traité de la carie dentaire.** Recherches expérimentales et thérapeutiques. Paris, 1867. 1 vol. in-8, 228 pages, avec 2 planches, 19 figures et 1 carte. . . . . 5 fr.
— **Mémoire sur les tumeurs du périoste dentaire** et sur l'ostéo-périostite alvéolo-dentaire. *Deuxième édition.* Paris, 1873. In-8, avec 1 planche. . . . . 3 fr.
MAGNE. Hygiène de la vue, par le docteur A. MAGNE. *Quatrième édition,* revue et augmentée. Paris, 1866, in-18 jés. de 350 p. avec 30 fig. 3 fr.
MAHÉ. Manuel pratique d'hygiène navale, ou des moyens de conserver la santé des gens de mer, à l'usage des officiers mariniers et marins des équipages de la flotte, par le docteur J. MAHÉ, médecin-professeur de la marine. Ouvrage publié sous les auspices du ministre de la marine et des colonies. Paris, 1874. 1 vol. in-18 de XV-451 pages. Cartonné. 3 fr. 50
— **Programme de séméiologie et d'étiologie, pour l'étude des maladies exotiques** et principalement des maladies des pays chauds, 1877, 1 vol. in-8, 400 pages. . . . .
MANDL (L.). **Traité pratique des maladies du larynx et du pharynx.** Paris, 1872. In-8° de XX-816 pages, avec 7 planches gravées et coloriées et 164 figures, cartonné. . . . . 18 fr.

— **Hygiène de la voix parlée ou chantée,** suivie du formulaire pour le traitement des affections de la voix, par le docteur L. Mandl. 1876, 1 vol. in-12 de 308 pages, cart. . . . . 4 fr. 50
— **Anatomie microscopique,** par le docteur L. Mandl, professeur de microscopie. Paris, 1838–1857. Ouvrage complet. 2 vol. in-folio, avec 92 planches. . . . . 200 fr.

MARCÉ. Traité pratique des Maladies mentales, par le docteur L. V. Marcé, professeur agrégé à la Faculté de médecine de Paris, médecin des aliénés de Bicêtre. Paris, 1862. In-8 de 670 pages. . . . 8 fr.
— **Des Altérations de la sensibilité,** Paris, 1860. In-8. . . . 2 fr. 50
— **Recherches cliniques et anatomo-pathologiques sur la démence sénile** et sur les différences qui la séparent de la paralysie générale. Paris, 1861. Grand in-8, 72 pages. . . . . 1 fr. 50
— **De l'état mental de la chorée.** Paris, 1860. In-4. 38 pages. 1 fr. 50

MARCHAND (A.-H.). Étude sur l'extirpation de l'extrémité inférieure du rectum, par le docteur A.-H. Marchand, professeur agrégé de la Faculté de médecine de Paris. Paris, 1873. In-8 de 124 pages. 2 fr. 50
— **Des accidents qui peuvent compliquer la réduction des luxations traumatiques.** 1875, 1 vol. in-8 de 149 pages. . . . . 5 fr.

MARCHANT (Léon). **Étude sur les maladies épidémiques,** avec une réponse aux quelques réflexions sur le mémoire de l'angine épidémique. *Seconde édition,* corrigée et augmentée. Paris, 1861. In-12, 92 p. 1 fr.

MARTINS. Du Spitzberg au Sahara. Étapes d'un naturaliste au Spitzberg, en Laponie, en Écosse, en Suisse, en France, en Italie, en Orient, en Égypte et en Algérie par Charles Martins, professeur d'histoire naturelle à la Faculté de médecine de Montpellier, directeur du Jardin des plantes de la même ville. Paris, 1866. In-8, xvi-620 pages. . . . . . . 8 fr.

MARVAUD (Angel). L'alcool, son action physiologique, son utilité et ses applications en hygiène et en thérapeutique. Paris, 1872. In-8, 160 pages avec 25 planches. . . . . 4 fr.
— **Les aliments d'épargne :** alcool et boissons aromatiques, café, thé, coca, cacao, maté, par le docteur Marvaud. 2e édition. Paris, 1874. 1 vol. in-8 de 504 pages avec figures. . . . . 6 fr.

MAYER. Des Rapports conjugaux, considérés sous le triple point de vue de la population, de la santé et de la morale publique, par le docteur Alex. Mayer, médecin de l'inspection générale de la salubrité. *Sixième édition,* revue et augmentée. Paris, 1874. 1 volume in-18 jésus de 422 pages. . . . . 3 fr.
— **Conseils aux femmes sur l'âge de retour,** médecine et hygiène. Paris, 1875. 1 vol. in-12 de 256 pages. . . . . 3 fr.

MEHU. Voir *Annuaire pharmaceutique,* page 6.

MÉLIER. Relation de la fièvre jaune, survenue à Saint-Nazaire en 1861, lue à l'Académie de médecine en avril 1863, suivie d'une réponse aux discours prononcés dans le cours de la discussion et de la loi anglaise sur les quarantaines. 1863. In-4 de 276 pages avec 3 cartes. . . . 10 fr.

MIARD (A.). Des troubles fonctionnels et organiques, de l'amétropie et de la myopie en particulier, de l'accommodation binoculaire et cutanée dans les vices de la réfraction, par le docteur Antony Miard, ancien chef de clinique ophthalmique. Paris, 1873. 1 vol. in-8 de viii-460 pag. 7 fr.

MOITESSIER. La Photographie appliquée aux recherches micrographiques, par A. Moitessier, docteur ès sciences, professeur à la Faculté de médecine de Montpellier. Paris, 1866. 1 vol. in-18 jésus, avec 41 figures gravées d'après des photographies et 3 planches photographiques. . . . . 7 fr.

MOLÉ. Signes précis du début de la convalescence dans les maladies aiguës, par le docteur Léon MOLÉ. Paris, 1870, grand in-8 de 112 pag. avec 25 figures. . . . . 5 fr.

MOLINARI (Ph. DE). **Guide de l'homœopathiste,** indiquant les moyens de se traiter soi-même dans les maladies les plus communes en attendant la visite du médecin. *Seconde édition.* Bruxelles, 1861, in-18 de 256 pages. . . . . 5 fr.

MONOD. Étude sur l'angiome simple sous-cutané circonscrit, nævus vasculaire sous-cutané, angiome lipomateux, angiome lobulé, suivi de quelques remarques sur les angiomes circonscrits de l'orbite, par CH. MONOD, professeur agrégé de la Faculté de médecine de Paris. Paris, 1875. In-8 de 86 pages avec 2 planches. . . . . 2 fr. 50
— **Étude comparative des diverses méthodes de l'Exérèse.** 1875. 1 vol. in-8 de 175 pages. 2 fr. 50.

MONTANÉ. Étude anatomique du crâne chez les microcéphales, par Louis MONTANÉ (de la Havane), docteur en médecine de la Faculté de Paris. Paris, 1874. Grand in-8 de 80 pages, avec 6 planches. . . . . 5 fr. 50

MOQUIN-TANDON. Éléments de Botanique médicale, contenant la description des végétaux utiles à la médecine et des espèces nuisibles à l'homme, vénéneuses ou parasites, précédée de Considérations sur l'organisation et la classification des végétaux. *Troisième édition.* Paris, 1875. 1 vol. in-18 jésus, avec 128 figures. . . . . 6 fr.

— **Histoire naturelle des Mollusques terrestres et fluviatiles de France,** contenant des études générales sur leur anatomie et leur physiologie, et la description particulière des genres, des espèces, des variétés, par MOQUIN-TANDON, professeur d'histoire naturelle médicale à la Faculté de médecine de Paris, membre de l'Institut. Ouvrage complet. Paris, 1855. 2 vol. grand in-8 de 450 pages, avec un Atlas de 54 planches dessinées d'après nature et gravées. L'ouvrage complet, avec figures noires. . . . . 42 fr.
L'ouvrage complet avec figures coloriées. . . . . 66 fr.
Cartonnage de 5 vol. grand in-8. . . . . 4 fr. 50
Le tome Ier comprend les études sur l'anatomie et la physiologie des mollusques. — Le tome II comprend la description particulière des genres, des espèces et des variétés.
L'ouvrage de M. Moquin-Tandon est utile non-seulement aux savants, aux professeurs, mais encore aux collecteurs de coquilles, aux simples amateurs.

MORACHE. Traité d'hygiène militaire, par G. MORACHE, médecin-major de première classe, professeur agrégé à l'École d'application de médecine et de pharmacie militaires (Val-de-Grâce). Paris, 1874. 1 vol. in-8 de 1050 pages avec 175 figures. . . . . 16 fr.

MORELL MACKENZIE. Du laryngoscope et de son emploi dans les maladies de la gorge, avec un appendice sur la rhinoscopie, traduit de l'anglais sur la deuxième édition par le docteur E. NICOLAS-DURANTY. Paris, 1867. Grand in-8, 156 pages avec figures. . . . . 4 fr.

MOTARD (A.). **Traité d'hygiène générale,** par le docteur Adolphe MOTARD. Paris, 1868. 2 vol. in-8, ensemble 1,900 pages, avec figures. 16 fr.

NAEGELÉ et GRENSER. Traité pratique de l'art des accouchements, par le professeur H. F. NAEGELÉ, professeur à l'Université de Heidelberg et M. L. GRENSER, directeur de la Maternité de Dresde. Traduit sur la 6e et dernière édition allemande, annoté et mis au courant des derniers progrès de la science, par G. A. AUBENAS, professeur agrégé à la Faculté de médecine de Nancy. Ouvrage précédé d'une introduction par J. A. STOLTZ, doyen de la Faculté de médecine de Nancy. Paris, 1869. 1 vol. in-8 de 800 pages, avec une planche sur acier et 207 figures. . . . . 12 fr.

ORÉ. Le chloral et la médication intra-veineuse, études de physiolo, gie expérimentale, application à la thérapeutique et à la toxicologie par le docteur ORÉ. professeur à l'Ecole de médecine de Bordeaux. Paris, 1877, 1 vol. gr. in-8,: 384 p., avec 3 pl. chromolithographiques et graphiques. . . . . 9 fr.

— **Études historiques, physiologiques et cliniques sur la transfusion du sang.** *Deuxième édition.* Paris, 1876, in-8, 704 p., avec pl. et fig. 12 fr.

ORIARD (F.). L'homœopathie mise à la portée de tout le monde. *Troisième édition.* Paris, 1863, in-18 jésus, 570 pages. . . . . . 4 fr.

ORIBASE. Œuvres, texte grec, en grande partie inédit, collationné sur les manuscrits, traduit pour la première fois en français, avec une introduction. des notes, des tables et des planches. par les docteurs BUSSEMAKER, DAREMBERG et A. MOLINIER. Paris, 1851-1876, 6 vol. in-8 de 700 pages chacun. Ouvrage complet. . . . . 72 fr.

ORY. Recherches cliniques sur l'étiologie des syphilides malignes précoces, et accompagnées d'*observations nouvelles recueillies à l'hôpital Saint-Louis,* par le docteur Eugène ORY, ancien interne des hôpitaux, in-8 de 98 pages. . . . . 2 fr.

OUDET. Recherches anatomiques, physiologiques et microscopiques sur les Dents et sur leurs maladies, comprenant : 1° Mémoire sur l'altération des dents désignée sous le nom de carie; 2° sur l'odontogénie; 3° sur les dents à couronnes; 4° de l'accroissement continu des dents incisives chez les rongeurs, par le docteur J. E. OUDET, membre de l'Académie de médecine, etc. Paris, 1862. In-8, avec une pl. . . . . 4 fr.

PARENT-DUCHATELET. De la Prostitution dans la ville de Paris, considérée sous le rapport de l'hygiène publique, de la morale et de l'administration; ouvrage appuyé de documents statistiques puisés dans les archives de la préfecture de police, par A. J. B. PARENT-DUCHATELET, membre du Conseil de salubrité de la ville de Paris. *Troisième édition,* complétée par des documents nouveaux et des notes, par MM. A. TRÉBUCHET et POIRAT-DUVAL, chefs de bureau à la préfecture de police, suivie d'un précis hygiénique, statistique et administratif sur la prostitution dans les principales villes de l'Europe. Paris, 1857. 2 forts volumes in-8 de chacun 750 pages avec cartes et tableaux . . . . 18 fr.

Le *Précis hygiénique, statistique et administratif sur la Prostitution dans les principales villes de l'Europe* comprend pour la France : Bordeaux. Brest, Lyon, Marseille, Nantes, Strasbourg, l'Algérie; pour l'Etranger : l'Angleterre et l'Ecosse, Berlin, Berne, Bruxelles, Christiania, Copenhague, l'Espagne, Hambourg, la Hollande, Rome, Turin.

PARISEL. *Voy.* ANNUAIRE PHARMACEUTIQUE, page 6.

PARSEVAL (LUD.). Observations pratiques de SAMUEL HAHNEMANN, et Classification de ses recherches sur les **Propriétés caractéristiques des médicaments.** Paris, 1857-1860. In-8 de 400 pages. . . . . 6 fr.

PAULET et LÉVEILLÉ. Iconographie des Champignons, de PAULET Recueil de 217 planches dessinées d'après nature, gravées et coloriées, accompagné d'un texte nouveau présentant la description des espèces figurées, leur synonymie, l'indication de leurs propriétés utiles ou vénéneuses l'époque et les lieux où elles croissent, par J. H. LÉVEILLÉ. Paris. 1855. 1 vol. in-folio de 135 pages, avec 217 planches coloriées, cartonné. 170 fr.

Séparément le texte, par M. LÉVEILLÉ, pet. in-fol. de 135 pages. 20 fr.

Séparément chacune des dernières planches in-folio coloriées. . 1 fr.

PEIN. Essai sur l'hygiène des champs de bataille, par le docteur THÉODORE PEIN. Paris, 1873. In-8 de 80 pages. . . . . 2 fr.

PENARD. Guide pratique de l'Accoucheur et de la Sage-Femme, par le docteur Lucien Penard, chirurgien principal de la marine, professeur d'accouchements à l'Ecole de médecine de Rochefort. *Quatrième édition.* Paris, 1874. 1 vol. in-18, xxiv-550 pages, avec 142 fig. . . . . . 4 fr.

PEYROT. Étude expérimentale et clinique sur le thorax des pleurétiques et sur la pleurotomie, par le docteur J.-J. Peyrot, aide d'anotomie à la Faculté de médecine de Paris. Paris, 1876, in-8 de 153 pages. 5 fr.

PHARMACOPÉE FRANÇAISE. Voy. *Codex medicamentarius,* page 10.

PICTET. Traité de Paléontologie, ou Histoire naturelle des animaux fossiles considérés dans leurs rapports zoologiques et géologiques, par F. J. Pictet, professeur de zoologie et d'anatomie comparée à l'Académie de Genève, etc. *Deuxième édition,* corrigée et augmentée. Paris, 1855-1857. 4 volumes in-8, avec atlas de 110 planches grand in-4. . 80 fr.

PIESSE. Des odeurs, des parfums et des cosmétiques, histoire naturelle, composition chimique, préparation, recettes, industrie, effets physiologiques et hygiène des poudres, vinaigres, dentifrices, pommades, fards, savons, eaux aromatiques, essences, infusions, teintures, alcoolats, sachets, etc., par S. Piesse, chimiste-parfumeur à Londres. *Seconde édition* française avec le concours de MM. F. Chardin-Hadancourt et Henri Massignon. Paris, 1877, in-18 jés. de xxxvi-580 p., avec 92 fig. 7 fr.

PINARD. Les vices de conformation du bassin, étudiés au point de vue de la forme et des diamètres antéro-postérieurs. Recherches nouvelles de pelvimétrie et de pelvigraphie, par le docteur Ad. Pinard, ancien interne de la Maternité. Paris, 1874. In-4 de 64 pages, avec 100 planches représentant 100 bassins de grandeur naturelle. . . . . 7 fr.

— **Des contre-indications de la version dans la présentation de l'épaule** et des moyens qui peuvent remplacer cette opération. 1875. In-8 de 140 p. 3 fr.

POINCARÉ. Leçons sur la physiologie normale et pathologique du système nerveux, par le docteur Poincaré, professeur-adjoint à la Faculté de médecine de Nancy. 1873-1876, 3 vol. in-8 de 500 pages avec fig. 18 fr.

— *Séparément le tome III. Le système nerveux périphérique* au point de vue normal et pathologique. Ouvrage faisant suite aux *Leçons sur la physiologie du système nerveux.* Paris, 1876, in-8, 600 pages avec fig. 8 fr.

PROST-LACUZON. Formulaire pathogénétique usuel, ou Guide homœopathique pour traiter soi-même les maladies. *Cinquième édition,* corrigée et augmentée. Paris, 1877. 1 vol. in-18 de xii-582 pages.. . 6 fr.

PROST-LACUZON et BERGER. Dictionnaire vétérinaire homœopathique, ou guide homœopathique pour traiter soi-même les maladies des animaux domestiques, par J. Prost-Lacuzon et H. Berger, élève des Ecoles vétérinaires, ancien vétérinaire de l'armée. Paris, 1865, in-18 jésus de 486 pages. . . . . 4 fr. 50

QUATREFAGES. Physiologie comparée. Métamorphoses de l'Homme et des Animaux, par A. de Quatrefages, membre de l'Institut, professeur au Muséum d'histoire naturelle. Paris, 1862. In-18 de 324 p.. . 3 fr. 50

QUATREFAGES et HAMY. Les Crânes des races humaines décrits et figurés d'après les collections du Muséum d'histoire naturelle de Paris, de la Société d'Anthropologie de Paris et les principales collections de la France et de l'Etranger, par A. de Quatrefages, membre de l'Institut, professeur au Muséum, et Ern. Hamy, aide-naturaliste au Muséum de Paris, 1873-1877. In-4 de 500 p. avec 100 pl. et fig.

L'ouvrage se publiera en 10 livraisons, chacune de 5 à 6 feuilles de texte et de 10 pl. — 6 livraisons sont en vente. — Prix de chaque livraison. . . . . 14 fr.

RACLE. Traité de Diagnostic médical. Guide clinique pour l'étude des signes caractéristiques des maladies, contenant un Précis des procédés physiques et chimiques d'exploration clinique, par le docteur V. A. Racle.

Sixième édition, par Cн. Fернет, médecin des hôpitaux, agrégé de la Faculté et le Dʳ I. Straús. Paris, 1878. 1 vol. in-18 jésus, xII–860 pag. avec 99 fig., cart. . . . . 8 fr.

— **De l'Alcoolisme.** Paris, 1860, In-8. . . . . 2 fr. 50

REMAK. Galvanothérapie, ou de l'application du courant galvanique constant au traitement des maladies nerveuses et musculaires par Roвеrт Rемак, professeur extraordinaire à la Faculté de médecine de l'Université de Berlin. Traduit de l'allemand par le docteur A. Morpain, avec les additions de l'auteur. Paris, 1860. 1 vol. in-8 de 467 pages. . . . . . 7 fr.

RENOUARD. Lettres philosophiques et historiques sur la Médecine au XIX siècle, par le docteur P. V. Renouard. *Troisième édition,* corrigée et considérablement augmentée. Paris, 1861. In-8 de 240 p. . . . 3 fr. 50

REVEIL. Formulaire raisonné des Médicaments nouveaux et des médications nouvelles, suivi de notions sur l'aérothérapie, l'hydrothérapie, l'électrothérapie, la kinésithérapie et l'hydrologie médicale; par le docteur O. Reveil, pharmacien en chef de l'hôpital des Enfants, professeur agrégé à la Faculté de médecine et à l'Ecole de pharmacie. *Deuxième édition,* revue et corrigée. Paris, 1865. 1 vol. in-18 jésus de xII-698 pages avec figures . . . . 6 fr.

—**Annuaire pharmaceutique.** *Voy.* Annuaire, page 6.

RIBES. Traité d'Hygiène thérapeutique, ou Application des moyens de l'hygiène au traitement des maladies, par Fr. Ribes, professeur d'hygiène à la Faculté de médecine de Montpellier. Paris, 1860. 1 volume in-8 de 828 pages. 10 fr.

RICHARD. Histoire de la génération chez l'homme et chez la femme, par le docteur David Richard. 1875, 1 vol. de 350 pages, avec 8 planches gravées en taille-douce et tirées en couleur. Cart. . . . . . 12 fr.

RICHELOT. De la péritonite herniaire et de ses rapports avec l'étranglement, par L.-G. Richelot, prosecteur de la Faculté de médecine. Paris, 1874. In-8 de 88 pages. . . . . 2 fr.

— **Du tétanos.** 1875. In-8 de 147 pages. . . . . 3 fr.

RICORD. Lettres sur la Syphilis adressées à M. le Rédacteur en chef de *l'Union médicale,* suivies des discours à l'Académie de médecine sur la syphilisation et la transmission des accidents secondaires, par Pн. Ricord, chirurgien de l'hôpital du Midi. avec une Introduction par Aм. Latour. *Troisième édit.* Paris. 1863. 1 v. in-18 jésus de vi-558 pages. 4 fr.

RINDFLEISCH (Édouard). Traité d'histologie pathologique, traduit et annoté par le docteur F. Gross, professeur agrégé à la Faculté de médecine de Nancy. Paris, 1873. 1 vol. grand in-8 de 739 pages avec 260 figures. 14 fr.

ROBIN. Traité du microscope, comprenant son mode d'emploi, ses applications à l'étude des injections, à l'anatomie humaine et comparée, à la physiologie, à la pathologie médico-chirurgicale, à l'histoire naturelle animale et végétale et à l'économie agricole, par Ch. Robin, professeur à la Faculté de médecine, membre de l'Académie des sciences. *Troisième édition.* Paris, 1877. 1 vol. in-8 avec 380 figures, cart. . . . . 20 fr.

— **Leçons sur les humeurs** normales et morbides du corps de l'homme, professées à la Faculté de médecine de Paris. *Deuxième édition.* Paris, 1874. 1 vol. in-8 de 1008 pages avec 35 figures, cart.. . . . . 18 fr.

— **Anatomie et physiologie cellulaires,** ou des cellules animales et végétales, du protoplasma et des éléments normaux et pathologiques qui en dérivent. Paris, 1873, 1 vol. in-8 de 640 p., avec 85 fig., cart. 10 fr.

— **Programme du cours d'Histologie.** *Deuxième édition.* Paris, 1870. 1 vol. in-8 de xL-416 pages. . . . . 6 fr.

— **Mémoire sur la rétraction,** la cicatrisation et l'inflammation des

vaisseaux ombilicaux et sur le système ligamenteux qui leur succède. Paris, 1860. 1 vol. in-4 avec 5 planches lithographiées, . . . 3 fr. 50

ROBIN. Mémoire sur les modifications de la muqueuse utérine pendant et après la grossesse. Paris, 1861. In-4, avec 5 pl. lithographiées. 4 fr. 50

— **Mémoire sur l'évolution de la notocorde,** des cavités des disques intervertébraux et de leur contenu gélatineux. Paris, 1868. 1 vol. in-4, 202 pages avec 12 planches . . . . 12 fr.

— **Mémoire sur le développement embryogénique des Hirudinées.** Paris, 1875, in-4 de 472 p., avec 19 planches . . . . 20 fr.

— **et LITTRÉ.** Voy. *Dictionnaire de médecine.* Quatorzième édition, p. 13.

— **et VERDEIL. Traité de Chimie anatomique et physiologique** normale et pathologique, ou des Principes immédiats normaux et morbides qui constituent le corps de l'homme et des mammifères, par CH. ROBIN et F. VERDEIL, docteur en médecine, chef des travaux chimiques à l'Institut agricole, professeur de chimie. Paris, 1853. 3 forts volumes in-8, avec atlas de 45 planches dessinées d'après nature, gravées, en partie coloriées. . . . . 36 fr.

ROCHARD. Histoire de la chirurgie française au XIXᵉ siècle, étude historique et critique sur les progrès faits en chirurgie et dans les sciences qui s'y rapportent, depuis la suppression de l'Académie royale de chirurgie jusqu'à l'époque actuelle, par le docteur JULES ROCHARD, directeur du service de santé de la marine. Paris, 1875. 1 vol. in-8 de XVI-800 pages. . . . . 12 fr.

ROUBAUD (Félix). Traité de l'impuissance et de la stérilité, chez l'homme et chez la femme, comprenant l'exposition des moyens recommandés pour y remédier, par le docteur Félix ROUBAUD. 3ᵉ *édition.* Paris, 1876, in-8 de 804 pages . . . . 8 fr.

ROUSSEL. Traité de la pellagre et des pseudo-pellagres, par le docteur J.-B.-Th. ROUSSEL. Ouvrage couronné par l'Institut de France. Paris, 1866. 1 vol. in-8 de 656 pages. . . . . 10 fr.

ROUX. De l'ostéomyélite et des amputations secondaires, d'après les observations recueillies à l'hôpital de la marine de Saint-Mandrier (Toulon, 1859) sur les blessés de l'armée d'Italie, par M. le docteur JULES ROUX, directeur du service de santé de la marine à Paris. Paris, 1860. 1 vol. in-4, avec 6 planches lithographiées.. . . . . 5 fr.

SAINT-VINCENT. Nouvelle médecine des familles à la ville et à la campagne, à l'usage des familles, des maisons d'éducation, des écoles communales, des curés, des sœurs hospitalières, des dames de charité et de toutes les personnes bienfaisantes qui se dévouent au soulagement des malades : remèdes sous la main, premiers soins avant l'arrivée du médecin et du chirurgien, art de soigner les malades et les convalescents, par le docteur A. C. DE SAINT-VINCENT. *Troisième édition.* Paris, 1874. 1 vol. in-18 jésus de 451 pages avec 142 figures. Cartonné. . 3 fr. 50

SAUREL. Traité de Chirurgie navale, par L. SAUREL, chirurgien de la marine, professeur agrégé à la Faculté de médecine de Montpellier, suivi d'un Résumé de leçons sur le **service chirurgical de la flotte,** par le docteur J. ROCHARD, directeur du service de santé de la marine à Brest. Paris, 1861. In-8 de 600 pages, avec 106 figures. . . . . 8 fr.

SCHATZ. Études sur les hôpitaux sous tente, par le docteur J. SCHATZ, ex-chirurgien des armées des Etats-Unis d'Amérique. Paris, 1870, in-8 de 70 pages avec figures. . . . . 2 fr. 50

SCHIMPER. Traité de Paléontologie végétale, ou la flore du monde primitif dans ses rapports avec les formations géologiques et la flore du monde actuel, par W. P. SCHIMPER, professeur de géologie à la Faculté des sciences et directeur du Musée d'histoire naturelle de Strasbourg.

Paris, 1869-1874. 3 vol. grand in-8, avec atlas de 110 planches grand in-4, lithographiées.. . . . . 150 fr.
Séparément, tome III. Paris, 1874. 1 vol. grand in-8 de 850 pages avec atlas de 20 planches.: . . . . 50 fr

SÉDILLOT. De l'évidement sous-périosté des os. *Deuxième édition*. Paris, 1867. 1 v. in-8, 438 pages, avec 16 pl. polychromiques. . 14 fr.
— **Contributions à la chirurgie.** Paris, 1869. 2 vol. gr. in-8 de 700 pages chacun, avec figures.. . . . . 24 fr.

SERRÉS (E.). Anatomie comparée transcendante. Principes d'embryogénie, de zoogénie et de tératogénie. Paris, 1859. 1 vol. in-4 de 942 pages, avec 26 planches . . . . 16 fr.

SICHEL. Iconographie opthtbalmologique, ou Description avec figures coloriées des maladies de l'organe de la vue, comprenant l'anatomie pathologique, la pathologie et la thérapeutique médico-chirurgicales, par le docteur J. SICHEL, professeur d'ophthalmologie. Paris, 1852-1859. *Ouvrage complet.* 2 vol. grand in-4 dont 1 vol. de 840 pages de texte, et 1 volume de 80 planches dessinées d'après nature, gravées et coloriées avec le plus grand soin, accompagnées d'un texte descriptif. . . . . . . 172 fr. 50
    Demi-reliure des deux volumes, dos de maroquin, tranche supérieure dorée.. . . . . 15 fr.
Cet ouvrage est complet en 23 livraisons, dont 20 composées chacune de 28 pages de texte in-4 et de 4 planches dessinées d'après nature, gravées, imprimées en couleur, retouchées au pinceau, et 3 livraisons (17 bis, 18 bis et 20 bis de texte complémentaires). Prix de chaque livraison. . . . . 7 fr.
On peut se procurer séparément les dernières livraisons.
Le texte se compose d'une exposition théorique et pratique de la science, dans laquelle viennent se grouper les observations cliniques, mises en concordance entre elles, et dont l'ensemble formera un *Traité clinique des maladies de l'organe de la vue,* commenté et complété par un nombreuse série de figures.
Les planches sont aussi parfaites qu'il est possible; elles offrent une fidèle image de la nature; partout les formes, les dimensions, les teintes ont été consciencieusement observées; elles présentent la vérité pathologique dans ses nuances les plus fines, dans ses détails les plus minutieux; gravées par des artistes habiles, imprimées en couleur et souvent avec repère, c'est-à-dire avec une double planche, afin de mieux rendre les diverses variétés des injections vasculaires des membranes externes; toutes les planches sont retouchées au pinceau avec le plus grand soin.
L'auteur a voulu qu'avec cet ouvrage le médecin, comparant les figures et la description, puisse reconnaître et guérir la maladie représentée lorsqu'il la rencontrera dans la pratique.

SIEBOLD. Lettres obstétricales, par E. C. J. VON SIEBOLD, professeur d'accouchements à l'Université de Gœttingue, traduit de l'allemand par le docteur MORPAIN, avec introduction et des notes, par J. A. STOLTZ, professeur d'accouchements à la Faculté de médecine de Strasbourg. Paris, 1866. In-18, 268 pages.. 2 fr. 50

SIMON (LÉON). Des Maladies vénériennes et de leur traitement homœopathique, par le docteur LÉON SIMON fils. Paris, 1860. 1 vol. in-18 jésus, XII-744 pages. . . . . 6 fr.
— *Voy.* HERING, p. 19.

SIMPSON. Clinique obstétricale et gynécologique, par sir James Y SIMPSON, professeur à l'Université d'Edimbourg. Traduit et annoté par G. Chantreuil, chef de clinique d'accouchements à la Faculté de médecine de Paris. 1874. 1 vol. grand in-8 de 820 p. avec fig. . . 12 fr.

SIRY. Le premier âge. De l'éducation physique, morale et intellectuelle de l'enfant, par A. SIRY, médecin des Salles d'asiles. Paris, 1873, in-18 jésus, 108 pages . . . . 1 fr. 25

SOUBEIRAN. Nouveau dictionnaire des falsifications et des altérations des aliments, des médicaments et de quelques produits employés dans les arts, l'industrie et l'économie domestique; exposé des moyens scientifiques et pratiques d'en reconnaître le degré de pureté, l'état de conservation, de constater les fraudes dont ils sont l'objet, par J. LÉON SOUBEIRAN, professeur à l'Ecole supérieure de pharmacie de Montpellier. Paris, 1874. 1 vol. grand in-8 de 640 pages avec 218 fig. Cart. . . . . 14 fr.

SYPHILIS VACCINALE (De la). Communications à l'Académie de médecine, par MM. DEPAUL, RICORD, BLOT, JULES GUÉRIN, TROUSSEAU, DEVERGIE, BRIQUET, GIBERT, BOUVIER, BOUSQUET, suivies de mémoires sur la transmission de la syphilis par vaccination animale, par MM. A. VIENNOIS (de Lyon), PELLIZARI (de Florence). PALASCIANO (de Naples), PHILLIPEAUX (de Lyon), et AUZIAS-TURENNE. Paris, 1865, in-8 de 392 pages. . . . . . 6 fr

TARDIEU. Dictionnaire d'Hygiène publique et de Salubrité, ou Répertoire de toutes les Questions relatives à la santé publique, considérées dans leurs rapports avec les Subsistances, les Épidémies, les Professions, les Établissements et institutions d'Hygiène et de Salubrité, complétées par le texte des Lois, Décrets, Arrêtés, Ordonnances et Instructions qui s'y rattachent; par AMBROISE TARDIEU, professeur de médecine légale à la Faculté de médecine de Paris, médecin de l'Hôtel-Dieu, président du Comité consultatif d'hygiène publique. *Deuxième édition*, considérablement augmentée. Paris, 1862. 4 forts vol. grand in-8. (Ouvrage couronné par l'Institut de France.). . . . . 32 fr.

TARDIEU (A). **Étude médico-légale sur la folie.** Paris, 1872. 1 vol. in-8 de XXII-610 pages avec 15 fac-simile d'écriture d'aliénés. . 7 fr.

— **Étude médico-légale sur la pendaison, la strangulation et la suffocation.** Paris, 1870. 1 vol. in-8, XII-352 pages avec planches . 5 fr.

— **Étude médico-légale et clinique sur l'empoisonnement** (avec la collaboration de M. Z. ROUSSIN, pour la partie de l'expertise médico-légale relative à la recherche chimique des poisons). *Deuxième édition.* Paris, 1875. 1 vol. in-8 de 1072 pages avec 2 planches et 52 figures. . 14 fr.

— **Étude médico-légale sur les Attentats aux mœurs.** *Sixième édition.* Paris, 1873. in-8 de 224 pages, 4 planches gravées. . . 4 fr 50

— **Étude médico-légale sur l'Avortement**, suivie d'une note sur l'obligation de déclarer à l'état civil les fœtus mort-nés et d'observations et recherches pour servir à l'histoire médico-légale des grossesses fausses et simulées. 3ᵉ *édition.* Paris, 1868. In-8, VIII-280 pages. . . . . . 4 fr.

— **Étude médico-légale sur l'infanticide.** Paris, 1868. 1 vol. in-8, avec 3 planches coloriées. . . . . 6 fr.

— **Question médico-légale de l'identité** dans ses rapports avec les vices de conformation des organes sexuels, contenant les souvenirs et impressions d'un individu dont le sexe avait été méconnu. *Deuxième édition.* Paris, 1874. 1 vol. in-8 de 176 pages. . . . . 3 fr.

— **Relation médico-légale de l'affaire Armand** (de Montpellier). Simulation de tentative homicide (commotion cérébrale et strangulation), avec les adhésions de MM. les professeurs G. TOURDES (de Strasbourg), CH. ROUGET (de Montpellier), ÉMILE GROMIER (de Lyon), SIRUS PIRONDI (de Marseille), et JACQUEMET (de Montpellier). Paris, 1864, in-8 de 80 pag. 2 fr.

TARDIEU (A.) et **LAUGIER. Contribution à l'histoire des monstruosités,** considérée au point de vue de la médecine légale, à l'occasion de l'exhibition publique du monstre pygopage Millie-Christine, par MM. A. TARDIEU et M. LAUGIER. 1874. In-8 de 32 pages, avec 4 figures. 1 fr. 50

TEMMINCK et LAUGIER. Nouveau Recueil de planches coloriées d'Oiseaux, pour servir de suite et de complément aux planches enluminées de Buffon; par MM. TEMMINCK, directeur du Musée de Leyde, et MEIFFREN-

LAUGIER, de Paris. Ouvrage complet en 102 livr. Paris, 1822-1858. 5 vol. grand in-folio, avec 600 planches dessinées d'après nature, par PRÊTRE et HUET, gravées et coloriées. . . . . 1,000 fr.
   LE MÊME avec 600 planches grand in-4, figures coloriées. . . . 750 fr.
   Demi-reliure, dos en maroquin, des 5 vol. grand in-fol. . . . 90 fr.
       Dito   des 5 vol. grand in-4. . . . . 60 fr.
  Acquéreurs de cette grande et belle publication, l'une des plus importantes et l'un des ouvrages les plus parfaits pour l'étude de l'ornithologie, nous venons offrir le *Nouveau Recueil de planches coloriées d'oiseaux* en souscription en baissant le prix d'un tiers.
  Chaque livraison, composée de 6 planches gravées et coloriées avec le plus grand soin, et le texte descriptif correspondant. L'ouvrage est *complet* en 102 livraisons.
  Prix de la livraison in-folio, fig. coloriées, (15 fr.) . . . . 10 fr.
    —   gr. in-4, fig. col., (10 fr. 50) . . . . 7 fr. 50
  La dernière livraison contient des tables scientifiques et méthodiques. Les personnes qui n'ont point retiré les dernières livraisons pourront se les procurer aux prix indiqués ci-dessus.

TESTE. Manuel pratique de Magnétisme animal. Exposition méthodique des procédés employés pour produire les phénomènes magnétiques et leur application à l'étude et au traitement des maladies. *Quatrième édition*, revue, corrigée et augmentée. Paris, 1853. In-12. . . . . . 4 fr.
— **Systématisation pratique de la Matière médicale homœopathique,** par le docteur A. TESTE, ancien président de la Société de médecine homœopathique. Paris, 1853. 1 vol in-8 de 616 pages. . . . . . . 8 fr.
— **Traité homœopathique des maladies aiguës et chroniques des Enfants.** *Deuxième édition*. Paris, 1856. In-18 de 420 pages. . . 4 fr. 50
— **Comment on devient homœopathe.** *Troisième édition*, Paris, 1875. 1 vol. in-18 jésus de 322 pages. . . . . 3 fr. 50

THOMPSON. Traité pratique des maladies des voies urinaires, par sir Henry THOMPSON, professeur de clinique chirurgicale et chirurgien à University College Hospital, membre correspondant de la Société de chirurgie de Paris. Traduit avec l'autorisation de l'auteur et annoté par Ed. MARTIN, Ed. LABARRAQUE et V. CAMPENON, internes des hôpitaux de Paris, membres de la Société anatomique, suivi des **Leçons cliniques sur les maladies des voies urinaires,** professées à University College Hospital, traduites et annotées par les docteurs Jude HUE et F. GIGNOUX. Paris, 1874. 1 vol. grand in-8 de 1020 pages, avec 280 figures. Cartonné. . . 20 fr.

TRIPIER (AUG.). **Manuel d'électrothérapie.** Exposé pratique et critique des applications médicales et chirurgicales de l'électricité. Paris, 1861. 1 vol. in-18 jésus, XII-624 pages, avec 89 figures. . . . . 6 fr.

TROUSSEAU. Clinique médicale de l'Hôtel-Dieu de Paris, par A. TROUSSEAU, professeur à la Faculté de médecine de Paris, médecin de l'Hôtel-Dieu. *Cinquième édition,* par le docteur MICHEL PETER. Paris, 1877 3 v. in-8, ensemble 2616 p., avec un portrait gravé de l'auteur. 32 fr.
  Cette cinquième édition a reçu des augmentations considérables. Les sujets principaux que j'ai ajoutés à cette édition sont : les névralgies, la paralysie glosso-laryngée, l'aphasie, la rage, la cirrhose, l'ictère grave, le rhumatisme noueux, le rhumatisme cérébral, la chlorose, l'infection purulente, la phlébite utérine, la phlegmatia alba dolens, les phlegmons périhystériques, les phlegmons iliaques, les phlegmons périnéphriques, l'hématocèle rétro-utérine, l'ozène, etc., etc. (*Extrait de la préface de l'auteur.*)

TURCK. Méthode pratique de laryngoscopie, par le docteur LUDWIG TURCK, médecin en chef de l'hôpital général de Vienne (Autriche). Paris, 1861. In-8 de 80 p., avec une pl. lithographiée et 29 figures. 3 fr. 50

TURCK. Recherches cliniques sur diverses maladies du larynx, de la trachée et du pharynx, étudiées à l'aide du laryngoscope. Paris, 1862. In-8 de vm-100 pages. . . . . 2 fr. 50

VALETTE. Clinique chirurgicale de l'Hôtel-Dieu de Lyon, par A.-D. Valette, professeur de clinique chirurgicale à l'Ecole de médecine de Lyon, 1875, 1 vol. in-8 de 720 pages avec figures. . . . . 12 fr.

VALLEIX. Guide du Médecin praticien, ou Résumé général de Pathologie interne et de Thérapeutique appliquées, par le docteur F. L. I. Valleix, médecin de l'hôpital de la Pitié. *Cinquième édition*, entièrement refondue et contenant le résumé des travaux les plus récents, par P. Lorain, médecin des hôpitaux de Paris, professeur agrégé de la Faculté de médecine, avec le concours de médecins civils et de médecins appartenant à l'armée et à la marine. Paris, 1866. 5 volumes grand in-8 de chacun 800 pages, avec 411 figures. . . . . 50 fr.

> Tome I. Fièvres, maladies pestilentielles, maladies constitutionnelles, névroses. — Tome II. Maladies des centres nerveux, maladies des voies respiratoires. — Tome III. Maladies des voies circulatoires, maladies des voies digestives. — Tome IV. Maladies des annexes des voies digestives, maladies des voies génito-urinaires. — Tome V. Maladies des femmes, maladies du tissu cellulaire, de l'appareil locomoteur, maladies de la peau, maladies des yeux et des oreilles. Intoxications par les venins, par les virus, par les poisons d'origine animale, végétale et minérale. Table générale.

VERNEAU. Le bassin dans les sexes et dans les races, par le docteur R. Verneau, préparateur d'anthropologie au Muséum d'histoire naturelle. Paris, 1875. in-8 de 156 pages, avec 16 planches. . . . . 6 fr.

VERNEUIL. De la gravité des lésions traumatiques et des opérations chirurgicales chez les alcooliques, communications à l'Académie de médecine, par MM. Verneuil, Hardy, Gubler, Gosselin, Béhier, Richet, Chauffard et Giraldès. Paris, 1871, in-8 de 160 pages. . . . . . 3 fr.

VERNOIS. Traité pratique d'Hygiène industrielle et administrative, comprenant l'étude des établissements insalubres, dangereux et incommodes; par le docteur Maxime Vernois, membre de l'Académie de médecine. Paris, 1860. 2 vol. in-8 de chacun 700 pages. . . . . 16 fr.

— **De la Main des ouvriers et des artisans** au point de vue de l'hygiène et de la médecine légale, Paris, 1862. In-8 avec 4 pl. chromolithographiées. 3 fr. 50

— **État hygiénique des lycées de l'empire en 1867**. Paris, 1868, in-8. . . . . 2 fr. 50

VIDAL. Traité de Pathologie externe et de Médecine opératoire, avec des Résumés d'anatomie des tissus et des régions, par A. Vidal (de Cassis), chirurgien de l'hôpital du Midi, professeur agrégé à la Faculté de médecine de Paris, etc. *Cinquième édition*, par le docteur Fano, professeur agrégé de la Faculté de médecine de Paris. Paris, 1861. 5 vol. in-8, avec 761 figures. . . . . 40 fr.

VILLEMIN. Études sur la tuberculose, preuves rationnelles et expérimentales de sa spécificité et de son inoculation, par J.-A. Villemin, professeur à l'École du Val-de-Grâce. Paris, 1868. 1 vol. in-8 de 640 pages. . . . . 8 fr.

VIRCHOW. La pathologie cellulaire basée sur l'étude physiologique et pathologique des tissus, par R. Virchow, professeur à la Faculté de Berlin, médecin de la Charité, membre correspondant de l'Institut. Traduction française. *Quatrième édition*, conforme à la quatrième édition allemande, par I. Straus, chef de clinique de la Faculté de médecine. Paris, 1874. 1 vol. in-8 de xxiv-582 pages, avec 157 fig. . . . . 9 fr.

VOISIN (Aug.). De l'Hématocèle rétro-utérine et des épanchements sanguins non enkystés de la cavité péritonéale du petit bassin, considérés

comme accidents de la menstruation; par le docteur Auguste Voisin, médecin de la Salpêtrière. Paris, 1860. In-8 de 368 pages, avec une planche.. . . . . 4 fr. 50
— Le service des secours publics à Paris et à l'étranger. Paris, 1875. In-8 de 54 pages. . . . . 1 fr. 50
— Leçons cliniques sur les maladies mentales, professées à la Salpêtrière. 1876. 1 vol. in-8 de 196 pages, avec photographies, planches lithographiées et figures. . . . . 6 fr.
WATELET (A. D.). Description des plantes fossiles du bassin de Paris. Paris, 1865-1866. 2 vol. in-4 de 300 pages et de 60 planches lithographiées, cartonnés. . . . . 60 fr.
WEHENKEL. Éléments d'anatomie et de physiologie pathologiques générales, nosologie, par le docteur Wehenkel, professeur à l'Ecole de médecine vétérinaire de Cureghem. 1874. 1 vol. in-8 de 520 p. 7 fr. 50
WOILLEZ. Dictionnaire de diagnostic médical, comprenant le diagnostic raisonné de chaque maladie, leurs signes, les méthodes d'exploration et l'étude du diagnostic par organe et par région, par E.-J. Woillez, médecin de l'hôpital La Riboisière. Deuxième édition. Paris, 1870. In-8 de 932 pages avec figures. . . . . 16 fr.
WUNDT. Traité élémentaire de physique médicale, par le docteur Wundt, professeur à l'Université de Heidelberg, traduit avec de nombreuses additions, par le docteur Ferd. Monoyer, professeur de physique médicale à la Faculté de médecine de Lyon. Paris, 1871, 1 vol. in-8 de 704 p. avec 596 fig. y compris 1 pl. en chromolith . . . . . 12 fr.

Tous les ouvrages portés dans ce Catalogue seront expédiés par la poste, dans les départements, l'Algérie et les pays de l'union postale, franco et sans augmentation de prix, à toute personne qui en aura envoyé le montant en un mandat sur Paris ou en un mandat postal ou en timbres-poste.

— Tous les ouvrages dont le poids dépassera un kilogr. pour l'union postale ou trois kilogr. pour la France seront divisés pour l'envoi par la poste.

— Toute personne qui désirera que l'envoi à elle fait soit recommandé à la poste, devra joindre 25 centimes par paquet.

EN DISTRIBUTION

CATALOGUE GÉNÉRAL DES LIVRES DE SCIENCES PHYSIQUES NATURELLES ET MÉDICALES.

Grand in-8, 96 pages à 2 colonnes, avec table alphabétique, sera envoyé *gratis* et *franco* à toute personne qui en fera la demande par lettre affranchie.

CATALOGUE GÉNÉRAL DES LIVRES DE MÉDECINE

De Chirurgie, de Pharmacie, des Sciences accessoires et de l'Art vétérinaire, français et étrangers, qui se trouvent chez J.-B. Baillière et Fils. Un vol. in-8 de xlviii-400 pages. . . . . 1 fr. 50

CATALOGUE GÉNÉRAL
DES LIVRES D'HISTOIRE NATURELLE
Histoire naturelle générale, 16 pages.
Géologie, Minéralogie, Paléontologie, 36 p. (Mai 1874).
Botanique, 80 pages (Avril 1877).
Zoologie, 104 pages (1872).

Les Catalogues spéciaux seront envoyés *franco* à toute personne qui en fera la demande par lettre affranchie.

Nous publions tous les 2 mois une notice de nos nouvelles publications, et nous l'envoyons régulièrement à toute personne qui nous en fait la demande par lettre affranchie.

Pour paraître en 1878 :

PHÉNOMÈNES DE LA VIE COMMUNS AUX ANIMAUX ET AUX VÉGÉTAUX. Cours du Museum d'histoire naturelle, par Claude BERNARD, membre de l'Institut, professeur au Museum et au Collége de France. 1 vol. in-8 de 500 pages avec figures.

LA VIE. Etudes et problèmes de biologie générale, par P. E. CHAUFFARD, professeur de pathologie générale à la Faculté de médecine, inspecteur général de l'Université. 1 vol. in-8 de 600 pages.

PREMIERS SECOURS EN CAS D'ACCIDENTS. Empoisonnement, asphyxie, accidents de la rue, maladies subites, par E. FERRAND, pharmacien. 1 vol. in-18 jésus, avec figures.

HISTOIRE DE LA ZOOLOGIE, depuis Aristote jusqu'à nos jours, par V. CARUS, professeur à l'Université de Leipzig, traduction française par P. O. Haguemuller, et notes par A. Schneider, professeur à la Faculté des sciences de Poitiers. 1 vol. in-8 de 800 pages.

DE LA PARALYSIE GÉNÉRALE. Anatomie pathologique, nature, cause et traitement, par le docteur Aug. VOISIN, médecin de la Salpêtrière, chargé du cours supplémentaire des maladies mentales, à la Faculté de médecine. 1 vol. in-8 de 500 pages, avec 14 pl. coloriées.

DE L'AVORTEMENT au point de vue médico-léga, par le docteur T. GALLARD, médecin de la Pitié. 1 vol. in-8 de 200 pages.

LEÇONS CLINIQUES SUR LES MALADIES DES FEMMES, par le docteur T. GALLARD, médecin de l'hôpital de la Pitié. *Deuxième édition*. 1 vol. in-8, de 800 pages, avec 100 figures.

ANATOMIE DES CENTRES NERVEUX, par le docteur HUGUENIN, traduit par le docteur Th. Keller et annoté par le docteur Math. Duval. 1 vol. in-8 de 500 pages, avec 120 figures.

TRAITÉ PRATIQUE DES MALADIES NERVEUSES, par HAMMOND, traduction française, augmentée de notes, par M. LABADIE-LAGRAVE. 1 vol. grand in-8 de 600 pages, avec figures.

PROGRAMME DE SÉMÉIOTIQUE ET D'ÉTIOLOGIE, POUR L'ÉTUDE DES MALADIES EXOTIQUES, et principalement des maladies des pays chauds, par J. MAHÉ, professeur à l'École de médecine de Brest. 1 vol. in-8, 400 pages.

NOUVEAUX ÉLÉMENTS D'ANATOMIE PATHOLOGIQUE DESCRIPTIVE ET HISTOLOGIQUE, par J. A. LABOULBÈNE, prof. agrégé à la Faculté de médecine, médecin des hôpitaux. 1 vol. in-8 de 700 p. avec 150 fig.

TRAITÉ PRATIQUE DES MALADIES VÉNÉRIENNES, par le docteur JULLIEN, professeur agrégé de la Faculté de médecine de Nancy. 1 vol. de 700 pages avec 150 fig.

www.ingramcontent.com/pod-product-compliance
Lightning Source LLC
Chambersburg PA
CBHW031623210326
41599CB00021B/3279